現代基礎数学 15

新井仁之・小島定吉・清水勇二・渡辺 治 編集

数理論理学

鹿島 亮 著

朝倉書店

まえがき

　数理論理学は数学のひとつの分野で論理，特に数学における論理を研究対象としています．本書は数理論理学の基本結果であるゲーデルの完全性定理，ゲーデルの不完全性定理，ゲンツェンの LK のカット除去定理，直観主義論理のクリプキモデルに対する完全性定理などをわかりやすくかつ正確に説明することを目指した入門書です．

　執筆の際には次のような点を心がけました．

- 数理論理学の教科書では必ず何らかの証明体系を定めてそれを分析することで議論を進めていく．その定め方は複雑なものや特殊なものなど数多くあるが，本書ではゲンツェンの自然演繹という平易で広く普及している証明体系を第一に採用した．
- ただし自然演繹という形式的な体系をいきなり定義するのではなく，この体系を分析することがなぜ論理，特に数学における論理を研究対象とした数学になるのかという理由の説明を第 1 章で試みた．
- 数理論理学の出発点になっている重要な結果がゲーデルの完全性定理である．この扱いは教科書によっては簡易版で済ませてしまう場合もあるが，本書では「等号付き一階述語論理の強完全性定理」といういわばフルバージョンを，第 5 章までを使って丁寧に解説した．
- その完全性定理を含めて本書で取り上げる定理のほとんどは数理論理学の基本であって，伝統的な証明方法がすでに多くの教科書で紹介されている．そんな中で特に第 5 章の完全性定理の証明と第 9 章のカット除去定理の証明については，伝統的な方法を無批判に採用するのではなくさまざまな工夫を加えてわかりやすさと厳密さの両立を追求した．
- 直観主義述語論理・中間述語論理のクリプキモデルに対する完全性定理は従来の和書ではあまり取り上げられていないので，この証明を第 11 章で

与えた.
- 全体を通して定義や証明を単に正確に記述するだけなく，できるだけその気持ちや意義が伝わるように努めた．

数理論理学の教科書はすでに何冊も世に出ていますが，上記の点が少しでも本書の存在意義になれば幸いです．

各章間の依存関係は下図のようになっています．上述のように第5章までは数理論理学の重要な出発点を扱っているので，通して読んでいただくのがよいと思います．第6章以降は依存関係の図を参考にして興味に応じて取捨選択してください（第12章は必要なときに参照してください）．

本書執筆にあたりお世話になった多くの方々に感謝いたします．千葉大学の古森雄一先生とのディスカッションは内容の改善に大いに役立ちました．東京工業大学の吉川紘史氏には草稿の誤りを指摘していただきました．執筆の機会を与えてくださった編集委員の先生方，特に小島定吉先生と渡辺治先生，そして朝倉書店編集部にお礼申し上げます[*1)]．

2009年9月　　　　　　　　　　　　　　　　　　　　　　　　　　鹿島 亮

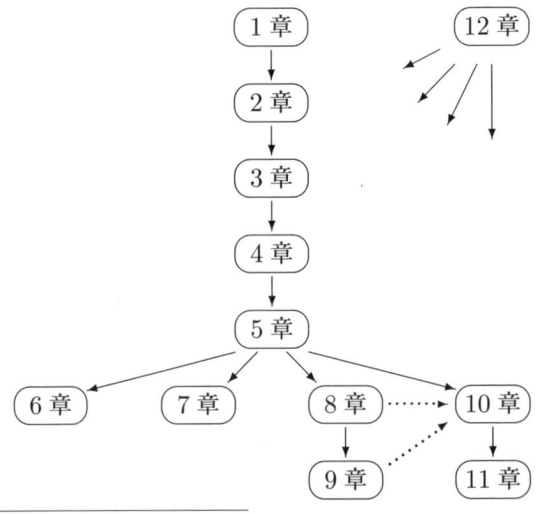

[*1)] 日本大学の志村立矢先生と北陸先端科学技術大学院大学の佐野勝彦氏からいただいた誤りのご指摘やご意見を第5刷に反映させました．どうもありがとうございました．

目　　次

1. 証明を対象にするとは …………………………………………… 1
　1.1　証明の実例 …………………………………………………… 1
　1.2　証明における言葉遣い ……………………………………… 3
　1.3　証明の前提と結論 …………………………………………… 9
　1.4　証明の本質の抽出 …………………………………………… 11
　1.5　第 2 章以降へ向けて ………………………………………… 18

2. 自 然 演 繹 ……………………………………………………… 20
　2.1　項と論理式 …………………………………………………… 20
　2.2　導　出　図 …………………………………………………… 28
　2.3　公理からの証明 ……………………………………………… 36
　演 習 問 題 ……………………………………………………………… 37

3. 論理式の真理値 ………………………………………………… 40
　3.1　命題論理の論理式の真偽 …………………………………… 40
　3.2　一般の論理式の真偽とストラクチャー …………………… 41
　3.3　恒真，充足可能，モデル …………………………………… 50
　3.4　同値な論理式 ………………………………………………… 54
　演 習 問 題 ……………………………………………………………… 55

4. 自然演繹の健全性 ……………………………………………… 56
　4.1　健全性定理 …………………………………………………… 56
　4.2　意味論的帰結 ………………………………………………… 61

演習問題 ………………………………………………………… 63

5. 自然演繹の完全性 ……………………………………………… 65
5.1 無矛盾性とモデル存在定理 ……………………………… 65
5.2 未使用変数の無限性 ……………………………………… 68
5.3 極大無矛盾集合 …………………………………………… 70
5.4 モデル存在定理の証明 …………………………………… 74
5.5 コンパクト性 ……………………………………………… 80
演習問題 ………………………………………………………… 83

6. 不完全性定理 ……………………………………………………… 85
6.1 計算可能性 ………………………………………………… 85
6.2 表現定理 …………………………………………………… 87
6.3 ゲーデル数 ………………………………………………… 91
6.4 対角化定理 ………………………………………………… 93
6.5 第一不完全性定理 ………………………………………… 95
6.6 第一不完全性定理の応用 ………………………………… 98
6.7 第一不完全性定理の発展 …………………………………100
演習問題 …………………………………………………………106

7. 命題論理 ……………………………………………………………107
7.1 トートロジー ………………………………………………107
7.2 論理記号の節約，選言標準形 ……………………………108
演習問題 …………………………………………………………113

8. さまざまな証明体系 ……………………………………………114
8.1 等号について ………………………………………………114
8.2 ヒルベルト流体系 …………………………………………118
8.3 シークエント計算 …………………………………………120
演習問題 …………………………………………………………125

9. シークエント計算 LK のカット除去 ········· 126
- 9.1 カット除去定理とは ················ 126
- 9.2 カット除去の準備 ·················· 130
- 9.3 カット除去 ······················ 133
- 演習問題 ··························· 142

10. 直観主義論理 ························ 143
- 10.1 直観主義論理とは ················ 143
- 10.2 自然演繹とシークエント計算 ······· 145
- 10.3 直観主義論理のいくつかの性質 ····· 150
- 演習問題 ··························· 155

11. クリプキモデルと中間論理 ············· 157
- 11.1 クリプキモデルとは ··············· 157
- 11.2 健 全 性 ······················· 162
- 11.3 完 全 性 ······················· 163
- 11.4 中 間 論 理 ······················ 174
- 演習問題 ··························· 179

12. 本文中で使われている数学的道具の説明 ·· 180
- 12.1 帰 納 法 ······················· 180
- 12.2 同値関係, 同値類, 商集合 ·········· 185

演習問題略解 ··························· 193
参 考 文 献 ····························· 205
索   引 ······························· 207

第 1 章
証明を対象にするとは

三角形や円などの図形を対象にしてその普遍的な性質 (例：どんな三角形も内角の和が 180 度である) を議論するのがユークリッド幾何学であるというのと同じ意味で，証明を対象にしてその普遍的な性質 (例：どんな証明によっても×××という命題を示すことはできない) を議論するのが，完全性定理や不完全性定理といった数理論理学の核となる部分である．その詳細は次章以降にまわすことにして，この章では「証明を対象にして議論すること」について説明をする．

1.1 証明の実例

数理論理学とは論理，特に数学で使われる論理を研究する数学の一分野であるが，この「論理」という抽象的な存在に迫るための具体的な研究対象として「証明」がある．証明とは結論の正しさを論理に基づいて示す過程を記述した文章であって，論理を体現したものといってよい．そこで証明という具体的な対象を議論することで論理を研究する，という方針を本書の出発点とする．

この節ではそんな考察の対象である証明の実例を四つ (それらを (ア)～(エ) とよぶ) 挙げておく．

まずは日常生活に登場する例として，15 年前の 10 月 10 日の朝に雨が降っていなかったことを証明する．

証明 (ア)

その日は運動会が実行された (日付け入りの記念品が証拠として残っ

> ている). ところで運動会は「当日の朝に雨が降っていたら中止」という条件で企画されていた (運動会実施要項が証拠書類として残っている). したがってその日の朝には雨が降っていなかった.

これは立派な証明である．しかし，やはり証明は数学に登場するものが多い．そこで残りの三つは数学における証明を持ってくる．

6 の倍数はすべて偶数であることを証明する．こんなことはわざわざ証明するまでもなく当たり前だ，と思われるかもしれない．実際，数学の論文や教科書においてこの程度の簡単な定理は「自明」とだけ書いて証明を終了することもある．しかしここでは自明で済まさずに証明を考えてみよう．

> **証明 (イ)**
> n が 6 の倍数であるとする．すなわちある m に対して $n = 6 \times m$ となっている．すると $n = 2 \times (3 \times m)$ であり，n は $(3 \times m)$ の 2 倍になっているので偶数である．

今度は群論の教科書の初めの方にある証明を持ってくる．集合 G 上の 2 項演算「$\cdot$」と G の特定の要素 $\mathbf{u}$ が次の三条件を満たしているとする．
(1) $(x \cdot y) \cdot z = x \cdot (y \cdot z)$ (すなわち，$\cdot$ は結合法則を満たす．)
(2) $\mathbf{u} \cdot x = x$ (すなわち，$\mathbf{u}$ は左単位元である．)
(3) 各 x に対して
$$y \cdot x = \mathbf{u}$$
を満たす y(すなわち x の左逆元) が x 毎に存在する．

ただし x, y, z は G の要素を表す変数である．このとき左逆元は同時に右逆元になること，すなわち G の任意の要素 a, b に対して
$$a \cdot b = \mathbf{u} \text{ ならば } b \cdot a = \mathbf{u}$$
となること (a が b の左逆元ならば a は b の右逆元である) を証明する．

> **証明 (ウ)**
> $a \cdot b = \mathbf{u}$ と仮定する．すると $\mathbf{u}$ が左単位元であることから $a \cdot b \cdot a = \mathbf{u} \cdot a = a$ となるので，これらの式の左から a の左逆

> 元をかけて結合法則によって整理することによって $b \cdot a = \mathbf{u}$ を得る．

なお，ここで前提としている上記の三条件は「群の公理」になっている．すなわち (1)〜(3) をすべて満たす $\langle G, \cdot, \mathbf{u} \rangle$ のことを群とよぶのである．

最後に実数のある性質の有名な証明を挙げる．x^y が有理数になるような無理数 x, y が存在することを証明する ($\sqrt{2}$ が無理数であることなどは既知とする)．

証明 (エ)

> $\sqrt{2}^{\sqrt{2}}$ は有理数であるか無理数であるか，どちらかである．これが有理数の場合は $x = y = \sqrt{2}$ とすればよい．$\sqrt{2}^{\sqrt{2}}$ が無理数の場合は $x = \sqrt{2}^{\sqrt{2}}$, $y = \sqrt{2}$ とすればよい．なぜなら $x^y = \left(\sqrt{2}^{\sqrt{2}}\right)^{\sqrt{2}} = \sqrt{2}^{(\sqrt{2} \times \sqrt{2})} = 2$ となるから．

これは鮮やかな証明である．しかしこの証明を読んでも実際に x として $\sqrt{2}$ と $\sqrt{2}^{\sqrt{2}}$ のどちらを選べばよいかわからない．こんな鮮やかな証明ではなくもっと複雑な計算をして x, y の値を具体的に特定しているような証明があったとしたら，その証明の方が多くのことを語っているといってもよいだろう．この辺りの考察は第 10 章でおこなう．

1.2 証明における言葉遣い

数学の証明には独特な言葉遣いがある．この節ではそれを復習しておく．

【でない】

「A でない」は A の否定であり，2 回否定すると (これを「二重否定」という) 意味が元に戻る．たとえば次の二つは同じ意味である．

$$x \neq 0 \text{ でない．}$$
$$x = 0.$$

日常の言葉遣いでは二重否定と元の文章は完全に同じ意味というわけではない．たとえば次の二つはニュアンスが異なる．

彼が犯人でない，ということではない．

彼が犯人である．

それに対して数学の証明に現れる文章は事実の白黒を客観的に記述しているだけなので，白でなければ黒，黒でなければ白である．

なお二重否定と元の文章が必ずしも同じ意味にならないように論理を形式化する方法もある (第 10 章参照)．

【かつ】

「A かつ B」とは A と B が両方とも成り立つということである．たとえば

$$x \geq 0 \text{ かつ } x \leq 0$$

といったら，x が 0 以上であって同時に 0 以下であるので，つまり $x = 0$ ということである．

【または】

「A または B」とは A と B の少なくとも一方が成り立つ (両方成り立っていてもよい) ということであり，「『A が不成立かつ B も不成立』ではない」と同じ意味である．たとえば

$$x \geq 0 \text{ または } y \geq 0$$

が成り立つような点 (x, y) が存在する範囲を座標平面上に図示すると，図 1.1 の斜線部分になる．

日常の言葉遣いにおける「A または B」は「A, B のどちらか一方のみ」と

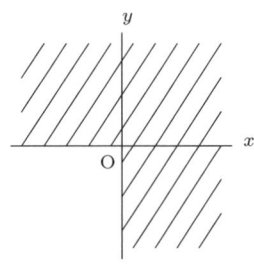

図 1.1 ($x \geq 0$ または $y \geq 0$) が成り立つ範囲

いう意味になることが多い．たとえば喫茶店のランチメニューに「コーヒーまたは紅茶が付きます」と書いてあったら，普通はどちらか一方しか飲めない．

【すべての，任意の】

　「すべての x について」と「任意の x について」は，前者が「たくさんある x の全部について」という複数の雰囲気，後者が「x をひとつどんなに勝手に選んでも」という単数の雰囲気を持っているが，数学的な内容は同じでありどちらも「$\forall x$」と表記される (記号 $\forall$ は all, any, arbitrary などの頭文字 A に由来するらしい)．変数 x の動く範囲が有限の場合，$\forall x \boxed{\cdots}$ の意味は x の取り得るすべての可能性を $\boxed{\cdots}$ に当てはめて「かつ」でつなげたものと等しい．たとえば，

　　　　すべての曜日で，その曜日の最終バスの時刻は 21 時台である．

という文章は

　　　月曜日の最終バスの時刻は 21 時台であり，かつ，火曜日の最終バスの時刻は 21 時台であり，かつ，水曜日の最終バスの時刻は 21 時台であり，かつ，木曜日の最終バスの時刻は 21 時台であり，かつ，金曜日の最終バスの時刻は 21 時台であり，かつ，土曜日の最終バスの時刻は 21 時台であり，かつ，日曜日の最終バスの時刻は 21 時台である．

と同じ意味である．

【ある，適当な】

　「ある x について」や「適当な x について」はいずれも「そのような条件を満たす x が**存在する**」という意味であり「$\exists x$」と表記される (記号 $\exists$ は exist の頭文字 E に由来するらしい)．$\exists x A$ の意味は「『$\forall x(A\,が不成立)$』ではない」と同じである．また，変数 x の動く範囲が有限の場合の $\exists x \boxed{\cdots}$ の意味は，x の取り得るすべての可能性を $\boxed{\cdots}$ に当てはめて「または」でつなげたものと等しい．

　$\forall$ と $\exists$ が二つ以上組み合わされる場合は順番が重要になる．これを具体例で確認しておこう．

ある趣味のサークルがあって，x, y はそのサークルに所属するメンバーを指すものとする．「x は y のことが嫌いだ」に $\forall x, \exists x, \forall y, \exists y$ を付けるすべてのパターンの意味を考えてみる．

$$\exists x, \exists y (x \text{ は } y \text{ のことが嫌いだ})$$

$$\exists y, \exists x (x \text{ は } y \text{ のことが嫌いだ})$$

これらは共に「誰かは誰かのことを嫌っている」という意味，つまりこのサークルの人間関係内に「嫌い」という感情が少なくともひとつ存在していることを表している．このようなことは人が多数集まれば当然起こるだろう．

$$\forall x, \exists y (x \text{ は } y \text{ のことが嫌いだ})$$

これは「各人がそれぞれ嫌いな相手を持っている」という意味である．誰でも，それぞれの価値観に基づいて「あの人はちょっと...」という感情を持つことは自然である．ところがこの $\forall x$ と $\exists y$ の順番が入れ替わると意味が変わってくる．

$$\exists y, \forall x (x \text{ は } y \text{ のことが嫌いだ})$$

これは「全員から嫌われている特定の嫌われ者がいる」という意味である．次の二つも順番が意味を持つ例である．

$$\forall y, \exists x (x \text{ は } y \text{ のことが嫌いだ})$$

これは「各人がそれぞれ誰かからは嫌われている」という意味である．ところがこの $\forall y$ と $\exists x$ の順番が入れ替わると意味が変わってくる．

$$\exists x, \forall y (x \text{ は } y \text{ のことが嫌いだ})$$

これは「全員のことを嫌っている偏屈者がいる」という意味である．この偏屈者は何が面白くてサークルに参加しているのだろうか．

$$\forall x, \forall y (x \text{ は } y \text{ のことが嫌いだ})$$

$$\forall y, \forall x (x \text{ は } y \text{ のことが嫌いだ})$$

これらは共に「全員が全員のことを嫌っている」という意味である．こんなサークルは解散したほうがよい．

【ならば】

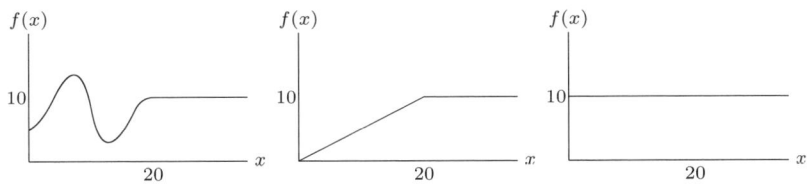

図 1.2 条件 (1.1) が成り立つ f のいろいろな形

表 1.1 「ならば」の成立／不成立

A	B	A ならば B (A でない，または B)
成立	成立	成立
成立	不成立	不成立
不成立	成立	成立
不成立	不成立	成立

「A ならば B」というと日常の言葉遣いでは因果関係や時間の前後関係を示唆したり「B ならば A」という逆向きの意味まで伴うこともある．しかし数学の証明においては，「A ならば B」は「A でない，または，B である」と完全に同じ意味で使われる．たとえば

$$\forall x \Bigl(x \geq 20 \text{ ならば } f(x) = 10 \Bigr) \tag{1.1}$$

となる関数 f のグラフをいくつか描くと図 1.2 のようになるが，これらのすべての図で

$$\forall x \Bigl((x \geq 20) \text{ でない，または } f(x) = 10 \text{ である} \Bigr), \text{ すなわち}$$
$$\forall x \Bigl(x < 20 \text{ または } f(x) = 10 \Bigr) \tag{1.2}$$

が成り立つし，逆に (1.2) が成り立つような f に対しては必ず (1.1) が成り立つ．これらの図も含めて，f のどんな可能性を考えても (1.1) と (1.2) の正否は一致する．つまり条件 (1.1) と (1.2) は同じ意味なのである．

「A ならば B」と「A でない，または，B である」が同じということは，A, B それぞれの成立／不成立に応じた「A ならば B」の成立／不成立が表 1.1 のようになる，ということである．たとえば，駅までバスに乗れば 10 分，徒歩のみだと 20 分かかる場所に住んでいる人が次のように宣言したとしよう．

天気が好ければ駅まで歩く.

A を「天気が好い」, B を「駅まで歩く」だとすると, この宣言は「A ならば B」である. そしてこの宣言が不成立になるのは「A：成立, B：不成立」つまり「天気が好いのにバスに乗ってしまった」という状況だけである. 残りの 3 通りの状況「天気が好くて駅まで歩いた」,「天気が悪くてバスに乗った」,「天気が悪くても頑張って駅まで歩いた」では, いずれも宣言は正しく守られている. 日常の言葉遣いではこの宣言が「天気が悪ければバスに乗る」を含意する場合もあるが, 数学的な言葉遣いでは天気が悪いときに歩くか否かはどちらでもよいのである.

数学の証明に登場するたいていの文章は, 以上で説明した「でない, かつ, または, すべての, ある, ならば」を接続詞のように使って, 個別の言明 (たとえば「$f(x) > 0$」のようなもの) を組み合わせることで作られている. したがって, 数学の証明を読み書きするためにはこれらの接続詞の使い方や意味を正しく理解していることが必要である. その理解を試す典型的な演習問題を以下に挙げておくので, 193 頁の正解・解説と共に確認しておいてほしい.

f, g は自然数上の関数とする.「定数倍を許せば十分先の方では f は g に押さえられる」ということを意味する次の記述を考える (c, n, x は自然数を表す変数とする).

$$\exists c, \exists n, \forall x \Big(x > n \text{ ならば } f(x) \leq c \times g(x) \Big) \tag{1.3}$$

【演習問題】 この (1.3) の否定を書け. ただし文章全体に否定を付けるのではなく (つまり全体を括弧でくくって「でない」を付けるのではなく), 否定が内側に入った読みやすい形にすること.

この節の最後に「変数の束縛」について説明しておく. 例として次の記述を考える.

$$\forall x, \exists y (x = n \times y) \tag{1.4}$$

ただし x, y, n は自然数を表す変数である. 一般にここで使われている x, y のよ

うに∀や∃で指示されている変数のことを**束縛変数** (bound variable) とよび，そうでない n のような変数のことを**自由変数** (free variable) とよぶ．

主張 (1.4) が成り立つか否かは自由変数 n の値に依存している ($n = 1$ ならば成り立つが，$n > 1$ の場合は $x = 1$ に対して自然数 $y = \frac{1}{n}$ は存在しないので成り立たない)．このように，自由変数というのはその値に依存して**全体の真偽が定まるパラメータ**のようなものである．そしてたとえば

$$\forall x, \exists y (x = m \times y)$$

というように n を m に変えると，文脈で規定されたパラメータ n, m の値に応じて (1.4) から意味が変わってしまう．他方，束縛変数は記述の中の「場所」だけが**重要**であり，どんな変数が使われているかには意味がない．たとえば (1.4) の束縛変数の名前だけを変えた次の二つの記述

$$\forall u, \exists v (u = n \times v)$$
$$\forall y, \exists x (y = n \times x)$$

は，いずれも (1.4) とまったく同じ意味を表している．

このように変数の使われ方には「自由」と「束縛」の二種類があることを意識しておいてほしい．

1.3　証明の前提と結論

1.1 節に登場した証明の実例からもわかるが，証明とは前提から結論へ至る論理的な筋道を書いたものである．たとえば証明 (ア) において，前提は証拠物件が示している二つの事実

「15 年前の 10 月 10 日に運動会が実行された．」

「その日の朝に雨が降っていたら運動会は実行されない．」

であり，結論は

「その日の朝に雨が降っていなかった．」

である．また証明 (ウ) においては，前提は 2 項演算・や要素 **u** が満たしている三条件

結合法則，左単位元，左逆元の存在 (1.5)

であり，結論は

$$\forall a, \forall b (a \cdot b = \mathbf{u} \text{ ならば } b \cdot a = \mathbf{u}) \tag{1.6}$$

(つまり「左逆元は同時に右逆元になる」) である．

証明 (ア) においてもしも記念品の日付けが間違っていたり実施要項が別の年のものだったら，その日の朝に雨が降っていなかったという結論は間違いかもしれない．しかしそれは証明の責任ではない．この証明が保証しているのは前提がすべて正しければ結論も必ず正しいということであり，前提が正しいか否かは別問題である．同様に証明 (ウ) が保証することは「 $\cdot$ や $\mathbf{u}$ がもしも上記の (1.5) の三条件を満たしているならば結論 (1.6) が成り立つ」であり，結合法則・左単位元・左逆元の存在のどれかが成り立たないようなものに関しては，この証明からは何もいえない．つまり証明とは，前提の正しさに依存して結論の正しさを保証するものである．

ところで証明 (イ) と (エ) の結論はそれぞれ

$\forall n (n \text{ が } 6 \text{ の倍数ならば } n \text{ は偶数である})$

$\exists x, \exists y (x^y \text{ は有理数であり，かつ } x, y \text{ は共に無理数である})$

であるが，前提が何であるかは議論の余地がある．証明とは結論の正しさを前提の正しさから導く道筋であるが，(イ) や (エ) の結論はそれ自体が正しいので前提は必要ないようにも思える．したがって「これらは前提なし」と考えることも可能である．しかしこれらの証明を吟味すると，

「偶数とは，2 と何かをかけあわせて得られる数のことである．」 (1.7)

$\forall x (6 \times x = 2 \times (3 \times x)) \tag{1.8}$

「$\sqrt{2}$ は無理数である．」 (1.9)

$$(\sqrt{2}^{\sqrt{2}})^{\sqrt{2}} = 2 \tag{1.10}$$

といったことが，いわば暗黙の前提として使われていることがわかる．これらを含めて，四つの証明の前提と結論をまとめると表 1.2 のようになる．

なお，一般に証明において暗黙の前提として用いられるものには次がある．

(a) 概念や用語の定義．

表 1.2　各証明の前提と結論

証明	前提	結論
(ア)	● その日に運動会が実行された． ● その日の朝に雨が降っていたら運動会は実行されない．	その日の朝に雨が降っていなかった．
(イ)	● 偶数とは，2と何かをかけあわせて得られる数のことである． ● 6の倍数とは，6と何かをかけあわせて得られる数のことである． ● $\forall x(6 \times x = 2 \times (3 \times x))$	$\forall n(n$ が 6 の倍数ならば n は偶数である)
(ウ)	● $\forall x, \forall y, \forall z((x \cdot y) \cdot z = x \cdot (y \cdot z))$ ● $\forall x(\mathbf{u} \cdot x = x)$ ● $\forall x, \exists y(y \cdot x = \mathbf{u})$	$\forall a, \forall b(a \cdot b = \mathbf{u}$ ならば $b \cdot a = \mathbf{u})$
(エ)	● 無理数とは，有理数でない実数のことである． ● 2 は有理数である． ● $\sqrt{2}$ は無理数である． ● $(\sqrt{2}^{\sqrt{2}})^{\sqrt{2}} = 2$	$\exists x, \exists y$ (x^y は有理数であり，かつ x, y は共に無理数である)

(b) 証明なしに認められる基本事実．

(c) 既に他で証明された事実．

具体的には上記の (1.7) は (a) または (b)，(1.8) は (b) または (c)，(1.9) は (c) である．またこれらのうちの (a),(b) に相当する前提や，暗黙でない明示的な前提の一部 (たとえば証明 (ウ) の前提 (1.5)) は，その証明が展開されている数学理論の公理であるといえる．

1.4　証明の本質の抽出

この章の冒頭で「証明を対象にして議論をする」と述べた．しかしそれは 1.1 節の証明の実例 (ア)〜(エ) などを直接扱うということではない．たとえばユー

クリッド幾何学で三角形を対象にした議論をしているときには，紙に描かれた現実の三角形ではなくそれを思考の中に写し取った三角形を扱っている．この写し取る過程で線の太さや微妙な曲がり具合といった議論に不要な属性が捨て去られて，必要な属性だけが抽出された理想の三角形ができあがる．同様に数理論理学では現実の証明を写し取ったものを対象とする．

ユークリッド幾何学の場合，写し取った三角形は現実には存在せず思考の中だけのものである（「幅のない線」なんて現実には描けない）．しかし数理論理学では，現実の証明（日本語や英語などで書かれた文章）を写し取ったものは現実に存在して紙に書くことが可能な記号列になる．この記号列の構成の仕方にはさまざまな流儀があるが，1930 年代にゲンツェン (G.Gentzen) によって考案された**自然演繹** (natural deduction) とよばれる方法を本書では採用する．

自然演繹の正確な定義は次章にまわして，この節では証明 (ア)〜(エ) を写し取ったもの (これらを**導出図** (derivation) とよび，それぞれ $(ア^\sharp)$〜$(エ^\sharp)$ と名付ける) を提示するので，1.1 節の証明の実物や前節の表 1.2 とも対照しながら想像力を働かせて眺めてほしい (ただし $(ウ^\sharp)$ や $(エ^\sharp)$ になってくると相当複雑なので，そこは飛ばして 1.5 節へ進んだ方が無難である)．

なお導出図中に現れる記号

$$\neg, \wedge, \vee, \rightarrow, \bot$$

は，それぞれ「でない，かつ，または，ならば，矛盾する」を意図している．また導出図中に現れる $B \rightarrow \neg A$ や $\exists y(n = \text{six} \otimes y)$ といった記号列のことを**論理式**とよぶ．

【導出図 $(ア^\sharp)$】

$$\cfrac{\cfrac{②\ B\rightarrow\neg A \qquad ①\ B\ (一時的な仮定)}{③\ \neg A} \qquad ④\ A}{\cfrac{⑤\ \bot}{⑥\ \neg B}} \text{(ここで仮定①を解消)}$$

これは二つの前提

1.4 証明の本質の抽出

  B→¬A (その日の朝に雨が降っていたら運動会は実行されない)
  A   (その日に運動会が実行された)
から結論
  ¬B   (その日の朝に雨が降っていなかった)

を導く導出図である．ただし上記の括弧内は，Aを「その日に運動会が実行された」と読み，Bを「その日の朝に雨が降っていた」と読んだ場合の各論理式の読み方である（表1.2の(ア)の欄に示された前提・結論と等しいことに注意）．この読み方では導出図全体は次のようになる．

 ①その日の朝に雨が降っていたと仮定する．すると②「雨が降っていたら運動会は中止」という前提と合わせて，③「運動会は中止」ということになる．これは④「運動会は実行された」という前提と合わせると，⑤矛盾する．したがって仮定が偽であった，すなわち⑥「その日の朝に雨が降っていなかった」と結論付けられる（①～⑥は導出図中の対応する場所を示している）．

この文章は導出図 $(ア^\sharp)$ を直訳して得られる証明であり，1.1節の証明(ア)と文章は異なっているが数学的な内容は同じである．他にもたとえば(ア)を英語で書いたものなど同内容の無数の証明があるが，それらの証明から不要な属性を捨て去り論理的な構造だけを抽出して得られるのが導出図 $(ア^\sharp)$ なのである．

【導出図 $(イ^\sharp)$】

$$\cfrac{\cfrac{\text{(一時的な仮定)}\quad \cfrac{\text{(一時的な仮定)}\quad \cfrac{①\,\forall x(\text{six} \otimes x = \text{two} \otimes (\text{three} \otimes x))}{③\,n = \text{six} \otimes m \qquad ④\,\text{six} \otimes m = \text{two} \otimes (\text{three} \otimes m)}}{⑤\,n = \text{two} \otimes (\text{three} \otimes m)}}{②\,\exists y(n = \text{six} \otimes y) \qquad ⑥\,\exists y(n = \text{two} \otimes y)}\text{(ここで仮定③を解消)}}{\cfrac{⑥\,\exists y(n = \text{two} \otimes y)}{\cfrac{⑦\,(\exists y(n = \text{six} \otimes y)) \to (\exists y(n = \text{two} \otimes y))}{⑧\,\forall x((\exists y(x = \text{six} \otimes y)) \to (\exists y(x = \text{two} \otimes y)))}}\text{(ここで仮定②を解消)}}$$

これは前提

$$\forall \mathtt{x}(\mathtt{six} \otimes \mathtt{x} = \mathtt{two} \otimes (\mathtt{three} \otimes \mathtt{x})) \qquad (\forall x(6 \times x = 2 \times (3 \times x)))$$

から結論

$$\forall \mathtt{x}((\exists \mathtt{y}(\mathtt{x}=\mathtt{six}\otimes \mathtt{y})) \to (\exists \mathtt{y}(\mathtt{x}=\mathtt{two}\otimes \mathtt{y}))) \ (6 \text{の倍数はすべて偶数である})$$

を導く導出図である．ただし上記の括弧内は，$\otimes$ をかけ算だと思い，`two`, `three`, `six` をそれぞれ 2, 3, 6 だと思った場合の各論理式の読み方である．この読み方で導出全体は次のようになる．

はじめに ①$\forall x(6\times x=2\times(3\times x))$ を前提としておく．そして ②「n は 6 の倍数である」を仮定する．つまり n は何かに 6 をかけた数になっているので，その「何か」を仮に m と名付ければ ③$n=6\times m$ と仮定できる．すると ① の x に m を当てはめた ④$6\times m=2\times(3\times m)$ と合わせて，⑤$n=2\times(3\times m)$ がいえる．つまり n は何か（具体的には $3\times m$）に 2 をかけた数なので ⑥「n は偶数である」がいえる．以上の議論は m の値に依存しないので，結局前提 ① の下で ⑦「n が 6 の倍数ならば n は偶数である」が示されたことになる．ここで n は任意なので，すなわち ⑧$\forall x(x$ が 6 の倍数ならば x は偶数である) が前提 ① の下で示された．

【導出図 (ウ$^\sharp$)(15 頁)】これは群の公理

$$\forall \mathtt{x}\forall \mathtt{y}\forall \mathtt{z}((\mathtt{x}\odot \mathtt{y})\odot \mathtt{z} = \mathtt{x}\odot(\mathtt{y}\odot \mathtt{z})) \qquad (\odot \text{の結合法則})$$

$$\forall \mathtt{x}(\mathtt{unity}\odot \mathtt{x}=\mathtt{x}) \qquad (\mathtt{unity} \text{は左単位元})$$

$$\forall \mathtt{x}\exists \mathtt{y}(\mathtt{y}\odot \mathtt{x}=\mathtt{unity}) \qquad (\text{左逆元の存在})$$

を前提として結論

$$\forall \mathtt{x}\forall \mathtt{y}((\mathtt{x}\odot \mathtt{y}=\mathtt{unity}) \to (\mathtt{y}\odot \mathtt{x}=\mathtt{unity})) \ (\text{左逆元は同時に右逆元になる})$$

を導く導出図である．証明 (ウ) に合わせて $\odot$ を $\cdot$ に，`unity` を **u** に読み替えれば，導出図全体は次のように読むことができる．

1.4 証明の本質の抽出

($ウ^\sharp$)

$$
\cfrac{
  \cfrac{
    \cfrac{
      \cfrac{
        \cfrac{
          \cfrac{
            \cfrac{\forall x \exists y(y \odot x = \text{unity})}{
              \cfrac{⑨\ \exists y(y \odot a = \text{unity})\qquad
                \cfrac{
                  \cfrac{
                    \cfrac{
                      \cfrac{⑤\ (a' \odot a) \odot (b \odot a) = a' \odot a \qquad ⑥\ a' \odot a = \text{unity}\ \text{(一時的な仮定)}}{⑦\ \text{unity} \odot (b \odot a) = \text{unity}}
                    }{⑧\ b \odot a = \text{unity}}\ \text{($\mathcal{A}$ と類似)}
                  }{}
                }{⑧\ b \odot a = \text{unity}}\ \text{(ここで仮定⑥を解消)}
              }{}
            }
          }{@\ (a \odot b = \text{unity}) \to (b \odot a = \text{unity})}\ \text{(ここで仮定①を解消)}
        }{\forall y((a \odot y = \text{unity}) \to (y \odot a = \text{unity}))}
      }{ⓑ\ \forall x \forall y((x \odot y = \text{unity}) \to (y \odot x = \text{unity}))}
    }{}
  }{}
}{}
$$

上の証明の主要ステップ:
- (一時的な仮定) ① $a \odot b = \text{unity}$
- ② $(a \odot b) \odot a = \text{unity} \odot a$
- $\mathcal{A}$ (別記)
- ③ $(a \odot b) \odot a = a$
- $\mathcal{B}$ (別記)
- ④ $a \odot (b \odot a) = a$
- $a' \odot (a \odot (b \odot a)) = a' \odot a$
- ($\mathcal{B}$ と類似)

($\mathcal{A}$)

$$
\cfrac{
  \cfrac{\vdots \qquad \cfrac{\forall x(\text{unity} \odot x = x)}{\text{unity} \odot a = a}}{② \ (a \odot b) \odot a = \text{unity} \odot a}
}{③ \ (a \odot b) \odot a = a}
$$
$\vdots$

($\mathcal{B}$)

$$
\cfrac{
  \vdots \qquad
  \cfrac{
    \cfrac{
      \cfrac{\forall x \forall y \forall z((x \odot y) \odot z = x \odot (y \odot z))}{\forall y \forall z((a \odot y) \odot z = a \odot (y \odot z))}
    }{\forall z((a \odot b) \odot z = a \odot (b \odot z))}
  }{(a \odot b) \odot a = a \odot (b \odot a)}
}{
  \cfrac{③\ (a \odot b) \odot a = a}{④\ a \odot (b \odot a) = a}
}
$$
$\vdots$

①$a \cdot b = \mathbf{u}$と仮定する．この両辺に右からaをかけると②$(a \cdot b) \cdot a = \mathbf{u} \cdot a$となり，$\mathbf{u}$が左単位元であることから③$(a \cdot b) \cdot a = a$となり，結合法則によって④$a \cdot (b \cdot a) = a$を得る．この両辺に左から新たな要素$a'$をかけて結合法則で整理すると⑤$(a' \cdot a) \cdot (b \cdot a) = a' \cdot a$となる．そして，仮に⑥$a' \cdot a = \mathbf{u}$であるならば合わせて⑦$\mathbf{u} \cdot (b \cdot a) = \mathbf{u}$となり，$\mathbf{u}$は左単位元なので⑧$b \cdot a = \mathbf{u}$となる．ところで⑨「$a$に対して左単位元が存在する」のでそれを⑥の$a'$に当てはめることができる．以上の議論によって出発点の仮定①から⑧が得られたことになる．つまり⑩「$a \cdot b = \mathbf{u}$ならば$b \cdot a = \mathbf{u}$」が示された．a, bは任意なので，すわなち⑪$\forall x, \forall y \, (x \cdot y = \mathbf{u}$ならば$y \cdot x = \mathbf{u})$が示された．

【導出図 (エ$^\sharp$)(17頁)】

(エ$^\sharp$) は次の三つの前提

$\quad$ ¬Q(rt) $\qquad\qquad\qquad\qquad\qquad$ ($\sqrt{2}$は無理数である)

$\quad$ Q(two) $\qquad\qquad\qquad\qquad\qquad$ (2は有理数である)

$\quad$ (rt ⊙ rt) ⊙ rt = two $\qquad\qquad\qquad$ $((\sqrt{2}^{\sqrt{2}})^{\sqrt{2}} = 2)$

から結論

$\quad$ ∃x∃y(Q(x⊙y)∧(¬Q(x)∧¬Q(y))) $\quad$ (x^yが有理数となる無理数x, yが存在する)

を導く導出図である．ただし上述の括弧内は，rt, two をそれぞれ$\sqrt{2}$, 2だと見て，⊙をベキ乗演算 (すなわち$x ⊙ y = x^y$) だと見て，Q(x) を「xは有理数である」と見た場合の前提と結論の読み方である．そして導出図全体は次のように読むことができる．

$\quad$ ($\mathcal{B}$の部分)$\quad$ ①「$\sqrt{2}^{\sqrt{2}}$は有理数である」と仮定する．この仮定と前提②「$\sqrt{2}$は無理数である」とを合わせると次が導かれる．③「x^yが有理数になるような無理数x, yが存在する」(なぜなら$x = y = \sqrt{2}$とすればよい)．

$\quad$ ($\mathcal{C}$の部分)$\quad$ 一方④「2は有理数である」，⑤「$(\sqrt{2}^{\sqrt{2}})^{\sqrt{2}} = 2$」という二つの前提から，⑥「$(\sqrt{2}^{\sqrt{2}})^{\sqrt{2}}$は有理数である」ことがいえる．そこで

1.4 証明の本質の抽出

導出図 (Ξ)

$$
\begin{array}{c}
\overset{(\text{一時的な仮定})}{①\,Q(rt\odot rt)}\\
\vdots\,\mathcal{A}\,(32\,\text{頁},\text{例 6})\\
\underline{②\,Q(rt\odot rt)\vee\neg Q(rt\odot rt)\quad ③\,\exists x\exists y(Q(x\odot y)\wedge(\neg Q(x)\vee\neg Q(y)))}\\
④\,\exists x\exists y(Q(x\odot y)\wedge(\neg Q(x)\vee\neg Q(y)))
\end{array}
$$

$$
\begin{array}{c}
\overset{(\text{一時的な仮定})}{②\,\neg Q(rt\odot rt)}\\
\vdots\,\mathcal{B}\,(\text{別記})\\
③\,\exists x\exists y(Q(x\odot y)\wedge(\neg Q(x)\vee\neg Q(y)))
\end{array}
$$

$$
\begin{array}{c}
\overset{(\text{一時的な仮定})}{①\,Q(rt\odot rt)}\\
\vdots\,\mathcal{C}\,(\text{別記})\\
③\,\exists x\exists y(Q(x\odot y)\wedge(\neg Q(x)\vee\neg Q(y)))
\end{array}\quad(\text{ここで仮定①と②を解消})
$$

(B)

$$
\begin{array}{c}
\overset{(\text{一時的な仮定})}{①\,Q(rt\odot rt)}\quad\dfrac{②\,\neg Q(rt)\quad ②\,\neg Q(rt)}{\neg Q(rt)\wedge\neg Q(rt)}\\
\dfrac{Q(rt\odot rt)\wedge(\neg Q(rt)\wedge\neg Q(rt))}{\exists y(Q(rt\odot y)\wedge(\neg Q(rt)\vee\neg Q(y)))}\\
⑧\,\exists x\exists y(Q(x\odot y)\wedge(\neg Q(x)\vee\neg Q(y)))
\end{array}
$$

(C)

$$
\begin{array}{c}
④\,Q(two)\quad ⑤\,(rt\odot rt)\odot rt=two\\
⑥\,Q((rt\odot rt)\odot rt)\quad\dfrac{②\,\neg Q(rt\odot rt)\quad ②\,\neg Q(rt)}{\neg Q(rt\odot rt)\vee\neg Q(rt)}\\
\dfrac{Q((rt\odot rt)\odot rt)\wedge(\neg Q(rt\odot rt)\vee\neg Q(rt))}{\exists y(Q((rt\odot rt)\odot y)\wedge(\neg Q(rt\odot rt)\vee\neg Q(y)))}\\
⑧\,\exists x\exists y(Q(x\odot y)\wedge(\neg Q(x)\vee\neg Q(y)))
\end{array}
$$

㋓「$\sqrt{2}^{\sqrt{2}}$ は無理数である」と仮定すると，前提 ㋑「$\sqrt{2}$ は無理数である」とも合わせて次が示される．㋘「x^y が有理数になるような無理数 x, y が存在する」(なぜなら $x = \sqrt{2}^{\sqrt{2}}, y = \sqrt{2}$ とすればよい).

(全体) ところで ㋺「$\sqrt{2}^{\sqrt{2}}$ は有理数であるか，または無理数である」は正しい．このことと $(\mathcal{B}), (\mathcal{C})$ とを合わせると，㋺「x^y が有理数になるような無理数 x, y が存在する」という結論が，三つの前提 ㋑,㋓,㋖ のもとで示されたことになる．

なお $\mathcal{A}$ の部分は前提なしに結論 $\mathsf{Q}(\mathrm{rt} \odot \mathrm{rt}) \vee \neg \mathsf{Q}(\mathrm{rt} \odot \mathrm{rt})$ を導く導出図であり，詳しくは 32 頁の例 6 で示される．

1.5 第 2 章以降へ向けて

1.1 節の証明を写し取って得られる導出図 (ア♯)～(エ♯) (すなわち現実の証明 (ア)～(エ) から不要な属性を捨て去り論理的な構造だけを抽出したもの) と，それらを元の (ア)～(エ) と同内容の文章に戻す読み方を前節で紹介した．さらに他の証明に対しても同様なことができるので，結局 (†)現実のどんな証明も自然演繹の導出図に写し取ることができるし，逆に自然演繹の導出図はすべて現実の証明に直訳して戻すことができる，といってよい．次章以降で導出図を正確に定義してその性質を数学的に明らかにしていくが，それは (†) によって現実の証明の性質を数学的に明らかにしていくことに等しい．

ところで自然演繹はコンピュータのプログラミング言語に喩えることができる．プログラムとは計算手順を定式化したものであり，それを書くための文法を定めたのがプログラミング言語である．同様に導出図とは証明を定式化したものであり，それを書くための文法を定めたのが自然演繹という，いわば**証明言語**である．

この比喩でいうと自然演繹はアセンブリ言語 (機械語)[*1] のようなものであ

[*1] コンピュータの内部ではすべての命令が機械語で記述されているが，その機械語命令を人間が直接書くための言語がアセンブリ言語である．アセンブリ言語はハードウエアの詳細な動作を 1 ステップずつ明記するものなので，ある程度のまとまった仕事を遂行するためのプログラムをアセンブリ言語で書くととても長くなりプログラムの全体を人間が把握するのは大変である．通常は人間はもっとわかりやすい実用的な言語によってプログラムを書き，それを自動的に機械語に翻訳させてコンピュータに実行させている．

る．上の (†) で「現実のどんな証明も自然演繹の導出図に写し取ることができる」と述べたが，導出図の中では 1 ステップでやれることが限られているので短い証明でもそれを導出図に写し取ると長く読みにくくなってしまうことは (ア♯)〜(エ♯) の例からもわかるだろう．つまり自然演繹は実際の長い証明を書くための実用的な言語ではない．

しかし実用的ではないが機械語レベルの少数の基本的な機能の組み合わせだけで構成されるからこそ，これを分析することで証明の能力というものが厳密に議論できる．これはコンピュータの計算能力を厳密に議論するために機械語レベルまで分解して考察するのと同じである．

次章からそんな厳密な分析が始まる．

第 2 章
自然演繹

CHAPTER 2

　自然演繹の導出図とは 1.4 節に登場した $(ア^\sharp)\sim(エ^\sharp)$ のような図形であり，現実の証明から考察の対象となる属性だけを抽出したものである．本章では自然演繹の文法，つまり導出図の書き方を正確に定義する．

2.1　項 と 論 理 式

1.4 節の導出図の中には，たとえば次のような記号列が登場していた．

$$B \to \neg A$$
$$\forall x\bigl((\exists y(x = \mathtt{six} \otimes y)) \to (\exists y(x = \mathtt{two} \otimes y))\bigr)$$

このような記号列を**論理式** (formula) とよぶ．論理式とは証明の途中に現れる言明を表現した記号列である (たとえば上のふたつはそれぞれ「雨が降っていたら運動会は中止」「6 の倍数は偶数である」といった言明を表していた)．また論理式の一部分を構成する記号列のうち，たとえば

$$y$$
$$\mathtt{six} \otimes y$$

といったものを**項** (term) とよぶ．項とは等号 (=) の右辺左辺に書くことができる，いわゆる「式」である．この節では論理式と項を正確に定義していく．

　まず使用できる記号の一覧を表 2.1 に挙げておく．この表を見ればわかるが，記号の種類には**変数記号**，**定数記号**，**関数記号**，**命題記号**，**述語記号**，**論理記号**，**補助記号**がある．このうち変数記号は可算無限個存在し，他の記号は有限

2.1 項と論理式

表 2.1 論理式の構成に使用できる記号一覧

	1.4 節に登場したもの	それ以外で今後使用してもよいもの
変数記号	a, a′, b, m, n, x, y, z	英小文字 1 文字，およびそれに ′ または は自然数を添字として施したもの．例： b′, s, x_{25} など．
定数記号	two, three, six, unity, rt	zero, omega
関数記号	$\otimes$, $\odot$	$\oplus$, suc
命題記号	A, B	C
述語記号	=, Q	$\obslash$, P, R
論理記号	$\bot$, $\neg$, $\wedge$, $\vee$, $\to$, $\forall$, $\exists$	
補助記号	開き括弧，閉じ括弧	カンマ

個である．添字付きの変数記号 (b′, x_{25} など) や複数文字からなる定数・関数記号 (two, suc など) は添字や複数の文字を含めた単語ひとかたまりでひとつの記号とみなす．別の教科書などにおいては使用できる記号が違ったりもっと多かったりするが，本書ではわかりやすさを優先してこのように設定する．今後特に断らない限り，論理式を構成する記号はこの表に挙げたものだけである（ただし定数・関数・命題・述語記号がもっと多くてもそれらが可算で明確に列挙されている限り本書の内容と記述はそのまま通用する）．なお記号を構成する英字はすべてタイプライター活字体であることにも注意しておいてほしい．

表 2.1 の記号を使って，まずは項を次のように再帰的に定義する．

定義 2.1.1 (項)
 (1) 変数記号は項である．
 (2) 定数記号は項である．
 (3) t_1 と t_2 が項であるならば，
$$(t_1 \otimes t_2), \quad (t_1 \odot t_2), \quad (t_1 \oplus t_2), \quad \mathrm{suc}(t_1)$$
 の四つはいずれも項である．
 (4) 以上の (1)〜(3) に該当する記号列以外は項ではない．

たとえば

$$\Big(\big(\mathrm{suc}((x_{10} \oplus \mathrm{zero})) \odot x_{10}\big) \oplus \mathrm{suc}(\mathrm{suc}(y))\Big)$$

という記号列は項である．項を表記する際には曖昧さがない範囲で括弧を省略してもよい．したがって上の項は次のように書いてもよい．

$$(\mathrm{suc}(x_{10} \oplus \mathrm{zero}) \odot x_{10}) \oplus \mathrm{suc}(\mathrm{suc}(y))$$

なお表 2.1 に新たな記号を関数記号として追加する場合には，それに応じて定義 2.1.1 の (3) にも適切に文面を追加すればよい．たとえば，ある 4 変数関数を意図した記号 func を追加した場合は次の文面を定義 2.1.1(3) に追加する．

t_1 と t_2 と t_3 と t_4 が項であるならば，

$$\mathrm{func}(t_1, t_2, t_3, t_4)$$

は項である．

ここで t_1, t_2, t_3, t_4 のことを $\mathrm{func}(t_1, t_2, t_3, t_4)$ の引数とよぶ．引数の個数は各関数記号ごとに固定している．つまりこのような func は 4 引数の関数記号であり，suc は 1 引数の関数記号，$\otimes, \odot, \oplus$ は 2 引数の関数記号である．

次に論理式を再帰的に定義する．なお第 1 章で述べたように記号 $\bot, \neg, \wedge, \vee, \to, \forall, \exists$ はそれぞれ「矛盾する，でない，かつ，または，ならば，すべての，ある」を意図している．

定義 2.1.2 (論理式，原子論理式，複合論理式)
 (1) 命題記号は論理式である．
 (2) t_1 と t_2 が項であるならば，

$$(t_1 = t_2), \quad \mathrm{Q}(t_1), \quad (t_1 \oslash t_2), \quad \mathrm{P}(t_1), \quad \mathrm{R}(t_1, t_2)$$

の五つはいずれも論理式である．
 (3) φ と ψ が論理式で x が変数記号ならば，

$$\bot, \quad (\neg \varphi), \quad (\varphi \wedge \psi), \quad (\varphi \vee \psi), \quad (\varphi \to \psi), \quad (\forall x \varphi), \quad (\exists x \varphi)$$

の七つはいずれも論理式である．
 (4) 以上の (1)〜(3) に該当する記号列以外は論理式ではない．

また，(1) と (2)，および (3) の $\bot$ に該当する論理式のことを原子論理式とよび，それ以外の論理式のことを複合論理式とよぶ．原子論理式はそれ以上分解すると論理式でなくなる記号列であり，複合論理式はより短い論理式から構成される論理式である．

たとえば
$$\bigl(\bigl(\forall x_{20}\bigl(\exists z((x_{20} \oslash y) \to R(suc(zero), x_{20})))\bigr) \wedge (A \vee \bot)\bigr)$$
という記号列は論理式である．論理式を表記する際には曖昧さがない範囲で括弧を省略してもよい．したがって上の論理式は次のように書いてもよい．
$$(\forall x_{20} \exists z((x_{20} \oslash y) \to R(suc(zero), x_{20}))) \wedge (A \vee \bot)$$

関数記号の場合と同様に，もしも表 2.1 に新たな記号を述語記号として追加する場合にはそれに応じて定義 2.1.2 の (2) にも適切に文面を追加すればよい．たとえば，ある 3 変数述語を意図した記号 Rel を追加した場合は次の文面を定義 2.1.2(2) に追加する．

t_1 と t_2 と t_3 が項であるならば，
$$Rel(t_1, t_2, t_3)$$
は論理式である．

この t_1, t_2, t_3 のことを引数とよぶ．引数の個数は各述語記号ごとに固定している．つまり Q, P は 1 引数の述語記号，=, $\oslash$, R は 2 引数の述語記号，そして，もしも Rel をこのように追加するならばこれは 3 引数の述語記号ということになる．

論理式の例をいくつかあげてみよう．

【論理式の例 1】
$$\neg(A \wedge B)$$
命題記号 A, B をそれぞれ「彼は犬が好きだ」,「彼は散歩が好きだ」と読むならば，この論理式は「彼は犬と散歩の両方が好きなわけではない」と読める．

【論理式の例 2】

$$(A \land (A \to B)) \to B$$

例 1 と同じ読み方ではこれは次のように読める.「彼が犬を好きで『彼が犬を好きならば彼は散歩も好きである』が正しいならば,彼は散歩が好きである.」

【論理式の例 3】

$$(\forall x (P(x) \lor Q(x))) \to ((\forall x P(x)) \lor \forall x Q(x))$$

変数はある集団のメンバーを指すこととして,$P(a)$ を「a は犬が好きである」,$Q(a)$ を「a は散歩が好きである」と読むならば,この論理式は次のように読める.「メンバーの各人がそれぞれ犬か散歩の少なくとも一方を好きであるならば,全員が犬を好きである,または全員が散歩を好きである.」

【論理式の例 4】

$$((\forall x P(x)) \lor \forall x Q(x)) \to \forall x (P(x) \lor Q(x))$$

これは例 3 の反対向きである.変数は自然数を指すこととして,$P(n)$ を「n は偶数である」,$Q(n)$ を「n は奇数である」と読むならば,この論理式は次のように読める.「『すべての自然数は偶数である』と『すべての自然数は奇数である』のどちらかは正しいのであれば,どんな自然数もそれぞれ偶数か奇数のどちらかではある.」

【論理式の例 5】

$$\forall x \forall y ((\mathrm{suc}(x) = \mathrm{suc}(y)) \to (x = y))$$

変数は自然数を指すこととして,$\mathrm{suc}(n)$ を「n の次の数,すなわち $n+1$」と読めば,この論理式は次のように読める.「次の数同士が等しい数は,互いに等しい.」

【論理式の例 6】

$$\forall x \forall y ((x = y) \to (\mathrm{suc}(x) = \mathrm{suc}(y)))$$

これは例 5 の反対向きである.変数は人間を指すこととして,$\mathrm{suc}(a)$ を「a の母親」と読めば,この論理式は次のように読める.「勝手に選んだ二人について,

その二人が実は同一人物であるならば二人の母親同士も同一人物である.」

【論理式の例 7】

$$\exists x \exists y \exists z \bigl(((\neg(x=y)) \wedge \neg(x=z)) \wedge \neg(y=z)\bigr)$$

これは変数の指し得る対象が 3 個以上存在することを表している.

以上が論理式の例であったが,逆に論理式でない例も挙げておく.

【論理式ではない記号列の例 1】

$$\mathrm{suc}(x, y) = x \oplus y$$

suc は 1 引数の関数記号であり,このように 2 引数で使うのは文法違反である.

【論理式ではない記号列の例 2】

$$\exists x(x)$$

これは「x が存在する」とでもいいたいのだろうが,論理式ではない. $\exists x(\cdots)$ の点線部分が論理式ならば全体も論理式になるのだが,x は項であって論理式ではないからである.これと似ているが正しく論理式になっているものとしては,$\exists x(x=x)$ がある.

【論理式ではない記号列の例 3】

$$\forall A(A \rightarrow A)$$

これは「『A ならば A』が任意の A について成り立つ」といいたいのだろうが,A は命題記号であり,∀ で命題記号を束縛することはできないので文法違反である.

なお本書では煩雑さを避けるために扱わないだけであって,この例 3 のような論理式を扱う体系も数理論理学では研究されている.本書で扱う論理式のように ∀, ∃ が変数記号だけを束縛できる論理式は一階 (first-order) の論理式とよばれ,例 3 のように命題記号や述語記号も束縛できる論理式は二階 (second-order) の論理式とよばれる.

ここで今後議論を進めていく際の「任意の論理式」や「任意の項」の表記方法を約束しておく.
(1) Γ, Δ などのギリシャ大文字やそれに添字を付けたものは, 論理式の集合を表す.
(2) φ, ψ, ρ などのギリシャ小文字やそれに添字を付けたものは, 論理式を表す.
(3) a, b, s, t, x, y などの英小文字イタリック体やそれに添字を付けたものは, 変数記号を表す場合と項を表す場合がある.

この (3) は曖昧であるので, 実際の運用の際には「x は変数記号とする, t は項とする」などのただし書きを必ずしていく. 習慣として a, b, x, y などは変数記号を表し, s, t などは項を表すことが多い.

これらの記法はすでに項や論理式の定義 (2.1.1, 2.1.2) に登場していたことを確認してほしい (項を表すのに t_1, t_2, 変数記号を表すのに x, 論理式を表すのに φ, ψ を使用していた). またイタリック体とタイプライター活字体で意味が違うことにも注意してほしい. x は変数記号一般を表すが, x は特定のひとつの変数記号である.

この節の残りの部分では, 変数記号の扱いに関して少々複雑だが重要な定義をいくつかしておく.

定義 2.1.3 (束縛出現, 自由出現, 閉論理式, 閉項)　論理式中で∀や∃によって指示されている変数記号の出現, つまり

$$(\cdots \forall \underline{x}(\cdots \underline{x} \cdots) \cdots) \quad \text{あるいは} \quad (\cdots \exists \underline{x}(\cdots \underline{x} \cdots) \cdots)$$

の下線を引いた x のような出現のことを**束縛出現** (bound occurrence) という. 一方, このような形になっていない変数記号の出現を**自由出現** (free occurrence) という. 論理式 φ 中に自由出現する変数記号全体の集合を $\mathrm{FVar}(\varphi)$ と書き, φ 中に束縛出現する変数記号全体の集合を $\mathrm{BVar}(\varphi)$ と書く. また項 t 中に出現する変数記号全体を $\mathrm{Var}(t)$ と書く. $\mathrm{FVar}(\varphi) = \emptyset$ のとき (つまり φ に変数記号が自由出現しないとき) φ のことを**閉論理式** (closed formula) とよび[*1)], $\mathrm{Var}(t) = \emptyset$ のとき (つまり t は定数記号であるか, 定数記号と関数記号だけで

[*1)] 教科書によっては閉論理式のことを**文** (sentence) とよぶことがある.

作られているとき) t のことを閉項 (closed term) とよぶ.

たとえば論理式
$$\forall \mathrm{a} \forall \mathrm{y}\Big(\big(\exists \mathrm{x}(\mathrm{z}=\mathrm{x})\big) \wedge \big(\mathrm{x} \oslash (\mathrm{y} \oplus \mathrm{x})\big)\Big) \tag{2.1}$$
を φ とすると,FVar$(\varphi) = \{\mathrm{z},\mathrm{x}\}$,BVar$(\varphi) = \{\mathrm{a},\mathrm{y},\mathrm{x}\}$ である (四つある x の出現のうち左方の二つは束縛出現で右方の二つは自由出現). このようにひとつの変数記号が同一の論理式内で自由・束縛の両方に出現する場合もある. a のように ∀ や ∃ の直後にしか現れないものも束縛出現とよぶ.

定義 2.1.4 (代入可能性,代入) φ を論理式,x を変数記号,t を項とする. 次の 2 条件を満たす変数記号 y が存在することを「φ 中の x に t は代入不可能である」という.
- φ は $(\cdots \forall y(\cdots \underline{x} \cdots) \cdots)$ または $(\cdots \exists y(\cdots \underline{x} \cdots) \cdots)$ という形をしている. ただし下線を引いた x は φ 中の自由出現である.
- $y \in \mathrm{Var}(t)$.

また,このような y が存在しないことを「φ 中の x に t は代入可能である」という. 代入可能な場合に φ 中の x の自由出現をすべて t に置き換えて得られる論理式を
$$\varphi[t/x]$$
と表記する (つまり $[t/x]$ がこの代入操作を表している).

代入の例をさきほどの論理式 (2.1) で見てみよう. 論理式
$$\Big(\forall \mathrm{a} \forall \mathrm{y}\Big(\big(\exists \mathrm{x}(\mathrm{z}=\mathrm{x})\big) \wedge \big(\mathrm{x} \oslash (\mathrm{y} \oplus \mathrm{x})\big)\Big)\Big)[\mathrm{zero}/\mathrm{x}]$$
は
$$\forall \mathrm{a} \forall \mathrm{y}\Big(\big(\exists \mathrm{x}(\mathrm{z}=\mathrm{x})\big) \wedge \big(\mathrm{zero} \oslash (\mathrm{y} \oplus \mathrm{zero})\big)\Big)$$
に等しい (右方の二つの x だけが zero に替わっていることに注意). なお (2.1) の z に suc(x) は代入不可能であるが,もしも無理に
$$\Big(\forall \mathrm{a} \forall \mathrm{y}\Big(\big(\exists \mathrm{x}(\mathrm{z}=\mathrm{x})\big) \wedge \big(\mathrm{x} \oslash (\mathrm{y} \oplus \mathrm{x})\big)\Big)\Big)[\mathrm{suc}(\mathrm{x})/\mathrm{z}] \tag{2.2}$$

という論理式を考えるとこれは

$$\forall a \forall y \Big(\big(\exists \underline{x}(\mathrm{suc}(\underline{x}) = x)\big) \wedge \big(x \oslash (y \oplus x)\big) \Big)$$

ということになり，下線同士で意図しなかった新たな束縛関係が生じてしまう[*1]．代入可能とは，意図しないこのような新たな束縛関係は生じない，という条件である．

2.2 導　出　図

自然演繹の導出図とは 1.4 節に登場した (ア♯)〜(エ♯) のようなものであり，論理式が平面上に樹状に配置された図形である (図 2.1 参照)．樹の根にあたる部分にある論理式を結論とよび，葉にあたる部分にある論理式を仮定とよぶ．導出図は仮定から出発して結論へ向けて下向きに構成されていくが，この構成の仕方を定めたのが図 2.2 に挙げた推論規則である．この規則一覧の中で角括弧で示したのが各規則の名前である．たとえば [∧導入] の規則を用いると，仮定から下向きに構成されてきた二つの導出図

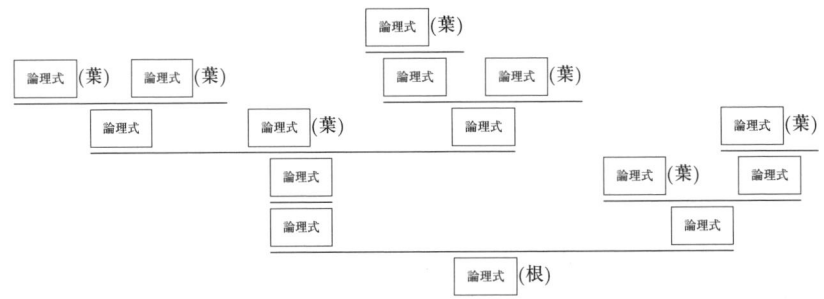

図 2.1　論理式の樹状配置の例

[*1] 本書では φ 中の x に t が代入不可能な場合には $\varphi[t/x]$ という表記は用いない約束である．ただし教科書によっては，この表記が「代入不可能な場合は φ 中の束縛変数の名前を適切に替えて代入可能にしてから代入して得られる論理式」を表す場合がある．その流儀では (2.2) は

$$\forall a \forall y \Big(\big(\exists x'(\mathrm{suc}(x) = x')\big) \wedge \big(x \oslash (y \oplus x)\big) \Big)$$

といった論理式を表すことになる．

2.2 導出図

$$\frac{\varphi \quad \psi}{\varphi \wedge \psi} \text{ [∧導入]} \qquad \frac{\varphi \wedge \psi}{\varphi} \text{ [∧除去]} \qquad \frac{\varphi \wedge \psi}{\psi} \text{ [∧除去]}$$

$$\frac{\varphi}{\varphi \vee \psi} \text{ [∨導入]} \qquad \frac{\varphi}{\psi \vee \varphi} \text{ [∨導入]}$$

$$\frac{\varphi \vee \psi \quad \overset{\vdots\;(\mathcal{A})}{\rho} \quad \overset{\vdots\;(\mathcal{B})}{\rho}}{\rho} \text{ [∨除去]} \quad \mathcal{A} \text{ 中に仮定 } \varphi \text{ や } \mathcal{B} \text{ 中に仮定 } \psi \text{ があればここで解消.}$$

$$\frac{\overset{\vdots\;(\mathcal{A})}{\psi}}{\varphi \to \psi} \text{ [→導入]} \quad \mathcal{A} \text{ 中に仮定 } \varphi \text{ があればここで解消.} \qquad \frac{\varphi \to \psi \quad \varphi}{\psi} \text{ [→除去]}$$

$$\frac{\overset{\vdots\;(\mathcal{A})}{\bot}}{\neg \varphi} \text{ [¬導入]} \quad \mathcal{A} \text{ 中にある仮定 } \varphi \text{ をここで解消.} \qquad \frac{\neg \varphi \quad \varphi}{\bot} \text{ [¬除去]}$$

$$\frac{\overset{\vdots\;(\mathcal{A})}{\bot}}{\varphi} \text{ [背理法]} \quad \mathcal{A} \text{ 中にある仮定 } \neg \varphi \text{ をここで解消.} \qquad \frac{\bot}{\varphi} \text{ [矛盾]}$$

$$\frac{\overset{\vdots\;(\mathcal{A})}{\varphi[y/x]}}{\forall x \varphi} \text{ [∀導入](注 1)} \qquad \frac{\forall x \varphi}{\varphi[t/x]} \text{ [∀除去](注 2)} \qquad \frac{\varphi[t/x]}{\exists x \varphi} \text{ [∃導入](注 2)}$$

$$\frac{\exists x \varphi \quad \overset{\vdots\;(\mathcal{A})}{\psi}}{\psi} \text{ [∃除去]} \quad \mathcal{A} \text{ 中に仮定 } \varphi[y/x] \text{ があればここで解消.(注 3)}$$

$$\frac{}{t = t} \text{ [等号公理](注 4)} \qquad \frac{\varphi[t/x] \quad t = s}{\varphi[s/x]} \text{ [等号規則](注 5)}$$

(注 1) x は変数記号. y は $\mathcal{A}$ 中の解消されていない仮定の中にも $\forall x \varphi$ の中にも自由出現しない変数記号で, φ 中の x に代入可能なもの.
(注 2) x は変数記号. t は φ 中の x に代入可能な項.
(注 3) x は変数記号. y は $\mathcal{A}$ 中の $\varphi[y/x]$ 以外の解消されていない仮定の中にも $\exists x \varphi$ や ψ の中にも自由出現しない変数記号で, φ 中の x に代入可能なもの.
(注 4) t は項.
(注 5) x は変数記号. t, s は φ 中の x に代入可能な項.

図 2.2 自然演繹の推論規則一覧

$$\vdots \qquad \qquad \vdots$$
$$\varphi \qquad \text{および} \qquad \psi$$

の下に $\varphi \wedge \psi$ を書き加えて，全体としてひとつの導出図

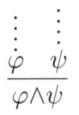

$$\frac{\begin{array}{cc} \vdots & \vdots \\ \varphi & \psi \end{array}}{\varphi \wedge \psi}$$

を構成することができる．

　規則の中で [∨除去], [→導入], [¬導入], [背理法], [∃除去] は，それが適用された時点で特定の仮定を**解消**することができる．たとえば仮定から始まり

$$\vdots$$
$$\psi$$

という形の導出図が構成されてきたとき，[→導入] の規則を適用するとこの下に $\varphi \to \psi$ を書き加えて

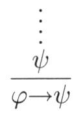

$$\frac{\begin{array}{c} \vdots \\ \psi \end{array}}{\varphi \to \psi}$$

という導出図を構成できる．この際，上の方に仮定 φ があった場合はそれを解消できる．解消するということは，これより下にさらに導出図を続けていく際にはもはや φ は仮定とはみなさない，ということである．

　規則の名前中の「導入／除去」という言葉は，その規則の適用によってその記号が論理式中に新たに発生したり無くなったりすることに由来している．

　∀と∃の導入／除去規則の適用の際にはそれぞれに付いた (注1)〜(注3) が満たされていなければならない．特に [∀導入] と [∃除去] における変数記号 y の条件はやや複雑であるが，見落としてはいけない条件である．

　[等号公理] は「仮定なしに $t = t$ を結論としてよい」ということであり，つまり $t = t$ は導出図の葉にあっても仮定とはみなされない．

　以下ではいくつかの導出図の実例を挙げる．導出図に関しては
- 解消されていない仮定の集合は何か？
- 結論は何か？

の二点が重要なので，導出図の前にそれを明記しておく（なお1.4節で「前提」と呼んでいたのは解消されていない仮定のことであった）．また各導出図中では使用した推論規則の名前を明記し，どこでどの仮定が解消されたのかを①，②などの印を使って表す．

【導出図の例1】 仮定集合：{ P(x)∧(P(x)→Q(y)) }．結論：P(x)→Q(y)

$$\frac{P(x) \land (P(x) \to Q(y))}{P(x) \to Q(y)} \text{[∧除去]}$$

【導出図の例2】 仮定集合：{ P(x)∧(P(x)→Q(y)) }．結論：Q(y)．

$$\frac{\dfrac{P(x) \land (P(x) \to Q(y))}{P(x) \to Q(y)} \text{[∧除去]} \quad \dfrac{P(x) \land (P(x) \to Q(y))}{P(x)} \text{[∧除去]}}{Q(y)} \text{[→除去]}$$

【導出図の例3】 仮定集合：{ }（空集合）．結論：$\bigl(P(x)\land(P(x)\to Q(y))\bigr)\to Q(y)$．

$$\frac{\dfrac{\overset{①}{P(x)\land(P(x)\to Q(y))}}{P(x)\to Q(y)} \text{[∧除去]} \quad \dfrac{\overset{①}{P(x)\land(P(x)\to Q(y))}}{P(x)} \text{[∧除去]}}{\dfrac{Q(y)}{\bigl(P(x)\land(P(x)\to Q(y))\bigr)\to Q(y)} \text{[→導入](仮定①を解消)}} \text{[→除去]}$$

以上の例は具体的な論理式を使った導出図であったが，以下では φ, ψ などにどんな論理式を当てはめても導出図になる形が登場する．

【導出図の例4】 仮定集合：{ $\varphi\land(\psi\lor\rho)$ }．結論：$(\varphi\land\psi)\lor\rho$．

$$\frac{\dfrac{\varphi\land(\psi\lor\rho)}{\psi\lor\rho} \text{[∧除去]} \quad \dfrac{\dfrac{\varphi\land(\psi\lor\rho)}{\varphi} \text{[∧除去]} \quad \overset{①}{\psi}}{\dfrac{\varphi\land\psi}{(\varphi\land\psi)\lor\rho} \text{[∨導入]}} \text{[∧導入]} \quad \dfrac{\overset{②}{\rho}}{(\varphi\land\psi)\lor\rho} \text{[∨導入]}}{(\varphi\land\psi)\lor\rho} \text{[∨除去](仮定①,②を解消)}$$

【導出図の例5】 仮定集合：{ $\varphi\lor\psi$, $\neg\psi$ }．結論：φ．

$$
\begin{array}{c}
\begin{array}{ccc}
 & & \overset{\text{②}}{\neg\psi} \quad \overset{\text{①}}{\psi} \\
 & & \overline{\quad\bot\quad} \; [\neg\text{除去}] \\
\varphi\vee\psi & \overset{\text{①}}{\varphi} & \overline{\varphi} \; [\text{矛盾}] \\
\hline
\end{array} \\
\varphi \quad [\vee\text{除去}](\text{仮定①、②を解消})
\end{array}
$$

【導出図の例 6】 仮定集合：{ }. 結論：$\varphi\vee\neg\varphi$.

$$
\begin{array}{c}
\begin{array}{cc}
 & \overset{\text{①}}{\varphi} \\
 & \overline{\varphi\vee\neg\varphi} \; [\vee\text{導入}] \\
\neg(\varphi\vee\neg\varphi) & \\
\hline
\overset{\text{②}}{\neg(\varphi\vee\neg\varphi)} & \overline{\neg\varphi} \; [\neg\text{導入}](\text{仮定①を解消}) \\
 & \overline{\varphi\vee\neg\varphi} \; [\vee\text{導入}] \\
\hline
\end{array} \\
\overline{\varphi\vee\neg\varphi} \; [\text{背理法}](\text{仮定②を解消})
\end{array}
$$

この例 6 の φ を $\mathrm{Q}(\mathrm{rt}\odot\mathrm{rt})$ にしたものが 1.4 節の導出図 (エ$^\sharp$) の $\mathcal{A}$ の部分である.

【導出図の例 7】 仮定集合：{ $\forall x(P(x)\to Q(x)),\ \forall xP(x)$ }. 結論：$\forall xQ(x)$.

$$
\begin{array}{c}
\dfrac{\forall x(P(x)\to Q(x))}{P(y)\to Q(y)} \; [\forall\text{除去}] \quad \dfrac{\forall xP(x)}{P(y)} \; [\forall\text{除去}] \\
\overline{\quad Q(y) \quad} \; [\to\text{除去}] \\
\overline{\forall xQ(x)} \; [\forall\text{導入}]
\end{array}
$$

【導出図の例 8】 仮定集合：{ $\forall x(P(x)\to Q(x)),\ \exists xP(x)$ }. 結論：$\exists xQ(x)$.

$$
\begin{array}{c}
\dfrac{\forall x(P(x)\to Q(x))}{P(y)\to Q(y)} \; [\forall\text{除去}] \quad \overset{\text{①}}{P(y)} \\
\overline{\quad Q(y) \quad} \; [\to\text{除去}] \\
\exists xP(x) \quad \overline{\exists xQ(x)} \; [\exists\text{導入}] \\
\overline{\exists xQ(x)} \; [\exists\text{除去}](\text{仮定①を解消})
\end{array}
$$

例 8 は特定の論理式を用いたひとつの導出図であるが，これを一般化して次の導出図も得られる.

【導出図の例 9】 仮定集合：{ $\forall x(\varphi\to\psi),\ \exists x\varphi$ }. 結論：$\exists x\psi$.

$$\frac{\dfrac{\forall x(\varphi\to\psi)}{(\varphi\to\psi)[y/x]}\,[\forall\text{除去}] \quad \overset{\text{①}}{\varphi[y/x]}}{\dfrac{\psi[y/x]}{\exists x\psi}\,[\exists\text{導入}]}\,[\to\text{除去}]$$

$$\dfrac{\exists x\varphi \qquad \dfrac{\psi[y/x]}{\exists x\psi}\,[\exists\text{導入}]}{\exists x\psi}\,[\exists\text{除去}](\text{仮定①を解消})$$

ただし y は $\forall x(\varphi\to\psi)$ 中に出現しない変数記号とする．この導出図の $[\to$除去$]$ の部分では，$(\varphi\to\psi)[y/x]$ と $(\varphi[y/x])\to(\psi[y/x])$ は同一の論理式であるという事実を使っている．このような「代入の分配」は今後断らずに使用していく．

【導出図の例 10】 仮定集合：$\{\ \}$．結論：$\forall x\forall y((x=y)\to(y=x))$．

$$\dfrac{\dfrac{\dfrac{\overline{a=a}\,[\text{等号公理}] \quad \overset{\text{①}}{a=b}}{b=a}\,[\text{等号規則}]}{(a=b)\to(b=a)}\,[\to\text{導入}](\text{仮定①を解消})}{\dfrac{\forall y((a=y)\to(y=a))}{\forall x\forall y((x=y)\to(y=x))}\,[\forall\text{導入}]}\,[\forall\text{導入}]$$

ただし a, b, x, y は異なる変数記号とする．この導出図の $[$等号規則$]$ の部分は，$(x=a)$ を論理式 φ と見て

$$\dfrac{\varphi[a/x] \quad a=b}{\varphi[b/x]}$$

という適用をしている．

【導出図の例 11】 仮定集合：$\{\ \varphi\ \}$．結論：φ．

$$\boxed{\varphi}$$

つまりどんな論理式でもそれをひとつ書けば「仮定と結論が重なった導出図」になっている．

【導出図の例 12】 仮定集合：$\{\ \}$．結論：$t=t$．

$$\overline{t=t}\,[\text{等号公理}]$$

最後の二つの例 11 と 12 が，単独の論理式からなる一番短い導出図の形である．

すべての推論規則が 12 個の例の中に登場しているので規則の使い方は理解できるだろう．以下では意味がややわかりにくかったり注意が必要ないくつかの規則について説明をする．

【→導入規則の説明】

$$\frac{\begin{array}{c}\vdots\ (\mathcal{A}) \\ \psi\end{array}}{\varphi \to \psi} \quad [\to \text{導入}] \ (\mathcal{A} \text{ 中に仮定 } \varphi \text{ があればここで解消})$$

この導出図の意味は次の通りである．

> φ を仮定して ψ が導かれるのならば，φ を仮定せずにも「φ ならば ψ」は結論としてもよい．

なお $\mathcal{A}$ に解消されていない仮定 φ が存在しない場合にもこの規則を適用してもよい．これには違和感があるかもしれないが，数学の証明ではおかしいことではない．たとえば三平方の定理の証明に「P≠NP 予想[*1] が成り立つ」という仮定は必要ないが，

$$\text{P} \neq \text{NP ならば三平方の定理が成り立つ．}$$

という命題は数学的に正しい．つまり，推論で使われることがないものが仮定として存在していると考えても問題ないのである．

【∨除去規則の説明】

$$\frac{\varphi \vee \psi \quad \begin{array}{c}\vdots\ (\mathcal{A}) \\ \rho\end{array} \quad \begin{array}{c}\vdots\ (\mathcal{B}) \\ \rho\end{array}}{\rho} \quad [\vee \text{除去}] \ (\mathcal{A} \text{ 中に仮定 } \varphi \text{ や } \mathcal{B} \text{ 中に仮定 } \psi \text{ があればここで解消})$$

この導出図は次のような「場合分けによる証明」を表している．

> $\varphi \vee \psi$ が導かれているとする．すなわち φ と ψ のどちらかは成り立つということだが，φ が成り立つと仮定すればそれを使って ρ が導かれ，他方 ψ が成り立つと仮定してもそれを使って ρ が導かれるのならば，

[*1] 計算量理論における重要な未解決問題 (解決すると懸賞金 100 万ドルがもらえる)．

結局 (それらの仮定なしに) いつでも ρ が導かれるといってよい.

【背理法規則と矛盾規則の説明】

$$\begin{array}{c} \vdots\ (\mathcal{A}) \\ \dfrac{\bot}{\varphi} \end{array} \text{[背理法]}(\mathcal{A}\text{ 中の仮定 } \neg\varphi \text{ を解消}) \qquad \begin{array}{c} \vdots \\ \dfrac{\bot}{\varphi} \end{array} \text{[矛盾]}$$

左の導出図は,「φ が正しくないと仮定して矛盾を導くことによって φ が正しいことを示す」という背理法である. ところでさきほどの [→ 導入] の規則の説明で述べたように, 仮定 $\neg\varphi$ を実際には使用していなくても数学の証明としては正しいはずである. そしてそれが右の [矛盾規則] による導出図である. なお, [矛盾規則] の内容は「矛盾からは何でも出る」と説明されることもある.

【∀導入規則の説明】

$$\begin{array}{c} \vdots\ (\mathcal{A}) \\ \dfrac{\varphi[y/x]}{\forall x \varphi} \end{array} \text{[∀ 導入]}(y \text{ は } \mathcal{A} \text{ 中の解消されていない仮定や } \forall x\varphi \text{ に自由出現しない})$$

解消されていない仮定に y が自由出現しないということは,「仮定に依存した特定の y」に対してではなく「任意の y」に対して $\varphi[y/x]$ が成り立つ, ということになる.

【∃除去規則の説明】

$$\begin{array}{cc} \vdots & \vdots\ (\mathcal{A}) \\ \dfrac{\exists x \varphi \quad \psi}{\psi} \end{array} \text{[∃ 除去]} \quad \begin{array}{l} (\mathcal{A} \text{ 中に仮定 } \varphi[y/x] \text{ があればここで解消}. \\ y \text{ は } \mathcal{A} \text{ 中の } \varphi[y/x] \text{ 以外の解消されていない仮定や} \\ \exists x\varphi \text{ や } \psi \text{ に自由出現しない.}) \end{array}$$

φ を満たす x の存在が保証されたならば, そのような x に仮に y という名前を付けて $\varphi[y/x]$ が成り立つと仮定して推論を進めて (その際 y について知っているのは「$\varphi[y/x]$ が成り立つ」ということだけなので, y が関わる他の仮定を設けてはいけない) その結果 y に依存しない ψ が導けたら, 結局 y がどんなものであったとしても $\exists x\varphi$ から (仮定 $\varphi[y/x]$ は無しで) ψ が導けたことになる.

2.3 公理からの証明

この節では今後頻繁に使われる $\vdash$ という記号[*1)]の使い方を定義する．似た記号 $\models$ も後の 4.2 節で登場するので混同しないように注意してほしい．

定義 2.3.1 ($\vdash$ の使用法)　φ は論理式，Γ は論理式の集合 (有限でも無限でもよい) とする．Γ のある有限部分集合 Γ' が存在して，「解消されていない仮定の集合が Γ' で，結論が φ の導出図」が存在することを

$$\Gamma \vdash \varphi$$

と表記して，「Γ から φ が導出できる」と読む．また，そのような導出図のことを「$\Gamma \vdash \varphi$ を表す導出図」，「Γ から φ への導出図」ともよぶ．$\Gamma = \{\gamma_1, \gamma_2, \ldots, \gamma_n\}$ のとき，集合を表す括弧を省略して

$$\gamma_1, \gamma_2, \ldots, \gamma_n \vdash \varphi$$

とも書いてもよい．この記法では Γ が空集合の場合は

$$\vdash \varphi$$

というように左側が空白になる．$\Gamma \vdash \varphi$ でないこと，つまり解消されていない仮定がすべて Γ の要素で結論が φ であるような導出図は存在しないことを

$$\Gamma \not\vdash \varphi$$

と表記する．

【例 1】 B→¬A, A $\vdash$ ¬B. (1.4 節の導出図 (ア♯) がこれを表している)

【例 2】
∀x(six⊗x=two⊗(three⊗x)) $\vdash$ ∀x((∃y(x=six⊗y))→(∃y(x=two⊗y)))
(1.4 節の導出図 (イ♯) がこれを表している)

【例 3】

[*1)]　この記号は「ターンスタイル」(イベント会場などによくある，棒が付いた回転扉のこと) や「ト記号」(カタカナの「ト」に似ているので) とよばれることがある．

$\forall x \forall y \forall z((x \odot y) \odot z = x \odot (y \odot z))$, $\forall x(\text{unity} \odot x = x)$, $\forall x \exists y(y \odot x = \text{unity}) \vdash$
$$\forall x \forall y((x \odot y = \text{unity}) \to (y \odot x = \text{unity}))$$
(1.4 節の導出図 (ウ♯) がこれを表している)

【例 4】
$\neg Q(\text{rt})$, $Q(\text{two})$, $(\text{rt} \odot \text{rt}) \odot \text{rt} = \text{two} \vdash \exists x \exists y(Q(x \odot y) \land (\neg Q(x) \land \neg Q(y)))$
(1.4 節の導出図 (エ♯) がこれを表している)

なお導出図 (ウ♯), (エ♯) では 29 頁の規則一覧に載っていない「規則」も使用されている．具体的には章末の演習問題 2.4, 2.5 を参照．

【例 5】 $\varphi \lor \psi$, $\neg \psi \vdash \varphi$. (32 頁の導出図の例 5 がこれを表している)

【例 6】 $\varphi \lor \psi$, $\neg \psi$, $\rho \vdash \varphi$. (32 頁の導出図の例 5 がこれも表している)

【例 7】 $\vdash \varphi \lor \neg \varphi$. (32 頁の導出図の例 6 がこれを表している)

【例 8】 $\varphi \in \varGamma$ ならば $\varGamma \vdash \varphi$. (33 頁の導出図の例 11 がこれを表している)

18 頁の (†) も考慮すると，(‡) <u>$\varGamma \vdash \varphi$ は「$\varGamma$ を公理とする数学理論において命題 φ が証明できる」を表している</u>と考えてよい．たとえば上の例 3 は，「結合法則，左単位元，左逆元の存在」を公理とする群の理論において「左逆元は同時に右逆元になる」という命題が証明できることを表している．

なお $\varGamma$ を公理とする数学理論において命題 φ を証明する際に，必ずしも $\varGamma$ のすべての要素を使用する必要はない．$\varGamma \vdash \varphi$ を表す導出図中で解消されていない仮定になっているものが，実際に使われた公理である．また，解消されていない仮定をすべて「公理」とよぶことは不自然かもしれない (解消されていない仮定の中にはたとえば「既に他で証明された事実」もある：1.3 節参照)．この意味で上記の (‡) は公理という言葉を広義に使用している．

演 習 問 題

2.1 次の記号列 (ア)〜(オ) はそれぞれ論理式であるか否か？ (括弧は曖昧さのない範囲で省略してある)

(ア) P(zero) = ⊥
(イ) ∀ zero (suc(zero) = suc(zero))
(ウ) x = y = z
(エ) 1 + 1 = 2
(オ) ∀x ⊥

2.2 次を表す導出図を書け (初〜中級者向け).

(ア) ⊢ $\varphi \to \varphi$
(イ) ⊢ $\varphi \to (\psi \to \varphi)$
(ウ) $\varphi \to \psi, \psi \to \rho$ ⊢ $\varphi \to \rho$
(エ) $\varphi \land \psi$ ⊢ $\psi \land \varphi$
(オ) $\varphi \lor \psi$ ⊢ $\psi \lor \varphi$
(カ) $\varphi \to \psi$ ⊢ $(\neg \psi) \to \neg \varphi$
(キ) φ ⊢ $\neg \neg \varphi$
(ク) $\neg \neg \varphi$ ⊢ φ
(ケ) $\forall x P(x)$ ⊢ $\forall y P(y)$
(コ) ⊢ $\bigl((\forall x P(x)) \lor \forall x Q(x)\bigr) \to \forall x (P(x) \lor Q(x))$ (24 頁の論理式の例 4)
(サ) ⊢ $\forall x \forall y ((x = y) \to (suc(x) = suc(y)))$ (24 頁の論理式の例 6)

2.3 次を表す導出図を書け (上級者向け).

(シ) $\forall x \forall y R(x, y)$ ⊢ $\forall z R(y, z)$
(ス) ⊢ $((A \to B) \to A) \to A$
(セ) ⊢ $\bigl(\forall x (P(x) \lor A)\bigr) \to \bigl((\forall x P(x)) \lor A\bigr)$ (括弧の掛かり方に注意)

2.4 自然演繹の推論規則を組み合わせることによって, 次の (♠), (♣), (♡) が実現できることを示せ.

$$\dfrac{s_1 = s_2}{s_1 \odot t = s_2 \odot t} \text{ (♠)} \qquad \dfrac{s_1 = s_2}{t \odot s_1 = t \odot s_2} \text{ (♣)} \qquad \dfrac{\varphi[t/x] \quad s = t}{\varphi[s/x]} \text{ (♡)}$$

(したがって, これらを推論規則だと思って使用してもよいことになる.)

2.5 1.4 節の導出図 (ア$^\sharp$)〜(エ$^\sharp$) に, 使用されている推論規則の名前を書き込め (前問題の (♠), (♣), (♡) を規則名としてよい).

2.6 次のものは正しい導出図ではない. どこがどのように自然演繹の文法に違反しているかを述べよ.

$$\cfrac{\cfrac{\exists xP(x)\;^{②}\quad \cfrac{P(y)\;^{①}}{\forall xP(x)}\;[\forall 導入]}{\forall xP(x)}\;[\exists 除去](①を解消)}{(\exists xP(x))\rightarrow \forall xP(x)}\;[\rightarrow 導入](②を解消)$$

2.7 x が変数記号で t が項で t 中に x が出現しないとき,次の二つの論理式

$$\exists x(t = \text{two} \otimes x) \quad \text{および} \quad \exists x(t = \text{suc}(\text{two} \otimes x))$$

のことをそれぞれ

$$\text{Even}(t) \quad \text{および} \quad \text{Odd}(t)$$

と表記することにする.いま変数記号は自然数を指すこととし,two, $\otimes$, suc をそれぞれ「2,かけ算,1 を足す関数」だと思えば,Even(t) と Odd(t) はそれぞれ「t は偶数である」,「t は奇数である」と読める.

(a) 以下の要素の他は使わずに,「偶数に 1 を足したものは必ず奇数である」と読むことができる論理式を作れ.

　　　　Even, Odd, suc, 変数記号,論理記号,補助記号,=

(b) (a) で作った論理式を結論として,解消されていない仮定がない導出図を書け(ただし (a) で論理式を不適切に作るとできないかもしれない).

2.8 次の 2 条件が同値であることを示せ.

(ア) $\varphi_1, \varphi_2, \ldots, \varphi_n \vdash \psi$

(イ) $\vdash \varphi_1 \rightarrow (\varphi_2 \rightarrow (\cdots \rightarrow (\varphi_n \rightarrow \psi) \cdots))$

第3章
論理式の真理値

CHAPTER 3

本章では自然演繹のことはしばらく忘れて，論理式の真理値について議論する．

3.1 命題論理の論理式の真偽

各論理式は真か偽のどちらかの真理値を持つ[*1]．しかし，たとえば「原子論理式 A は真か偽か？」と問われても困るだろう．一方 A と B が共に真であるという設定が与えられているときには，「論理式 A∧B は真か偽か？」と問われれば「真である」と答えられるだろう．このように論理式の真理値というのは「設定」に依存した相対的なものである．本節と次節でこれを詳細に定める．

まずは簡単のために，この節では次の記号だけからなる論理式を考える．

$$\text{命題記号 (A, B, C)}, \bot, \neg, \wedge, \vee, \rightarrow, \text{ および括弧}$$

このような論理式のことを「命題論理 (propositional logic) の論理式」という[*2]．

φ, ψ の真理値に応じて $\bot, \neg\varphi, \varphi\wedge\psi, \varphi\vee\psi, \varphi\rightarrow\psi$ それぞれの真理値がどうなるかは表 3.1 で定められる．たとえば $\bot$ は「矛盾」を意図しているので必ず偽であり，$\varphi\rightarrow\psi$ が真であることは φ が偽であるかまたは ψ が真であることと等しい．真理値のこのような定義は，数学の証明における「でない，かつ，または，ならば」という言葉の使い方に基づいている (1.2 節参照)．

命題記号の真理値を設定すれば，この表 3.1 に従って長い論理式の真理値も

[*1] この見方に単純には従わない論理の体系も数多くあり，第 10, 11 章でそのような代表例が議論される．

[*2] これらの記号だけを扱う論理は命題論理とよばれる (第 7 章参照)．それに対して，述語記号や ∀, ∃ まで含めて扱う論理は述語論理 (predicate logic) とよばれる．

表 3.1 論理記号による真理値変化

⊥
偽

φ	$\neg\varphi$
真	偽
偽	真

φ	ψ	$\varphi\wedge\psi$	$\varphi\vee\psi$	$\varphi\to\psi$
真	真	真	真	真
真	偽	偽	真	偽
偽	真	偽	真	真
偽	偽	偽	偽	真

定まる．たとえば A の真理値が真で B の真理値が偽のとき，A∧B は偽であり，¬(A∧B) は真である．これを論理式の該当部分に下線を引いて次のように表記する．

$$\underline{\neg\underline{({}_{\text{真}}\underline{A}\wedge{}_{\text{偽}}\underline{B})}}_{\text{真}\ \ \ \ \ \text{偽}}$$

もう少し複雑な例も見てみよう．

$$\underline{\underline{({}_{\text{偽}}\underline{A}\to{}_{\text{真}}\underline{B})}_{\text{真}}\to\underline{(\ ({}_{\text{偽}}\underline{A}\vee\underline{\neg{}_{\text{真}}\underline{C}})\vee{}_{\text{偽}}\bot)}_{\text{偽}}}_{\text{偽}}$$

これは，A, B, C がそれぞれ偽，真，真に設定されているときに，(A→B)→((A∨¬C)∨⊥) が偽になることを表している．

なお，ひとつの「設定」の中では同一の命題記号に異なる真理値を割り当てることはできない．たとえば

$$({}_{\text{偽}}\underline{A}\to B)\to(({}_{\text{真}}\underline{A}\vee\neg C)\vee\bot)$$

ということはできない．

3.2 一般の論理式の真偽とストラクチャー

前節で見たように，命題論理の論理式は命題記号の真理値を定めれば複雑な論理式の真理値が定まる．しかし∀や∃や変数記号や述語記号が入った一般の論理式の真理値を定めるにはもう少し議論が必要である．

はじめに変数の出現に関する注意をする．たとえば数学の議論をしている最中に「$x>3$」という言明は正しいか否か？と質問されても，変数 x の値が不明ならば答えられないだろう．同様に，自由出現する変数記号を含んだ論理式

の真理値を定めることは少々厄介である．そこで本書では**閉論理式**(変数記号が自由出現しない論理式：定義 2.1.3) だけが**真理値**を持つという方針で議論を進めていく[*1]．

閉論理式の真理値を定めるには，前節で述べた
(1) 命題記号への真理値割り当て．
の他に次のものを定めればよい．
(2) 変数記号が指しうる値を集めた集合．これを**対象領域** (domain[*2]) とよぶ．
(3) 定数記号，関数記号，述語記号それぞれを対象領域上でどのように解釈するか．

この (1)～(3) を合わせたものを**ストラクチャー** (structure) とよぶ[*3]．ストラクチャーの正確な定義は後の定義 3.2.2 で与えるが，ここではまず簡単な具体例を通して，「対象領域の要素の名前を定数記号として導入すること」を説明する．

$\mathcal{J}$ というストラクチャーは，対象領域が

$$\{ グー, チョキ, パー \}$$

という集合 (すなわち，じゃんけんの「手」の集合) で，関数記号 suc の解釈 $\mathrm{suc}^{\mathcal{J}}$ と述語記号 R の解釈 $\mathrm{R}^{\mathcal{J}}$ が次のようになっているとする．

$$\mathrm{suc}^{\mathcal{J}}(グー) = チョキ.$$
$$\mathrm{suc}^{\mathcal{J}}(チョキ) = パー.$$
$$\mathrm{suc}^{\mathcal{J}}(パー) = グー.$$

$$\mathrm{R}^{\mathcal{J}}(グー, チョキ) = \mathrm{R}^{\mathcal{J}}(チョキ, パー) = \mathrm{R}^{\mathcal{J}}(パー, グー) = 真.$$
$$\mathrm{R}^{\mathcal{J}}(グー, グー) = \mathrm{R}^{\mathcal{J}}(グー, パー) = \mathrm{R}^{\mathcal{J}}(チョキ, グー) =$$
$$\mathrm{R}^{\mathcal{J}}(チョキ, チョキ) = \mathrm{R}^{\mathcal{J}}(パー, チョキ) = \mathrm{R}^{\mathcal{J}}(パー, パー) = 偽.$$

[*1] 自由出現する変数記号の値を明示的に扱うことですべての論理式の真理値を定義する，という流儀もある．
[*2] universe ともよばれる．
[*3] ストラクチャーは従来の和書では「構造」とよばれることが多い．しかし単なる構造という語は文章中でテクニカルタームとして認識されずに誤解を招く可能性があるので，本書ではカタカナ表記のストラクチャーを採用した．

すなわちストラクチャー $\mathcal{J}$ において，suc は「『勝てる相手』を返す」という関数を表し，R(x,y) は「x は y に勝つ」という述語を表している ($\mathcal{J}$ は「じゃんけん」の頭文字「J」である). ストラクチャー $\mathcal{J}$ における論理式 φ の真理値を

$$\mathcal{J}(\varphi)$$

と書くことにすると，たとえば

$$\mathcal{J}\bigl(\text{R}(グー, チョキ)\bigr) = 真$$

である．もう少し複雑な論理式を考えると，たとえば

$$\mathcal{J}\Bigl(\forall \text{x}\bigl(\text{x} = \text{suc}(\text{suc}(\text{suc}(\text{x})))\bigr)\Bigr) = 真,$$
$$\mathcal{J}\Bigl(\exists \text{x}\bigl(\text{R}(\text{x}, グー) \wedge \text{R}(\text{x}, チョキ))\bigr)\Bigr) = 偽$$

である (「勝てる相手が勝てる相手が勝てる相手」は自分自身であり，また「グーとチョキの両方に勝てるような手がある」は間違いである). ところが，ここに登場した

$$\text{R}(グー, チョキ), \qquad \exists \text{x}\bigl(\text{R}(\text{x}, グー) \wedge \text{R}(\text{x}, チョキ)\bigr) \qquad (3.1)$$

といった記号列は論理式ではない.「グー」や「チョキ」は対象領域の要素の名前であるが，論理式を構成する際に使用できる記号ではないからである (21 頁の表 2.1 に登場しない). しかし，もしも「グー」や「チョキ」が定数記号として認められればこれらは正式な論理式になる．そこで次の定義をする．

定義 3.2.1 (拡大項，拡大論理式) 対象領域を $\mathcal{D}$ としたとき，$\mathcal{D}$ の要素の名前をすべて定数記号として認めた上で項や論理式になっている記号列のことをそれぞれ「$\mathcal{D}$ 拡大項」,「$\mathcal{D}$ 拡大論理式」とよび，そのうち特に閉項（変数記号を含まない項）や閉論理式（変数記号の自由出現を含まない論理式）になっているものをそれぞれ「$\mathcal{D}$ 拡大閉項」,「$\mathcal{D}$ 拡大閉論理式」ともよぶ．

たとえばさきほどの (3.1) の二つは { グー, チョキ, パー } 拡大閉論理式であり，

$$グー, \quad \text{suc}(グー), \quad \text{suc}(\text{two})$$

の三つはすべて { グー, チョキ, パー } 拡大閉項である (「グー, チョキ, パー」の

名前を使用しない従来の項・論理式を「拡大項・拡大論理式」とよんでもよい).

(注意) $\mathcal{D}$ の一つの要素が複数の名前を持っていてもよい. たとえばじゃんけんの同じ手を指している二つの名前「グー」と「ぐう」を定数記号として認めてもよい. ここで必要なのは, $\mathcal{D}$ のすべての要素がそれぞれ名前を持っている, ということである.

さて, あらためてストラクチャーを正確に定義する.

定義 3.2.2 (ストラクチャー)　ストラクチャーとは次の (1),(2),(3) を合わせたものである.
(1) 命題記号への真理値割り当て.
(2) 対象領域. これは空でない集合である.
(3) 定数記号の解釈, 関数記号の解釈, および等号 (=) 以外の述語記号の解釈. これらは対象領域上の要素や関数や述語である.

この (3) の内容を表記するときには, ストラクチャー $\mathcal{M}$ による記号 ξ の解釈を $\xi^{\mathcal{M}}$ と書く (論理式中に使用できる記号については 21 頁の表 2.1 を確認してほしい). つまり, 対象領域が $\mathcal{D}$ ならば

$$\text{two}^{\mathcal{M}}, \quad \text{three}^{\mathcal{M}}, \quad \text{six}^{\mathcal{M}}, \quad \text{unity}^{\mathcal{M}}, \quad \text{rt}^{\mathcal{M}}, \quad \text{zero}^{\mathcal{M}}, \quad \text{omega}^{\mathcal{M}}$$

はすべて $\mathcal{D}$ の要素であり,

$$\text{suc}^{\mathcal{M}}, \quad \otimes^{\mathcal{M}}, \quad \odot^{\mathcal{M}}, \quad \oplus^{\mathcal{M}}$$

の最初の $\text{suc}^{\mathcal{M}}$ は $\mathcal{D}$ 上の 1 変数関数, 後の三つは $\mathcal{D}$ 上の 2 変数関数 (2 項演算) であり,

$$Q^{\mathcal{M}}, \quad P^{\mathcal{M}}, \quad \otimes^{\mathcal{M}}, \quad R^{\mathcal{M}}$$

の最初の二つは $\mathcal{D}$ 上の 1 変数述語, 残りの二つは $\mathcal{D}$ 上の 2 変数述語 (2 項関係) である. なお等号 (=) はどんなストラクチャーにおいても通常の「等しい」という意味に解釈する.

これらを用いて, ストラクチャーにおける項の値と論理式の真理値を次の 3.2.3 と 3.2.4 で定義する. 以下では $\mathcal{M}$ は対象領域が $\mathcal{D}$ のストラクチャーで,

3.2 一般の論理式の真偽とストラクチャー

s, t, u, v は $\mathcal{D}$ 拡大閉項とする.

定義 3.2.3 (拡大閉項の値) $\mathcal{D}$ 拡大閉項 t の $\mathcal{M}$ における値を

$$\mathcal{M}(t)$$

と表記する. これは $\mathcal{D}$ の要素であり, 次のように再帰的に定義される.
- (1) t が $\mathcal{D}$ の要素の名前のとき. $\mathcal{M}(t)$ はその要素である.
- (2) t が定数記号 (「名前」以外) のとき. $\mathcal{M}(t)$ の値は定義 3.2.2 の (3) で決まっている. たとえば

$$\mathcal{M}(\mathtt{two}) = \mathtt{two}^{\mathcal{M}}.$$

- (3) t が, より短い項と関数記号とを組み合わせて作られているとき. $\mathcal{M}(t)$ の値は短い項の値と定義 3.2.2 の (3) の関数の解釈で決まる. たとえば

$$\mathcal{M}(\mathrm{suc}(s)) = \mathrm{suc}^{\mathcal{M}}(\mathcal{M}(s)),$$
$$\mathcal{M}(u \otimes v) = (\mathcal{M}(u) \otimes^{\mathcal{M}} \mathcal{M}(v)).$$

定義 3.2.4 (拡大閉論理式の真理値) $\mathcal{D}$ 拡大閉論理式 φ の $\mathcal{M}$ における真理値を

$$\mathcal{M}(\varphi)$$

と表記する. この値は必ず「真」か「偽」のどちらかであり, 次のように再帰的に定義される.
- (1) φ が命題記号のとき. $\mathcal{M}(\varphi)$ の値は定義 3.2.2 の (1) で定められた真理値である.
- (2) φ が $(t = s)$ という形のとき. $\mathcal{M}(\varphi)$ の値は定義 3.2.3 によって規定された t と s の値が等しいか否かで決まる. すなわち,

$$\mathcal{M}(t=s) = \text{真} \iff \mathcal{M}(t) = \mathcal{M}(s).$$

- (3) φ がひとつの述語記号を $\mathcal{D}$ 拡大閉項に適用した形の論理式のとき. $\mathcal{M}(\varphi)$ の値は定義 3.2.3 によって規定された項の値と定義 3.2.2 の (3) による述語記号の解釈で決まる. たとえば,

$$\mathcal{M}(\mathrm{R}(s,t)) = \text{真} \iff \mathrm{R}^{\mathcal{M}}(\mathcal{M}(s), \mathcal{M}(t)) = \text{真}.$$

(4) φ が論理記号を含むとき．$\mathcal{M}(\varphi)$ の値は φ より簡単な (すなわち論理記号の出現数が少ない) 論理式の $\mathcal{M}$ における真理値から次のように定まる．

$\mathcal{M}(\bot) =$ 偽．

$\mathcal{M}(\neg\psi) =$ 真 $\iff \mathcal{M}(\psi) =$ 偽．

$\mathcal{M}(\psi \land \rho) =$ 真 $\iff \bigl(\mathcal{M}(\psi) =$ 真 かつ $\mathcal{M}(\rho) =$ 真$\bigr)$．

$\mathcal{M}(\psi \lor \rho) =$ 真 $\iff \bigl(\mathcal{M}(\psi) =$ 真 または $\mathcal{M}(\rho) =$ 真$\bigr)$．

$\mathcal{M}(\psi \to \rho) =$ 真 $\iff \bigl(\mathcal{M}(\psi) =$ 偽 または $\mathcal{M}(\rho) =$ 真$\bigr)$．

$\mathcal{M}(\forall x \psi) =$ 真 $\iff \bigl(\mathcal{D}$ の任意の要素の任意の名前 a に対して $\mathcal{M}(\psi[\mathrm{a}/x]) =$ 真$\bigr)$．

$\mathcal{M}(\exists x \psi) =$ 真 $\iff \bigl(\mathcal{D}$ のある要素のある名前 a に対して $\mathcal{M}(\psi[\mathrm{a}/x]) =$ 真$\bigr)$．

具体例を挙げてみよう．

【自然数のストラクチャー】ストラクチャー $\mathcal{N}$ を次で定める．
- 対象領域は $\{0, 1, 2, \ldots\}$(自然数全体の集合)．
- 関数記号 suc，述語記号 P, Q の解釈は次の通り (他の記号の解釈はどうでもよい)．

$$\mathrm{suc}^{\mathcal{N}}(x) = x + 1.$$

$$\mathrm{P}^{\mathcal{N}}(x) = \begin{cases} 真 & (x \text{ が偶数のとき}) \\ 偽 & (x \text{ が奇数のとき}) \end{cases}$$

$$\mathrm{Q}^{\mathcal{N}}(x) = \begin{cases} 真 & (x \text{ が奇数のとき}) \\ 偽 & (x \text{ が偶数のとき}) \end{cases}$$

このとき 2.1 節の論理式の例 3〜例 6 の $\mathcal{N}$ における真理値は次のようになる．

3.2 一般の論理式の真偽とストラクチャー

$$\mathcal{N}\Big(\big(\forall x(P(x)\lor Q(x))\big)\to\big((\forall xP(x))\lor\forall xQ(x)\big)\Big)=偽. \tag{3.2}$$

$$\mathcal{N}\Big(\big((\forall xP(x))\lor\forall xQ(x)\big)\to\forall x(P(x)\lor Q(x))\Big)=真.$$

$$\mathcal{N}\Big(\forall x\forall y\big((suc(x)=suc(y))\to(x=y)\big)\Big)=真.$$

$$\mathcal{N}\Big(\forall x\forall y\big((x=y)\to(suc(x)=suc(y))\big)\Big)=真.$$

たとえば (3.2) の論理式の真理値を詳しく分析すると次のようになる.

$$\underline{\underset{偽}{\underset{真}{(\forall x(P(x)\lor Q(x)))}}\to \underset{偽}{\big(\underset{偽}{(\forall xP(x))}\lor\underset{偽}{\forall xQ(x)}\big)}}$$

「どんな自然数も偶数か奇数のどちらかではある」は真だが,「どんな自然数も偶数である」は偽だし,「どんな自然数も奇数である」も偽なのである.

【人間のストラクチャー】ストラクチャー $\mathcal{H}$ を次で定める.
- 対象領域は人間全体の集合.
- 関数記号 suc, 述語記号 P, Q の解釈は次の通り (他の記号の解釈はどうでもよい).

$$suc^{\mathcal{H}}(x)=「x の母親」.$$

$$P^{\mathcal{H}}(x)=\begin{cases}真 & (x が女性のとき)\\偽 & (x が男性のとき)\end{cases}$$

$$Q^{\mathcal{H}}(x)=\begin{cases}真 & (x の血液型が A 型のとき)\\偽 & (x の血液型が A 型以外のとき)\end{cases}$$

このとき上と同じ論理式の $\mathcal{H}$ における真理値は次のようになる.

$$\mathcal{H}\Big(\big(\forall x(P(x)\lor Q(x))\big)\to\big((\forall xP(x))\lor\forall xQ(x)\big)\Big)=真.$$

$$\mathcal{H}\Big(\big((\forall xP(x))\lor\forall xQ(x)\big)\to\forall x(P(x)\lor Q(x))\Big)=真.$$

$$\mathcal{H}\Big(\forall x\forall y\big((suc(x)=suc(y))\to(x=y)\big)\Big)=偽. \tag{3.3}$$

$$\mathcal{H}\Big(\forall x\forall y\big((x=y)\to(suc(x)=suc(y))\big)\Big)=真.$$

この一番目と二番目が共に真であることは,

$$\mathcal{H}\big(\forall x(P(x)\lor Q(x))\big),\quad \mathcal{H}\big(\forall xP(x)\big),\quad \mathcal{H}\big(\forall xQ(x)\big),$$

がすべて偽であることからわかる (女性でもなく A 型でもない人が存在する).

また三番目 (3.3) の論理式が偽であることは，母親を同じくする別人 (つまり兄弟姉妹) が存在することからわかる．

【対象領域の要素数だけに真理値が依存する論理式】

$$\exists x \exists y \exists z \big(\big((\neg(x=y)) \wedge \neg(x=z)\big) \wedge \neg(y=z)\big)$$

これは 2.1 節の論理式の例 7 であり，変数の指しうる対象が 3 個以上存在していることを記述している．正確には，この論理式を φ としたとき任意のストラクチャー $\mathcal{M}$ に対して次が成り立つ．

$$\mathcal{M}(\varphi) = 真 \iff \mathcal{M} \text{ の対象領域の要素の個数が 3 以上である．}$$

ここで真理値と代入に関する基本的な性質を示しておく．

定理 3.2.5 $\mathcal{M}$ は対象領域が $\mathcal{D}$ のストラクチャー，s, t は $\mathcal{D}$ 拡大閉項，x は変数記号，φ は x 以外の変数記号の自由出現を含まない $\mathcal{D}$ 拡大論理式とする．このとき $\mathcal{M}(s) = \mathcal{M}(t)$ ならば $\mathcal{M}(\varphi[s/x]) = \mathcal{M}(\varphi[t/x])$ である．

証明 この定理が述べているのは「論理式中の項を値が同じ別の項に置き換えても真理値は変わらない」という自然なことであり，わざわざ証明しなくても認めてもらえるかもしれない．しかし数理論理学のこういった類いの議論に必ず登場する必須ツールである帰納法を使用する典型例として，証明を与えておく (帰納法については 12.1 節で説明しているので必要ならばそちらを参照していただきたい)．

以下では φ 中の論理記号（$\bot, \wedge, \vee, \to, \neg, \forall, \exists$）の出現数のことを「$\varphi$ の複雑さ」とよぶ．そして φ の複雑さに関する帰納法によってこの定理を証明していく．具体的には φ の形によって場合分けをしながら題意を示していくが，その際 φ よりも複雑さが小さい論理式に関しては既に題意が証明されたことを仮定して（これを「帰納法の仮定」とよぶ）それを用いて φ に関する題意を証明する．

【φ が原子論理式の場合】
φ が単独の命題記号や $\bot$ の場合およびそれ以外でも φ 中に x が出現しない場

3.2 一般の論理式の真偽とストラクチャー

合は，$\varphi[s/x]$ も $\varphi[t/x]$ も φ と変わらないので明らかに題意は成り立つ．φ 中に x が出現する場合，たとえば φ が $\mathrm{R}(x,(\mathtt{two}\odot x))$ のときは

$$\mathcal{M}(\varphi[s/x]) = \mathcal{M}\bigl(\mathrm{R}(s,(\mathtt{two}\odot s))\bigr) = \mathrm{R}^{\mathcal{M}}\bigl(\mathcal{M}(s),(\mathtt{two}^{\mathcal{M}}\odot^{\mathcal{M}}\mathcal{M}(s))\bigr)$$

および

$$\mathcal{M}(\varphi[t/x]) = \mathcal{M}\bigl(\mathrm{R}(t,(\mathtt{two}\odot t))\bigr) = \mathrm{R}^{\mathcal{M}}\bigl(\mathcal{M}(t),(\mathtt{two}^{\mathcal{M}}\odot^{\mathcal{M}}\mathcal{M}(t))\bigr)$$

なので，$\mathcal{M}(s) = \mathcal{M}(t)$ であるならば $\mathcal{M}(\varphi[s/x]) = \mathcal{M}(\varphi[t/x])$ が成り立つ．φ が他の原子論理式の場合も同様である．

【φ が複合論理式の場合】
たとえば φ が $\psi\wedge\rho$ という形の場合は，ψ，ρ ともに複雑さが φ よりも小さいので帰納法の仮定によって

$$\mathcal{M}(\psi[s/x]) = \mathcal{M}(\psi[t/x]) \quad \text{および} \quad \mathcal{M}(\rho[s/x]) = \mathcal{M}(\rho[t/x])$$

が成り立つ．このことと $\wedge$ の真理値の定義を用いて次のように題意が示される．

$\mathcal{M}(\varphi[s/x]) = 真 \iff \mathcal{M}((\psi[s/x])\wedge(\rho[s/x])) = 真$
$\qquad\qquad\quad \iff \mathcal{M}(\psi[s/x]) = 真 \text{ かつ } \mathcal{M}(\rho[s/x]) = 真$
$\qquad\qquad\quad \iff \mathcal{M}(\psi[t/x]) = 真 \text{ かつ } \mathcal{M}(\rho[t/x]) = 真$
$\qquad\qquad\quad \iff \mathcal{M}((\psi[t/x])\wedge(\rho[t/x])) = 真$
$\qquad\qquad\quad \iff \mathcal{M}(\varphi[t/x]) = 真.$

また φ が $\forall y\psi$ という形の場合は，もしも x と y が同一の変数記号であるならば φ 中に x は自由出現しないので (φ が単独の命題記号の場合と同様に) 題意は成り立つ．そこで x と y は異なる変数記号とする．$\mathtt{a}$ を対象領域 $\mathcal{D}$ の任意の要素の名前としたとき，$\psi[\mathtt{a}/y]$ は x 以外の変数記号の自由出現を含まない $\mathcal{D}$ 拡大論理式でしかも φ よりも複雑さが小さいので，これに対しては帰納法の仮定によって次が成り立つ．

$$\mathcal{M}\bigl((\psi[\mathtt{a}/y])[s/x]\bigr) = \mathcal{M}\bigl((\psi[\mathtt{a}/y])[t/x]\bigr)$$

このことと $\forall$ の真理値の定義を用いて次のように題意が示される．

$\mathcal{M}(\varphi[s/x]) = 真$
$\iff \mathcal{M}(\forall y(\psi[s/x])) = 真$
$\iff \mathcal{D}$ の任意の要素の任意の名前 $\mathtt{a}$ に対して $\mathcal{M}((\psi[s/x])[\mathtt{a}/y]) = 真$

$\iff$ $\mathcal{D}$ の任意の要素の任意の名前 a に対して $\mathcal{M}((\psi[a/y])[s/x]) = $ 真
$\iff$ $\mathcal{D}$ の任意の要素の任意の名前 a に対して $\mathcal{M}((\psi[a/y])[t/x]) = $ 真
$\iff$ $\mathcal{D}$ の任意の要素の任意の名前 a に対して $\mathcal{M}((\psi[t/x])[a/y]) = $ 真
$\iff$ $\mathcal{M}(\forall y(\psi[t/x])) = $ 真
$\iff$ $\mathcal{M}(\varphi[t/x]) = $ 真.

φ が他の複合論理式の場合も同様である。 □

3.3 恒真，充足可能，モデル

閉論理式は次の 3 種類に分類することができる．
(1) どんなストラクチャーにおいても真であるもの．
(2) あるストラクチャーでは真で，別のあるストラクチャーでは偽であるもの．
(3) どんなストラクチャーにおいても偽であるもの．

このうち特に (1) の論理式は**恒真** (valid) であるという．さらに (1) または (2) である論理式 (すなわちそれを真にするストラクチャーが存在するもの) は**充足可能** (satisfiable) あるいは「**モデル** (model) を持つ」という．ただし充足可能性は一般には論理式の集合に対して定義される．正確には次のようにまとめられる．

定義 3.3.1 (恒真) 閉論理式 φ がすべてのストラクチャー $\mathcal{M}$ に対して $\mathcal{M}(\varphi) = $ 真 となっているとき，φ は恒真であるという．

定義 3.3.2 (モデル，充足可能) 閉論理式の集合 (有限でも無限でもよい) Γ とストラクチャー $\mathcal{M}$ が，Γ のすべての要素 φ に対して $\mathcal{M}(\varphi) = $ 真 となっているとき，$\mathcal{M}$ のことを「Γ のモデル」あるいは「Γ を充足するストラクチャー」という．また，Γ のモデルが存在することを「Γ はモデルを持つ」あるいは「Γ は充足可能である」という．

恒真な閉論理式および充足可能な集合の例をいくつか挙げよう．以下では $\mathcal{M}$ は任意のストラクチャーとし，$\mathcal{M}$ の対象領域を $\mathcal{D}$ とする．

3.3 恒真, 充足可能, モデル　　51

【恒真な閉論理式の例 1】

$$A \vee \neg A$$

これは恒真な式の代表である. $\mathcal{M}(A)$ が真であっても偽であっても，この式全体は必ず真になることは明らかであろう．

【恒真な閉論理式の例 2】

$$(A \wedge (A \to B)) \to B$$

$\mathcal{M}(A)$ と $\mathcal{M}(B)$ の値の組み合わせには 4 通りの可能性がある．そのいずれの場合も $\mathcal{M}$ におけるこの論理式の真理値は真であることを示す．

- $\mathcal{M}(A) = \mathcal{M}(B) = 真$ の場合. $(\underline{{}_{真}A} \wedge \underline{({}_{真}A \to {}_{真}B)}) \to {}_{真}\underline{B}$ 真
- $\mathcal{M}(A) = 真, \mathcal{M}(B) = 偽$ の場合. $(\underline{{}_{真}A} \wedge \underline{({}_{真}A \to {}_{偽}B)}) \to {}_{偽}\underline{B}$ 真
- $\mathcal{M}(A) = 偽, \mathcal{M}(B) = 真$ の場合. $(\underline{{}_{偽}A} \wedge \underline{({}_{偽}A \to {}_{真}B)}) \to {}_{真}\underline{B}$ 真
- $\mathcal{M}(A) = \mathcal{M}(B) = 偽$ の場合. $(\underline{{}_{偽}A} \wedge \underline{({}_{偽}A \to {}_{偽}B)}) \to {}_{偽}\underline{B}$ 真

以上でこれが恒真であることが示された．

【恒真な閉論理式の例 3】

$$\bigl((\forall x P(x)) \vee \forall x Q(x)\bigr) \to \forall x\bigl(P(x) \vee Q(x)\bigr)$$

$\mathcal{M}(\forall x P(x))$ と $\mathcal{M}(\forall x Q(x))$ の値の組み合わせには 4 通りの可能性がある．そのいずれの場合も $\mathcal{M}$ におけるこの論理式の真理値は真であることを示す．

- $\mathcal{M}(\forall x P(x)) = 真$ の場合 ($\mathcal{M}(\forall x Q(x))$ の値はどうでもよい).
$\mathcal{D}$ のすべての要素の名前 a に対して $\mathcal{M}(P(a)) = 真$ であるので，$\mathcal{M}(P(a) \vee Q(a)) = 真$ である．したがって $\mathcal{M}$ における真理値は次のようになる．

$$\underline{\bigl((\forall x P(x)) \vee \forall x Q(x)\bigr)}_{真} \to \underline{{}_{真}\forall x\bigl(P(x) \vee Q(x)\bigr)}$$

- $\mathcal{M}(\forall x Q(x)) = 真$ の場合も同様．
- $\mathcal{M}(\forall x P(x)) = \mathcal{M}(\forall x Q(x)) = 偽$ の場合．

$$\underset{真}{\underline{\bigl(\underset{偽}{(\forall xP(x))} \vee \underset{偽}{\forall xQ(x)}\bigr) \to \forall x\bigl(P(x) \vee Q(x)\bigr)}}$$

以上でこれが恒真であることが示された．なお，この論理式の逆向きである

$$\bigl(\forall x(P(x) \vee Q(x))\bigr) \to \bigl((\forall xP(x)) \vee \forall xQ(x)\bigr)$$

は恒真ではないことが 47 頁の (3.2) で示されている (これを偽にするストラクチャー $\mathcal{N}$ が存在する).

【恒真な閉論理式の例 4】

$$\forall x \forall y \bigl((x = y) \to (suc(x) = suc(y))\bigr)$$

$\mathcal{D}$ の任意の要素の任意の名前 a, b について，

$$\mathcal{M}\bigl((a = b) \to (suc(a) = suc(b))\bigr) = 真$$

であることを示す．
- a, b が同一の要素の名前の場合．
 $suc^{\mathcal{M}}(\mathcal{M}(a)) = suc^{\mathcal{M}}(\mathcal{M}(b))$ になるので，$\mathcal{M}$ における真理値は次のようになる．

$$\underset{真}{\underline{(a = b) \to_{真} (suc(a) = suc(b))}}$$

- a, b が異なる要素の名前の場合．
 $\mathcal{M}$ における真理値は次のようになる．

$$\underset{真}{\underline{\underset{偽}{(a = b)} \to (suc(a) = suc(b))}}$$

以上でこれが恒真であることが示された．なお，この論理式の逆向きである

$$\forall x \forall y \bigl((suc(x) = suc(y)) \to (x = y)\bigr)$$

は恒真ではないことが 47 頁の (3.3) で示されている (これを偽にするストラクチャー $\mathcal{H}$ が存在する).

恒真な論理式の形をした文章 (つまり恒真論理式の命題記号や述語記号などを適当に翻訳するとその文章になるもの) は，内容によらず形だけから正しいといえる文章といってよい．たとえば
- 火星に生命が存在する，または火星に生命が存在しない．

3.3 恒真, 充足可能, モデル

- P≠NP または P=NP である[*1].

といった文章は, いずれも恒真な論理式

$$A \vee \neg A$$

の形をしているし,

- どんな人にもその人を好きになってくれる人がいる, または誰からも好かれない人が存在する.

という文章は, 恒真な論理式

$$(\forall x \exists y R(y, x)) \vee \exists x \forall y \neg R(y, x)$$

の形をしている. これらの文章が正しいかどうかを判定するためには, 火星探検や計算量理論の研究や誰が誰を好きなのかといった調査はしなくてもよい. 単に文章の形から「正しい」と断言できるのである (ただし正しいけれども有用な情報を何も伝えていない).「『論理的に正しい文章』とは何か?」と問われたら,「それは『恒真な論理式の形をした文章』のことだ」というのが最も単純で強力な答であろう. この意味で恒真な論理式は他の論理式とは違った重要な役割を持っているのである.

【充足可能な閉論理式集合の例】
第 1 章に現れた群の公理 (を論理式で書いたもの) の集合を Γ_G と名付ける. つまり

$$\begin{aligned}\Gamma_G =\ & \{\forall x \forall y \forall z((x \odot y) \odot z = x \odot (y \odot z)),\ \forall x(\text{unity} \odot x = x),\\& \forall x \exists y(y \odot x = \text{unity})\}\end{aligned}$$

(3.4)

である. ストラクチャー $\mathcal{M}$ が Γ_G を充足するということは, 対象領域 $\mathcal{D}$ 上の要素 $\text{unity}^{\mathcal{M}}$ と 2 項演算 $\odot^{\mathcal{M}}$ が「$\odot^{\mathcal{M}}$ は結合法則を満たし, $\text{unity}^{\mathcal{M}}$ は左単位元であり, どんな要素にも左逆元が存在する」ということである. したがって次が成り立つ.

$$\mathcal{M} \text{ は } \Gamma_G \text{ のモデルである} \iff \langle \mathcal{D}, \odot^{\mathcal{M}}, \text{unity}^{\mathcal{M}} \rangle \text{ は群である.} \quad (3.5)$$

つまり何でもいいから群を持ってくれば充足できるので, Γ_G は充足可能である.

[*1] 34 頁の脚注参照.

3.4 同値な論理式

定義 3.4.1 (同値) φ, ψ を論理式として，$\mathrm{FVar}(\varphi) \cup \mathrm{FVar}(\psi) = \{x_1, x_2, \ldots, x_n\}$ とする．このとき閉論理式

$$\forall x_1 \forall x_2 \cdots \forall x_n \bigl((\varphi \to \psi) \land (\psi \to \varphi)\bigr)$$

が恒真であることを φ と ψ は同値であるといい，$\varphi \approx \psi$ と表記する．

　論理式の一部分をその部分と同値な別の論理式で置き換えることを同値変形という．同値変形は論理式の真理値を変えない変形である．つまり，もしも $\varphi \approx \psi$ であって閉論理式 ρ と ρ' が

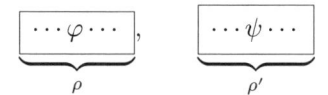

$$\underbrace{\cdots \varphi \cdots}_{\rho}, \quad \underbrace{\cdots \psi \cdots}_{\rho'}$$

という形であるならば (すなわち ρ 中の φ を同値な ψ に置き換えたものが ρ' であるならば)，どんなストラクチャー $\mathcal{M}$ に対しても $\mathcal{M}(\rho) = \mathcal{M}(\rho')$ になる．このことは定理 3.2.5 と似たように示すことができるが，ここでは証明は省略する．

　同値な論理式の組を知っていると役に立つことがある．たとえば $\neg$ を内側に入れていく同値変形を知っていれば 8 頁の演習問題が簡単に解ける．そこで同値な論理式の代表例を以下に列挙しておく．

$\bot \approx \varphi \land \neg\varphi, \quad \neg\neg\varphi \approx \varphi,$

$\varphi \approx \varphi \land \varphi, \quad \varphi \land \psi \approx \psi \land \varphi, \quad (\varphi \land \psi) \land \rho \approx \varphi \land (\psi \land \rho), \quad \varphi \land \bot \approx \bot,$
$\varphi \land \neg\bot \approx \varphi, \quad \varphi \land \psi \approx \neg((\neg\varphi) \lor \neg\psi), \quad \neg(\varphi \land \psi) \approx (\neg\varphi) \lor \neg\psi,$

$\varphi \approx \varphi \lor \varphi, \quad \varphi \lor \psi \approx \psi \lor \varphi, \quad (\varphi \lor \psi) \lor \rho \approx \varphi \lor (\psi \lor \rho), \quad \varphi \lor \bot \approx \varphi,$
$\varphi \lor \neg\bot \approx \neg\bot, \quad \varphi \lor \psi \approx \neg((\neg\varphi) \land \neg\psi), \quad \neg(\varphi \lor \psi) \approx (\neg\varphi) \land \neg\psi,$

$\varphi \land (\psi \lor \rho) \approx (\varphi \land \psi) \lor (\varphi \land \rho), \quad \varphi \lor (\psi \land \rho) \approx (\varphi \lor \psi) \land (\varphi \lor \rho),$

$\varphi\to\psi \approx (\neg\varphi)\vee\psi, \quad \neg(\varphi\to\psi) \approx \varphi\wedge\neg\psi, \quad \varphi\to(\psi\to\rho) \approx$
$(\varphi\wedge\psi)\to\rho \approx (\varphi\to\rho)\vee(\psi\to\rho), \quad \varphi\to(\psi\vee\rho) \approx (\varphi\to\psi)\vee(\varphi\to\rho),$

$\forall x\varphi \approx \neg\exists x\neg\varphi, \quad \neg\forall x\varphi \approx \exists x\neg\varphi, \quad \forall x\varphi^* \approx \varphi^*, \quad \forall x(\varphi\wedge\psi) \approx$
$(\forall x\varphi)\wedge\forall x\psi, \quad \forall x(\varphi\vee\psi^*) \approx (\forall x\varphi)\vee\psi^*,$

$\exists x\varphi \approx \neg\forall x\neg\varphi, \quad \neg\exists x\varphi \approx \forall x\neg\varphi, \quad \exists x\varphi^* \approx \varphi^*, \quad \exists x(\varphi\vee\psi) \approx$
$(\exists x\varphi)\vee\exists x\psi, \quad \exists x(\varphi\wedge\psi^*) \approx (\exists x\varphi)\wedge\psi^*.$

ただし上の φ^*, ψ^* は共に変数記号 x の自由出現を持たない論理式とする.

演 習 問 題

3.1 48 頁の対象領域の要素数だけに真理値が依存する論理式を参考にして, 各 n に対して「対象領域の要素の個数が n 以上である」,「対象領域の要素の個数が n 以下である」,「対象領域の要素の個数がちょうど n である」をそれぞれ表す論理式の作り方を示せ.

3.2 以下の閉論理式がそれぞれ恒真であるか否かを述べ, 恒真でない場合はそれを偽にするストラクチャーを示せ.

(ア) $((A\to B)\to A)\to A$

(イ) $(A\to B) \vee (B\to A)$

(ウ) $(A\to B) \to (B\to A)$

(エ) $(\forall x\exists y R(x,y)) \to \exists y\forall x R(x,y)$

(オ) $(\exists y\forall x R(x,y)) \to \forall x\exists y R(x,y)$ ((エ) の逆向き)

(カ) $\bigl(\exists x(P(x)\wedge Q(x))\bigr) \to \bigl((\exists x P(x))\wedge \exists x Q(x)\bigr)$

(キ) $\bigl((\exists x P(x))\wedge \exists x Q(x)\bigr) \to \exists x(P(x)\wedge Q(x))$ ((カ) の逆向き)

(ク) $\bigl(\exists x(P(x)\vee Q(x))\bigr) \to \bigl((\exists x P(x))\vee \exists x Q(x)\bigr)$

(ケ) $\bigl((\exists x P(x))\vee \exists x Q(x)\bigr) \to \exists x(P(x)\vee Q(x))$ ((ク) の逆向き)

(コ) $\bigl(\forall x(P(x)\to Q(x))\bigr) \to \bigl((\forall x P(x))\to \forall x Q(x)\bigr)$

(サ) $\bigl((\forall x P(x))\to \forall x Q(x)\bigr) \to \forall x(P(x)\to Q(x))$ ((コ) の逆向き)

第4章
自然演繹の健全性

CHAPTER 4

　本章では自然演繹の健全性 (soundness) を示す．これはおおざっぱにいうと自然演繹の導出図は正当な証明を表しているので間違った結論は導かないということであり，驚くべき結果ではないが基本的で重要なものである．

4.1　健 全 性 定 理

　1.3節で述べたように，証明とは「前提がすべて正しければ結論も正しい」ということを保証するものである．たとえば1.1節の証明の例 (ア) は次のことを保証している．

> (証拠物件が本当に正しいか否かの検証はしていないので)「運動会は実行された」と「雨が降ったら運動会は中止」という二つの前提にはそれぞれ正しい可能性も正しくない可能性もあるが，これらが共に正しい場合には必ず「雨は降らなかった」という結論も正しい．

それでは (ア) を自然演繹で表した導出図 (ア$^\sharp$) は何を保証しているのだろうか．前提や結論が「正しい可能性／正しくない可能性」というのは「その論理式を真にするストラクチャー／偽にするストラクチャー」と考えられる．したがって導出図 (ア$^\sharp$) は次のことを保証しているといってよいだろう．

> A と B→¬A という二つの論理式には，それぞれを真にするストラクチャーも偽にするストラクチャーも存在するが，この二つの論理式を同時に真にするストラクチャーにおいては必ず ¬B も真になる．

同様なこと，つまり (†)解消されていない仮定がすべて真になるようなストラクチャーにおいては必ず結論も真になることをどんな導出図に関しても示すのが，本節の目的である．この意味で導出図は正当な証明を表しており間違った結論は導かないのである．

上述の (†) はある意味では自明なことである．自然演繹の推論規則を見ればそれらはすべて「自然」なものだからである．しかし第 1 章の最後に述べたように，自然演繹を機械語レベルで正確に定義して厳密に分析することがここでの目的なので，それを遂行する．具体的には次の定理 4.1.1 を示す．なお導出図の仮定や結論は閉論理式でない場合もあるが，この定理はそれにも対応している．

定理 4.1.1 (健全性定理) $\mathcal{A}$ を任意の導出図とし，その結論を φ, 解消されていない仮定を $\psi_1, \psi_2, \ldots, \psi_n$ とする．また $x_1, x_2, \ldots, x_k$ は互いに異なる変数記号で，これら以外の変数記号は $\mathcal{A}$ 中に出現しないとする．そして $\mathcal{M}$ を任意のストラクチャーとし，$\mathsf{a}_1, \mathsf{a}_2, \ldots, \mathsf{a}_k$ はその対象領域 $\mathcal{D}$ の任意の要素の名前であるとする．すると次が成り立つ．

$$\mathcal{M}(\psi_1^*) = \mathcal{M}(\psi_2^*) = \cdots = \mathcal{M}(\psi_n^*) = 真 \text{ ならば } \mathcal{M}(\varphi^*) = 真. \tag{4.1}$$

ただし $*$ は代入 $[\mathsf{a}_1/x_1][\mathsf{a}_2/x_2]\cdots[\mathsf{a}_k/x_k]$ を表す．すなわち，たとえば ψ_1 中に自由出現する $x_1, \ldots, x_k$ があればそれらをそれぞれ名前 $\mathsf{a}_1, \ldots, \mathsf{a}_k$ に置き換えることで得られる $\mathcal{D}$ 拡大閉論理式が ψ_1^* である (ψ_1 が閉論理式の場合は ψ_1^* は ψ_1 に等しい)．なお $n = 0$ の場合には (4.1) は単に「$\mathcal{M}(\varphi^*) = 真$」を表す．

証明 導出図 $\mathcal{A}$ の大きさ ($\mathcal{A}$ 中に出現する論理式の個数) に関する帰納法によって証明する (帰納法については 12.1 節に解説がある)．すなわち，まず $\mathcal{A}$ が一番小さな導出図つまり単独の論理式のとき (33 頁の導出図の例 11, 12) にこの定理が成り立つことを示す．次に $\mathcal{A}$ が

$$\begin{array}{c} \vdots \mathcal{A}_1 \\ \varphi_1 \\ \hline \varphi \end{array} \qquad \begin{array}{cc} \vdots \mathcal{A}_1 & \vdots \mathcal{A}_2 \\ \varphi_1 & \varphi_2 \\ \hline \varphi \end{array} \qquad \begin{array}{ccc} \vdots \mathcal{A}_1 & \vdots \mathcal{A}_2 & \vdots \mathcal{A}_3 \\ \varphi_1 & \varphi_2 & \varphi_3 \\ \hline & \varphi & \end{array}$$

といった形の導出図の場合に，$\mathcal{A}_1, \mathcal{A}_2, \mathcal{A}_3$ は $\mathcal{A}$ よりも小さな導出図なのでこれらに関しては定理が成り立つこと (帰納法の仮定) を用いて，$\mathcal{A}$ についての定

理が成り立つことを示す.

【$\mathcal{A}$ が単独の論理式 φ で,これが仮定であり同時に結論である場合】
このときは $n=1$ で解消されていない仮定 ψ_1 と結論 φ が同じものなので,(4.1) は明らかに成り立つ.

【$\mathcal{A}$ が等号公理で得られた単独の論理式 $t=t$ の場合】
このときは $\mathcal{M}((t=t)^*) = \mathcal{M}(t^* = t^*) = $ 真 である $(n=0)$.

【$\mathcal{A}$ が推論規則を使って構成された導出図の場合】
一番下に適用された推論規則の種類によって場合分けをする.ここでは→導入,→除去,∃導入,∃除去についてだけ示す (残りは演習問題).

- $\mathcal{A}$ が

$$\begin{array}{c} \vdots\, \mathcal{A}_1 \\ \theta \\ \hline \rho \to \theta \end{array} \ [\to 導入](仮定\ \rho\ を解消)$$

という形の場合 (つまり $\rho\to\theta$ が φ である).(4.1) を示すために $\mathcal{A}$ 中の解消されていない仮定 $\psi_1,\ldots,\psi_n$ について ($n\geq 1$ であるならば)

$$\mathcal{M}(\psi_1^*) = \mathcal{M}(\psi_2^*) = \cdots = \mathcal{M}(\psi_n^*) = 真 \tag{4.2}$$

となっていることを仮定して,$\mathcal{M}(\rho^* \to \theta^*) = $ 真 であることを示す.$\mathcal{M}(\rho^*) = $ 真 の場合は $\mathcal{A}_1$ に関する帰納法の仮定すなわち

$$\mathcal{M}(\psi_1^*) = \mathcal{M}(\psi_2^*) = \cdots = \mathcal{M}(\psi_n^*) = \mathcal{M}(\rho^*) = 真 \ ならば\ \mathcal{M}(\theta^*) = 真$$

と (4.2) を合わせると $\mathcal{M}(\theta^*) = $ 真 が得られるので,→ の真理値の定義によって $\mathcal{M}(\rho^* \to \theta^*) = $ 真 となる (ここでは $\mathcal{A}_1$ 中に ρ が解消されていない仮定として存在する場合を考えたがそうでない場合も同様である).一方 $\mathcal{M}(\rho^*) = $ 偽 の場合は → の真理値の定義によって $\mathcal{M}(\rho^* \to \theta^*) = $ 真 が得られる.

- $\mathcal{A}$ が

$$\begin{array}{cc} \vdots\, \mathcal{A}_1 & \vdots\, \mathcal{A}_2 \\ \rho \to \varphi & \rho \\ \hline \multicolumn{2}{c}{\varphi} \end{array} \ [\to 除去]$$

4.1 健全性定理

という形の場合. $\mathcal{A}$ 中の解消されていない仮定のうち $\psi_1, \psi_2, \ldots, \psi_{n'}$ が $\mathcal{A}_1$ 中にあり, $\psi_{n'+1}, \psi_{n'+2}, \ldots, \psi_n$ が $\mathcal{A}_2$ 中にあるとする (このようにしても一般性は失われない). (4.1) を示すためにはこれらの仮定に * の代入をした $\mathcal{D}$ 拡大閉論理式すべてが $\mathcal{M}$ で真であることを仮定して, $\mathcal{M}(\varphi^*) = $ 真 であることを示せばよい. そしてこれは $\mathcal{A}_1$ と $\mathcal{A}_2$ のそれぞれに関する帰納法の仮定

$$\mathcal{M}(\psi_1^*) = \mathcal{M}(\psi_2^*) = \cdots = \mathcal{M}(\psi_{n'}^*) = 真 \ ならば \ \mathcal{M}((\rho \to \varphi)^*) = 真,$$

$$\mathcal{M}(\psi_{n'+1}^*) = \mathcal{M}(\psi_{n'+2}^*) = \cdots = \mathcal{M}(\psi_n^*) = 真 \ ならば \ \mathcal{M}(\rho^*) = 真$$

と → の真理値の定義から示される.

- $\mathcal{A}$ が

$$\begin{array}{c} \vdots \mathcal{A}_1 \\ \dfrac{\rho[t/x]}{\exists x \rho} \ [\exists 導入] \end{array}$$

という形の場合 (つまり t は ρ 中の x に代入可能な項で, $\exists x \rho$ が φ である). 対象領域の要素 $\mathcal{M}(t^*)$ の名前を c とする. x はこの導出図に出現する変数記号なので $x_1, x_2, \ldots, x_k$ のどれかと一致するはずなので, x_1 が x であるとする (こうしても一般性は失われない). すると (4.1) は次のように示される.

$$\begin{aligned}
& \mathcal{M}(\psi_1^*) = \mathcal{M}(\psi_2^*) = \cdots = \mathcal{M}(\psi_n^*) = 真 \\
& \overset{帰納法の仮定}{\Longrightarrow} \mathcal{M}((\rho[t/x])^*) = 真 \\
& \Longrightarrow \mathcal{M}(\rho[t/x][\mathsf{a}_1/x_1][\mathsf{a}_2/x_2] \cdots [\mathsf{a}_k/x_k]) = 真 \\
& \Longrightarrow \mathcal{M}(\rho[\mathsf{a}_2/x_2] \cdots [\mathsf{a}_k/x_k][t^*/x]) = 真 \\
& \overset{定理 3.2.5}{\Longrightarrow} \mathcal{M}(\rho[\mathsf{a}_2/x_2] \cdots [\mathsf{a}_k/x_k][\mathsf{c}/x]) = 真 \\
& \overset{\exists の真理値定義}{\Longrightarrow} \mathcal{M}\bigl(\exists x (\rho[\mathsf{a}_2/x_2] \cdots [\mathsf{a}_k/x_k])\bigr) = 真 \\
& \Longrightarrow \mathcal{M}\bigl((\exists x \rho)[\mathsf{a}_2/x_2] \cdots [\mathsf{a}_k/x_k]\bigr) = 真 \\
& \Longrightarrow \mathcal{M}\bigl((\exists x \rho)[\mathsf{a}_1/x_1][\mathsf{a}_2/x_2] \cdots [\mathsf{a}_k/x_k]\bigr) = 真 \\
& \Longrightarrow \mathcal{M}((\exists x \rho)^*) = 真.
\end{aligned}$$

上の議論の正当性 (代入を変化させても論理式の実体が変わらないこと) は x が x_1 であることや $x_1, x_2, \ldots, x_k$ が互いに異なる変数記号で $\mathsf{a}_1, \mathsf{a}_2, \ldots, \mathsf{a}_k$ 中に

変数記号が現れないことなどから保証される.

- $\mathcal{A}$ が

$$\frac{\begin{array}{cc} \vdots\mathcal{A}_1 & \vdots\mathcal{A}_2 \\ \exists x\rho & \varphi \end{array}}{\varphi} \text{[∃除去]}(\mathcal{A}_2 \text{ 中の仮定 } \rho[y/x] \text{ を解消})$$

という形で, y が x と異なる変数記号で y が実際にこの導出図に出現する場合 (y が x と一致したり出現しない場合も同様にできる). いま一般性を失うことなく, x_1 が x, x_2 が y であるとし, $\mathcal{A}$ 中の解消されていない仮定のうち $\psi_1, \psi_2, \ldots, \psi_{n'}$ が $\mathcal{A}_1$ 中にあり, $\psi_{n'+1}, \psi_{n'+2}, \ldots, \psi_n$ が $\mathcal{A}_2$ 中にあるとする. ∃除去規則の適用条件によって次が成り立っていることに注意する.

(y の不出現条件) y は $\rho, \varphi, \psi_{n'+1}, \ldots, \psi_n$ 中に自由出現しない.

さて (4.1) を示すために

$$\mathcal{M}(\psi_1^*) = \mathcal{M}(\psi_2^*) = \cdots = \mathcal{M}(\psi_n^*) = 真 \tag{4.3}$$

を仮定して, $\mathcal{M}(\varphi^*) = 真$ であることを示す. なお以下の議論の正当性 (代入を変化させても論理式の実体が変わらないこと) は, x, y がそれぞれ x_1, x_2 であること, y の不出現条件, そして $x_1, x_2, \ldots, x_k$ が互いに異なる変数記号で $\mathsf{a}_1, \mathsf{a}_2, \ldots, \mathsf{a}_k$ 中に変数記号が現れないことなどから保証される.

$\mathcal{M}((\exists x\rho)^*) = 真.$ ($\mathcal{A}_1$ に対する帰納法の仮定と (4.3) による)

$\mathcal{M}((\exists x\rho)[\mathsf{a}_1/x_1][\mathsf{a}_2/x_2][\mathsf{a}_3/x_3] \cdots [\mathsf{a}_k/x_k]) = 真.$

$\mathcal{M}((\exists x\rho)[\mathsf{a}_3/x_3] \cdots [\mathsf{a}_k/x_k]) = 真.$

$\mathcal{M}(\exists x(\rho[\mathsf{a}_3/x_3] \cdots [\mathsf{a}_k/x_k])) = 真.$

$\mathcal{M}(\rho[\mathsf{a}_3/x_3] \cdots [\mathsf{a}_k/x_k][\mathsf{b}/x]) = 真$ となる名前 b が存在.

$\mathcal{M}(\rho[y/x][\mathsf{b}/y][\mathsf{a}_3/x_3] \cdots [\mathsf{a}_k/x_k]) = 真$ となる名前 b が存在.

この b を使って, $*$ の y に対する代入項を a_2 から b に変更したもの, すなわち代入

$$[\mathsf{a}_1/x_1][\mathsf{b}/y][\mathsf{a}_3/x_3][\mathsf{a}_4/x_4] \cdots [\mathsf{a}_k/x_k]$$

のことを $\$$ とよぶ. すると上記のことから次が言える.

$$\mathcal{M}((\rho[y/x])^\$) = 真. \tag{4.4}$$

他方 (4.3) と y の不出現条件によって

$$\mathcal{M}(\psi_{n'+1}^\$) = \mathcal{M}(\psi_{n'+2}^\$) = \cdots = \mathcal{M}(\psi_n^\$) = 真$$

が言えるので，(4.4) と合わせて $\mathcal{A}_2$ に対する帰納法の仮定 (代入として $\$$ を用いる) によって

$$\mathcal{M}(\varphi^\$) = 真$$

となる．これは y の不出現条件によって

$$\mathcal{M}(\varphi^*) = 真$$

に等しい． □

健全性定理を使うとたとえば次のようなことがすぐにいえる．
- 解消されていない仮定無しに $\perp$ を結論とする導出図は存在しない．
- 解消されていない仮定無しに単独の命題記号 A を結論とする導出図は存在しない．
- 仮定 suc(x) = suc(y) から結論 x = y を導く導出図は存在しない．

なぜなら，たとえば3番目のような導出図が存在してしまうと，健全性定理の文面のストラクチャー $\mathcal{M}$ として 47 頁の $\mathcal{H}$ をとることで矛盾が生じてしまう．

このように健全性定理は「指定された仮定・結論を持つ導出図が存在しないこと」を示すために使うことができる．

4.2 意味論的帰結

この節では $\models$ という記号[*1)]の使い方を定義する．似た記号 $\vdash$ (2.3 節参照) が既に登場しているので，混同しないように注意してほしい．

定義 4.2.1 ($\models$ の使用法) φ は閉論理式，Γ は閉論理式の集合 (有限でも無限でもよい) とする．条件

[*1)] この記号は「二重ターンスタイル」(36 頁の脚注参照) や「ゲタ記号」(下駄を横向きにした形に似ているので) とよばれることがある．

$$\Big(\text{すべての } \gamma \in \Gamma \text{ に対して } \mathcal{M}(\gamma) = \text{真}\Big) \text{ ならば } \mathcal{M}(\varphi) = \text{真}$$

が任意のストラクチャー $\mathcal{M}$ に対して成り立っていることを

$$\Gamma \models \varphi$$

と表記して,「φ は Γ の意味論的帰結である」と読む. これはすなわち「Γ のすべてのモデル (定義 3.3.2 参照) で φ が真」といっても同じである. $\Gamma = \{\gamma_1, \gamma_2, \ldots, \gamma_n\}$ のとき,集合を表す括弧を省略して

$$\gamma_1, \gamma_2, \ldots, \gamma_n \models \varphi$$

とも書いてもよい. この記法では Γ が空集合の場合は

$$\models \varphi$$

というように左側が空白になり,これは φ が恒真であることに等しい. $\Gamma \models \varphi$ ではないこと,つまり Γ のモデルであって φ を偽にするストラクチャーが存在することを

$$\Gamma \not\models \varphi$$

と表記する.

たとえば群の公理の集合を 53 頁の (3.4) のように Γ_G とすると,その後の (3.5) から次がいえる.

$$\Big(\Gamma_G \models \varphi\Big) \iff \Big(\text{すべての群で } \varphi \text{ が真である}\Big). \tag{4.5}$$

ただし φ は任意の閉論理式である. 具体的には,たとえば「左逆元は同時に右逆元になる」はすべての群で成り立つので

$$\Gamma_G \models \forall x \forall y \big((x \odot y = \text{unity}) \to (y \odot x = \text{unity})\big)$$

である. 一方,演算の交換法則が成り立たない群も存在するので

$$\Gamma_G \not\models \forall x \forall y (x \odot y = y \odot x)$$

である.

前節の定理 4.1.1 (健全性定理) を用いると次の定理が得られる. これのことも「健全性定理」とよぶ.

定理 4.2.2 (健全性定理) 閉論理式の任意の集合 Γ (有限集合でも無限集合でもよい) および任意の閉論理式 φ に対して次が成り立つ．

$$\Gamma \vdash \varphi \quad \text{ならば} \quad \Gamma \models \varphi.$$

特に Γ が空集合の場合は，「仮定なしで φ が導出できたら φ は恒真」になる．

証明 $\Gamma \vdash \varphi$ ならば，この定義によって Γ のある有限部分集合 Γ_0 と導出図 $\mathcal{A}$ が存在して $\mathcal{A}$ の結論が φ，解消されていない仮定集合が Γ_0 になっている．この $\mathcal{A}$ に対して定理 4.1.1 を適用すれば，Γ_0 のモデルでは必ず φ が真になることがいえる．したがって $\Gamma \models \varphi$ がいえる (Γ のモデルはすべて Γ_0 のモデルになるので)． □

この健全性定理で，たとえば Γ を前述の群の公理 Γ_G にすると

$$\Gamma_\mathrm{G} \vdash \varphi \quad \text{ならば} \quad \Gamma_\mathrm{G} \models \varphi$$

が任意の閉論理式 φ に対して成り立つことになる．これを上述の (4.5) と 37 頁の (‡) を考慮していいかえると次のようになる．

群の公理から φ が証明できるならば，φ はどんな群においても成り立つ．
(4.6)

これはある意味では自明な事実であるが，重要なことである．

一方 (4.6) の逆，つまり

φ がどんな群においても成り立つならば，群の公理から φ が証明できる

はまったく自明ではない．なぜなら閉論理式 φ で記述された性質が偶然にすべての群で成り立っていたとしても，群の公理だけからその性質が証明できる保証はないように思えるからである．

ところがこれが保証されているのである．そしてこれを導くのが次章の完全性定理である．

演 習 問 題

4.1 定理 4.1.1 の証明の省略されている部分 (一番下に適用された推論規則が∧導

入／除去，∨導入／除去，¬導入／除去，背理法，矛盾，∀導入／除去．および等号規則の場合) を補え．

4.2 これは演習問題 2.7 (39 頁) の (a),(b) の続きである．

(c) (a) と同じ制限のもとで，「奇数に 1 を足したものは必ず偶数である」と読むことができる論理式を作れ．

(d) 「(c) で作った論理式を結論として，解消されていない仮定がない導出図」は存在しないことを示せ (ただし (c) で論理式を不適切に作ると存在することもある)．

第 5 章

自然演繹の完全性

CHAPTER 5

本章では自然演繹の完全性 (completeness) を証明する．これは 1929 年頃にゲーデル (K.Gödel) によって (自然演繹とは異なるが証明能力は等しいある体系に対して) 示されたもので，現代の数理論理学の出発点となっている重要な結果である．証明全体は少々長いが，標準的な「極大無矛盾集合」を用いた手法に本書独自の工夫を若干加えて，5.1 節から 5.4 節まで順を追って少しずつていねいにやっていく．最後の 5.5 節では完全性定理の応用のひとつであるコンパクト性定理を紹介する．

5.1 無矛盾性とモデル存在定理

健全性定理 (4.2.2) の逆向き，すなわち次を完全性定理という[*1]．

定理 5.1.1 (完全性定理) 閉論理式の任意の集合 Γ (有限集合でも無限集合でもよい) および任意の閉論理式 φ に対して次が成り立つ．

$$\Gamma \models \varphi \quad \text{ならば} \quad \Gamma \vdash \varphi.$$

特に Γ が空集合の場合は，「φ が恒真ならば仮定なしに φ が導出できる」になる．

4.2 節でも考察したが，完全性定理は「公理 Γ のすべてのモデルで成り立つような性質 (で論理式で記述できるもの) は必ず Γ から証明できる」というまったく自明でない驚くべき結果であり，われわれが証明に用いる「論理」が十分

[*1] 両向きを合わせた「$(\Gamma \models \varphi) \iff (\Gamma \vdash \varphi)$」のことを完全性定理という場合もある．また，$\Gamma$ を有限集合に限った場合を完全性定理といって，本書のように無限集合も許す強い主張のことを「強完全性定理」ということもある．

な能力を持っていることを示している.

これから完全性定理の証明をしていくが,まずは今後の議論に必要な重要な概念「論理式の集合が矛盾する/無矛盾である」を定義する.

定義 5.1.2 (**矛盾,無矛盾**) Γ を論理式の集合 (有限でも無限でもよい) とする.$\Gamma \vdash \bot$ であること (すなわち Γ のある有限部分集合から $\bot$ が導けること) を「Γ は**矛盾**する (inconsistent)」といい,そうでないことを「Γ は**無矛盾**である (consistent)」という.

【矛盾する集合の例】次の四つの集合はいずれも矛盾する.
$$\{\varphi \land \psi, \neg \varphi\}, \{\varphi, \psi, \neg(\varphi \land \psi)\}, \{\forall x \varphi, \neg \varphi[t/x]\}, \{\neg \forall x \varphi, \neg \exists x \neg \varphi\}$$
ただし t は φ 中の x に代入可能な項である.たとえばこの最後の集合が矛盾することは次の導出図が示している.

$$\cfrac{\neg \forall x \varphi \quad \cfrac{\neg \exists x \neg \varphi \quad \cfrac{\cfrac{\neg \varphi}{\exists x \neg \varphi} \text{[∃導入]}}{\cfrac{\bot}{\varphi} \text{[背理法](仮定 ① を解消)}} \text{[¬除去]}}{\forall x \varphi} \text{[∀導入]}}{\bot} \text{[¬除去]}$$

他の三つの集合がそれぞれ矛盾していることを示すのは演習問題とする.

補題 5.1.3 論理式集合 Γ に関する以下の 3 条件は同値である.
 (a) Γ は矛盾する.
 (b) どんな論理式 φ についても $\Gamma \vdash \varphi$.
 (c) ある論理式 φ が存在して,$\Gamma \vdash \varphi$ かつ $\Gamma \vdash \neg \varphi$.

証明 (a $\Rightarrow$ b) は自然演繹に矛盾規則があることからいえる.(b $\Rightarrow$ c) は明らか.(c $\Rightarrow$ a) は自然演繹に¬除去規則があることからいえる. □

補題 5.1.4 論理式の任意の集合 Γ と任意の論理式 φ に対して次が成り立つ.

(1) $\Gamma \cup \{\varphi\}$ は矛盾する $\iff \Gamma \vdash \neg\varphi$.

(2) $\Gamma \cup \{\neg\varphi\}$ は矛盾する $\iff \Gamma \vdash \varphi$.

証明 $(1, \Rightarrow)$ $\Gamma \cup \{\varphi\} \vdash \bot$ とすると¬導入(または矛盾)規則を使って $\Gamma \vdash \neg\varphi$ がいえる. $(1, \Leftarrow)$ $\Gamma \vdash \neg\varphi$ とすると, 仮定 φ と¬除去規則によって $\Gamma \cup \{\varphi\} \vdash \bot$ がいえる. (2) も同様, ただし¬導入の代わりに背理法を使う. □

補題 5.1.5 Γ を論理式の任意の集合, φ を任意の論理式とする. もしも $\Gamma \cup \{\varphi\}$ と $\Gamma \cup \{\neg\varphi\}$ の両方が矛盾するならば Γ も矛盾する.

証明 この両方が矛盾するならば補題 5.1.4 によって $\Gamma \vdash \neg\varphi$ かつ $\Gamma \vdash \varphi$ である. したがって補題 5.1.3 によって Γ は矛盾する. □

補題 5.1.6 論理式の任意の集合 Γ, 任意の論理式 φ, 任意の変数記号 x, y に対して次が成り立つ. $\Gamma \cup \{\exists x\varphi\}$ が無矛盾で y が Γ にも $\exists x\varphi$ にも現れないならば, $\Gamma \cup \{\exists x\varphi, \varphi[y/x]\}$ も無矛盾である.

証明 $\Gamma \cup \{\exists x\varphi, \varphi[y/x]\}$ が矛盾すると仮定する. すなわちこの集合の有限部分集合から $\bot$ を導く導出図(これを $\mathcal{A}$ とする)が存在する. すると次の導出図が $\Gamma \cup \{\exists x\varphi\}$ の有限部分集合から $\bot$ を導くものになっており, すなわち $\Gamma \cup \{\exists x\varphi\}$ は矛盾することになってしまう.

$$\cfrac{\exists x\varphi \quad \cfrac{\vdots \mathcal{A}}{\bot}}{\bot} \text{[∃除去]} \ (\mathcal{A} \text{ 中に仮定 } \varphi[y/x] \text{ があればそれを解消})$$

□

補題 5.1.5 と 5.1.6 は後の 5.3 節で使われることになる.

さてここで完全性定理と実質的に同等な定理を挙げ, それを用いた完全性定理の証明を与える.

定理 5.1.7 (モデル存在定理) Γ を閉論理式の任意の集合とする. もしも Γ

が無矛盾ならば Γ のモデルが存在する．

モデル存在定理 (5.1.7) を用いた完全性定理 (5.1.1) の証明
対偶を示す．すなわち $\Gamma \not\vdash \varphi$ を仮定して $\Gamma \not\models \varphi$ であることを示す．仮定と補題 5.1.4(2) によって $\Gamma \cup \{\neg\varphi\}$ は無矛盾であり，モデル存在定理によって $\Gamma \cup \{\neg\varphi\}$ のモデル $\mathcal{M}$ が存在する．「$\Gamma \cup \{\neg\varphi\}$ のモデル」ということは Γ の要素をすべて真にして φ を偽にするので，この $\mathcal{M}$ の存在は $\Gamma \not\models \varphi$ を表している． □

この証明によって，これ以降はモデル存在定理を証明することが目標になる．

なお定理 5.1.7 の逆，すなわち「Γ のモデルが存在すれば Γ は無矛盾である」も成り立つ (証明は演習問題)．したがって定理 5.1.7 が証明されれば次が得られることになる．

系 5.1.8 閉論理式の集合に関する二条件「無矛盾である」，「モデルを持つ」は同値である．

5.2 未使用変数の無限性

Γ を閉論理式の任意の集合とする．Γ 中に出現しない変数記号が無限個あるとき，「Γ の未使用変数は無限である」という．

【未使用変数が無限の例】
Γ が有限集合の場合は Γ の未使用変数は無限である．

【未使用変数が有限の例】
変数記号は可算無限個あるので，そのすべてを並べて

$$x_1, x_2, x_3, \ldots \tag{5.1}$$

とよぶことにする．この列の最初の n 個の変数記号 $x_1, x_2, \ldots, x_n$ を使って「対象領域の要素の個数が n 個以上である」という意味の閉論理式を作ることができ，それを ε_n とよぶ (第 3 章の演習問題 1 参照)．たとえば ε_3 は

$$\exists x_1 \exists x_2 \exists x_3 \bigl(\bigl((\neg(x_1 = x_2)) \wedge \neg(x_1 = x_3)\bigr) \wedge \neg(x_2 = x_3)\bigr) \qquad (5.2)$$

である．このとき無限集合

$$\{\varepsilon_1, \varepsilon_2, \varepsilon_3, \ldots\}$$

の未使用変数は 0 個である (すべての変数記号がこの中に出現する)．

さてここではモデル存在定理に未使用変数の無限性の条件を付加した定理を挙げ，それを使って付加条件なしの元のモデル存在定理を証明する．

定理 5.2.1 (モデル存在定理・変数条件付き) Γ を閉論理式の任意の集合とする．もしも Γ が無矛盾で Γ の未使用変数が無限ならば，Γ のモデルが存在する．

定理 5.2.1 を用いた定理 5.1.7 の証明
任意の論理式 φ に対して，φ 中の変数記号 x_i ($i = 1, 2, \ldots$) のすべての出現をそれぞれ x_{2i} に書き換えた論理式を $\varphi^\sharp$ と表すことにする．ただし x_i はすべての変数記号を並べた列 (5.1) の i 番目のものである．たとえば (5.2) の論理式 ε_3 に対して $\varepsilon_3^\sharp$ は

$$\exists x_2 \exists x_4 \exists x_6 \bigl(\bigl((\neg(x_2 = x_4)) \wedge \neg(x_2 = x_6)\bigr) \wedge \neg(x_4 = x_6)\bigr)$$

である．そして集合 Γ のすべての要素に $\sharp$ を施した集合を $\Gamma^\sharp$ と書く．すると次の三つを示せば，定理 5.1.7 の文面の Γ をいったん $\Gamma^\sharp$ に変換して定理 5.2.1 を適用することで，定理 5.1.7 が示されることになる．

 (ア) 閉論理式の集合 Γ が無矛盾ならば，$\Gamma^\sharp$ も無矛盾である．
 (イ) $\Gamma^\sharp$ の未使用変数は無限である．
 (ウ) $\Gamma^\sharp$ のモデルは必ず Γ のモデルにもなる．

このうち (イ) は明らかである ($\Gamma^\sharp$ 中には列 (5.1) の奇数番目の変数記号 $x_1, x_3, x_5, \ldots$ は出現しないので)．(ア) と (ウ) を示すために，どんな閉論理式 φ についても次が成り立つことを示す．

$$\varphi \vdash \varphi^\sharp \quad \text{かつ} \quad \varphi^\sharp \vdash \varphi. \qquad (5.3)$$

これは φ が $\forall x_i \mathrm{P}(x_i)$ という形の場合は第 2 章の演習問題 2.2(ケ) であるが，任

意の閉論理式 φ について (5.3) を示すことは演習問題とする．これを用いれば (ア) の対偶が次のように示される．もし $\Gamma^\sharp$ が矛盾するならば，そのある有限部分集合 $\{\gamma_1^\sharp, \gamma_2^\sharp, \ldots, \gamma_n^\sharp\}$ (ただし $\gamma_i \in \Gamma$) から $\bot$ が導出できる．ところで各 $\gamma_i^\sharp$ について (5.3) から $\gamma_i \vdash \gamma_i^\sharp$ である．したがってこれらを組み合わせれば $\{\gamma_1, \gamma_2, \ldots, \gamma_n\}$ から $\bot$ が導出できる．また (ウ) は次のように示される．Γ の任意の要素 γ について (5.3) から $\gamma^\sharp \vdash \gamma$ である．したがって健全性定理 4.2.2 から，$\gamma^\sharp$ を真にするどんなストラクチャーも γ を真にする．よって $\Gamma^\sharp$ のモデルは必ず Γ のモデルになる． □

この証明によって，これ以降は変数条件付きのモデル存在定理 5.2.1 の証明が目標になる．

5.3 極大無矛盾集合

$\mathbb{F}$ と $\mathbb{B}$ は変数記号の任意の集合で $\mathbb{F} \cap \mathbb{B} = \emptyset$ を満たすものとする．以下，この節ではそのような $\mathbb{F}, \mathbb{B}$ を固定して議論する．

論理式の集合 $\mathrm{Formula}_{\mathbb{F},\mathbb{B}}$ と項の集合 $\mathrm{Term}_\mathbb{F}$ を次のように定義する．

$$\mathrm{Formula}_{\mathbb{F},\mathbb{B}} = \{\varphi \mid \varphi \text{ は論理式で，} \mathrm{FVar}(\varphi) \subseteq \mathbb{F},\ \mathrm{BVar}(\varphi) \subseteq \mathbb{B}.\}.$$

$$\mathrm{Term}_\mathbb{F} = \{t \mid t \text{ は項で，} \mathrm{Var}(t) \subseteq \mathbb{F}.\}.$$

ただし $\mathrm{FVar}(\varphi), \mathrm{BVar}(\varphi), \mathrm{Var}(t)$ はそれぞれ「φ 中に自由出現する変数記号の集合」，「φ 中に束縛出現する変数記号の集合」，「t 中に出現する変数記号の集合」である (定義 2.1.3)．つまり $\mathrm{Formula}_{\mathbb{F},\mathbb{B}}$ は自由出現／束縛出現する変数記号を $\mathbb{F}$／$\mathbb{B}$ それぞれだけに制限した論理式全体であり，$\mathrm{Term}_\mathbb{F}$ は変数を $\mathbb{F}$ だけに制限した項全体である．なお $(\forall x \varphi) \in \mathrm{Formula}_{\mathbb{F},\mathbb{B}}$ かつ $t \in \mathrm{Term}_\mathbb{F}$ ならば，φ 中の x に t は代入可能で $\varphi[t/x] \in \mathrm{Formula}_{\mathbb{F},\mathbb{B}}$ である．このことは $\mathbb{F}$ と $\mathbb{B}$ に共通の変数記号がないことからすぐにわかる．

定義 5.3.1 (極大，存在証拠) Γ を $\mathrm{Formula}_{\mathbb{F},\mathbb{B}}$ の任意の部分集合とする．次の条件 (ア) が成り立つことを「Γ は $\mathrm{Formula}_{\mathbb{F},\mathbb{B}}$ に関して極大である」といい，

(イ) が成り立つことを「Γ は $\mathrm{Term}_{\mathbb{F}}$ の存在証拠を持つ」という.
  (ア) 任意の論理式 φ に対して次が成り立つ.
    $\varphi \in \mathrm{Formula}_{\mathbb{F},\mathbb{B}}$ ならば $(\varphi \in \Gamma$ または $(\neg\varphi) \in \Gamma)$.
  (イ) 任意の∃論理式 $\exists x\varphi$ に対して次が成り立つ.
    $(\exists x\varphi) \in \Gamma$ ならば, ある $t \in \mathrm{Term}_{\mathbb{F}}$ が存在して $\varphi[t/x] \in \Gamma$.
    ただし「∃論理式」とは先頭の論理記号が∃の論理式のことである.

定義 5.3.2 ($\mathrm{KeySet}_{\mathbb{F},\mathbb{B}}$) Γ を $\mathrm{Formula}_{\mathbb{F},\mathbb{B}}$ の任意の部分集合とする. 次の3条件が成り立つことを「Γ は $\mathrm{KeySet}_{\mathbb{F},\mathbb{B}}$ である」という[*1].
(1) Γ は無矛盾である.
(2) Γ は $\mathrm{Formula}_{\mathbb{F},\mathbb{B}}$ に関して極大である.
(3) Γ は $\mathrm{Term}_{\mathbb{F}}$ の存在証拠を持つ.

この条件 (1),(2) は他の教科書でしばしば**極大無矛盾** (maximally consistent) とよばれる概念に相当する. しかし本書では変数記号集合 $\mathbb{F}, \mathbb{B}$ に関する制限を施して通常とは微妙に定義を変えている. そしてこの本書独自の工夫によって議論の厳密さとわかりやすさの両立を目指している[*2].

補題 5.3.3 ($\mathrm{KeySet}_{\mathbb{F},\mathbb{B}}$ の性質) Γ が $\mathrm{KeySet}_{\mathbb{F},\mathbb{B}}$ ならば次が成り立つ.
(1) $(\varphi \wedge \psi) \in \Gamma \iff (\varphi \in \Gamma)$ かつ $(\psi \in \Gamma)$.
(2) $(\varphi \vee \psi) \in \Gamma \iff (\varphi \in \Gamma)$ または $(\psi \in \Gamma)$.
(3) $(\varphi \to \psi) \in \Gamma \iff (\varphi \notin \Gamma)$ または $(\psi \in \Gamma)$.
(4) $(\neg\varphi) \in \Gamma \iff \varphi \notin \Gamma$.
(5) $(\forall x\varphi) \in \Gamma \iff \mathrm{Term}_{\mathbb{F}}$ の任意の要素 t に対して $\varphi[t/x] \in \Gamma$.

[*1] このような Γ が証明の鍵となる重要な集合になるので KeySet と名付けた.
[*2] 【他の教科書などでの完全性定理の証明を知っている人への注釈】自由変数用の記号と束縛変数用の記号を初めから分離しておく流儀と分離しない流儀があり, 議論の展開にそれぞれ長所・短所がある. 本書ではその両方の長所をとることを目指した. また完全性証明の途中で定数記号を加えて証明体系の言語を拡張することは, 厳密な議論をすると煩雑になる部分なのでこれを排除した. 本書の自然演繹の言語は最初に 21 頁の表 2.1 で規定したものが最後まで固定である. ストラクチャーにおける真理値の定義の際には名前定数による言語の拡張を用いたが, これはこの流儀がわかりやすいと判断したからである. 一方, 証明可能性の議論においては言語の拡張は一切行わない.

(6) $(\exists x\varphi) \in \Gamma \iff$ $\mathrm{Term}_{\mathbb{F}}$ のある要素 t が存在して $\varphi[t/x] \in \Gamma$.

ただし (1)〜(4) において φ, ψ は $\mathrm{Formula}_{\mathbb{F},\mathbb{B}}$ の任意の要素であり，(5),(6) において x は $\mathbb{B}$ の任意の要素で φ は $(\forall x\varphi) \in \mathrm{Formula}_{\mathbb{F},\mathbb{B}}$ となる任意の論理式である．

証明 $(1, \Rightarrow)$ $(\varphi \wedge \psi) \in \Gamma$ とする．このときもしも $\varphi \notin \Gamma$ だとすると $\mathrm{Formula}_{\mathbb{F},\mathbb{B}}$ に関する極大性によって $(\neg\varphi) \in \Gamma$ となるが，$\{\varphi\wedge\psi, \neg\varphi\}$ は矛盾する (演習問題) のでこれは Γ の無矛盾性に反する．したがって $\varphi \in \Gamma$ でなければならない．$\psi \in \Gamma$ も同様に示される．

$(1, \Leftarrow)$ $\varphi \in \Gamma$ かつ $\psi \in \Gamma$ とする．このときもしも $(\varphi\wedge\psi) \notin \Gamma$ だとすると $\mathrm{Formula}_{\mathbb{F},\mathbb{B}}$ に関する極大性によって $(\neg(\varphi\wedge\psi)) \in \Gamma$ となるが，$\{\varphi, \psi, \neg(\varphi\wedge\psi)\}$ は矛盾する (演習問題) のでこれは Γ の無矛盾性に反する．したがって $(\varphi\wedge\psi) \in \Gamma$ でなければならない．

$(5, \Rightarrow)$ $(\forall x\varphi) \in \Gamma$ とする．このときもしも $\varphi[t/x] \notin \Gamma$ だとすると $\mathrm{Formula}_{\mathbb{F},\mathbb{B}}$ に関する極大性によって $(\neg\varphi[t/x]) \in \Gamma$ となるが，$\{\forall x\varphi, \neg\varphi[t/x]\}$ は矛盾する (演習問題) のでこれは Γ の無矛盾性に反する．したがって $\varphi[t/x] \in \Gamma$ でなければならない．

$(5, \Leftarrow)$ 対偶を示す．すなわち $(\forall x\varphi) \notin \Gamma$ を仮定して $\varphi[t/x] \notin \Gamma$ となる項 $t \in \mathrm{Term}_{\mathbb{F}}$ の存在を示す．仮定 $((\forall x\varphi) \notin \Gamma)$ と Γ の無矛盾性・極大性と集合 $\{\neg\forall x\varphi, \neg\exists x\neg\varphi\}$ が矛盾すること (これは 66 頁で示されている) を合わせて上と同様に議論すると，$(\exists x\neg\varphi) \in \Gamma$ が導かれる．すると Γ が $\mathrm{Term}_{\mathbb{F}}$ の存在証拠を持つことから，ある $t \in \mathrm{Term}_{\mathbb{F}}$ が存在して $(\neg\varphi[t/x]) \in \Gamma$ となっている．すると Γ の無矛盾性から $\varphi[t/x] \notin \Gamma$ である $(\{\neg\varphi[t/x], \varphi[t/x]\}$ は矛盾するので)．

$(2), (3), (4), (6)$ は演習問題とする． □

補題 5.3.4 ($\mathrm{KeySet}_{\mathbb{F},\mathbb{B}}$ の構成) 論理式の集合 Γ が

- $\Gamma \subseteq \mathrm{Formula}_{\mathbb{F},\mathbb{B}}$,
- Γ は無矛盾,
- $\mathbb{F}$ の要素で Γ に現れない変数記号が無限個ある,

の三条件を満たすならば，次の二条件を満たす集合 Γ^+ が存在する．

- $\Gamma \subseteq \Gamma^+ \subseteq \mathrm{Formula}_{\mathbb{F},\mathbb{B}}$.
- Γ^+ は $\mathrm{KeySet}_{\mathbb{F},\mathbb{B}}$ である.

証明 Γ をうまく膨らませていくと求める Γ^+ が得られることを示す.

$\mathrm{Formula}_{\mathbb{F},\mathbb{B}}$ は可算無限集合なので, その要素を列挙して

$$\varphi_1, \varphi_2, \varphi_3, \ldots \tag{5.4}$$

とよぶ[*1]. そして論理式の集合の無限列 $\Gamma_0 \subseteq \Gamma_1 \subseteq \Gamma_2 \subseteq \cdots$ を次で定義する. $\Gamma_0 = \Gamma$.

$$\Gamma_{i+1} = \begin{cases} \Gamma_i & (\Gamma_i \cup \{\varphi_{i+1}\} \text{ が矛盾するとき.}) \\ \Gamma_i \cup \{\varphi_{i+1}\} & (\Gamma_i \cup \{\varphi_{i+1}\} \text{ が無矛盾で,} \varphi_{i+1} \text{ が} \exists \text{論理} \\ & \text{式ではないとき.}) \\ \Gamma_i \cup \{\exists x\psi, \psi[y/x]\} & (\Gamma_i \cup \{\varphi_{i+1}\} \text{ が無矛盾で,} \varphi_{i+1} \text{ が} \exists x\psi \text{ と} \\ & \text{いう形のとき.} y \text{ は} \Gamma_i \cup \{\exists x\psi\} \text{ に出現} \\ & \text{しない変数記号を} \mathbb{F} \text{ の中から毎回新しく} \\ & \text{持って来る.}) \text{ (後述の注意参照)} \end{cases}$$

(注意) 初めに Γ_0 に現れない $\mathbb{F}$ の要素が無限個あり, 各 j で Γ_j から Γ_{j+1} を作る際には有限個の変数記号しか増えていないので, 条件を満たす変数記号 y が必ず存在する.

このように定義された列の無限和を Γ^+ とする. すなわち次のように定義する.

$$\Gamma^+ = \left(\bigcup_{i=0}^{\infty} \Gamma_i\right) = \{\varphi \mid \text{ある } i \text{ について } \varphi \in \Gamma_i\}.$$

この Γ^+ が題意の条件を満たすことを示す.

【$\Gamma \subseteq \Gamma^+ \subseteq \mathrm{Formula}_{\mathbb{F},\mathbb{B}}$ であること】作り方からすぐにわかる.

【Γ^+ が無矛盾であること】まず次が成り立つ.

$$\text{任意の } i \geq 0 \text{ について, } \Gamma_i \text{ は無矛盾である.} \tag{5.5}$$

[*1] ここでは単に並べられるという事実だけが必要で, 番号付けの方法はどうでもよい. 第 6 章ではすべての論理式に番号を付ける方法を具体的に与える.

なぜなら Γ_0 は Γ なので定理の前提により無矛盾であり，Γ_k が無矛盾ならば Γ_{k+1} もその定義と補題 5.1.6 によって無矛盾になるからである．これを使って Γ^+ の無矛盾性を次のように示す．仮に Γ^+ が矛盾すると Γ^+ のある有限部分集合 $\{\gamma_1, \gamma_2, \ldots, \gamma_n\}$ から $\bot$ が導出できる．各 $\gamma_i (i = 1, 2, \ldots, n)$ はそれぞれ適当な Γ_j の要素なので，m を十分大きくとれば $\{\gamma_1, \gamma_2, \ldots, \gamma_n\} \subseteq \Gamma_m$ となる．すると集合 Γ_m が矛盾することになるが，これはさきほどの (5.5) に反する．

【Γ^+ が $\mathrm{Formula}_{\mathbb{F},\mathbb{B}}$ に関して極大であること】ψ を $\mathrm{Formula}_{\mathbb{F},\mathbb{B}}$ の任意の要素とする．ψ と $\neg\psi$ のどちらも Γ^+ に入っていないと仮定して，辻褄が合わなくなることを示す．論理式列 (5.4) の中の m 番目と n 番目がそれぞれ ψ と $\neg\psi$ であるとする．ψ と $\neg\psi$ がどちらも Γ^+ に入らないということは，Γ^+ の構成の際に $\Gamma_{m-1} \cup \{\psi\}$ と $\Gamma_{n-1} \cup \{\neg\psi\}$ が両方とも矛盾している，ということである．したがって m と n との大きい方を k とすると $\Gamma_{k-1} \cup \{\psi\}$ と $\Gamma_{k-1} \cup \{\neg\psi\}$ が両方とも矛盾することになり，補題 5.1.5 によって Γ_{k-1} が矛盾する．しかしこれはさきほどの (5.5) に反する．

【Γ^+ が $\mathrm{Term}_{\mathbb{F}}$ の存在証拠を持つこと】$\exists x \psi$ を任意の∃論理式とする．$(\exists x\psi) \in \Gamma^+$ を仮定して $\mathbb{F}$ のある要素 y について $\psi[y/x] \in \Gamma^+$ であることを示す．仮定からある m について $(\exists x\psi) \in \Gamma_m$ であり，また $\exists x\psi$ は $\mathrm{Formula}_{\mathbb{F},\mathbb{B}}$ の要素なので論理式列 (5.4) の n 番目に登場するとする．すると Γ^+ の構成の途中の Γ_n を定義する際に，$\mathbb{F}$ の適当な要素 y について $\psi[y/x]$ が Γ_n に加わっているはずである．なぜなら，もしもそうでないとすると $\Gamma_{n-1} \cup \{\exists x\psi\}$ が矛盾していたということであり m と $(n-1)$ の大きい方を k とすると Γ_k が矛盾することになるが，これはさきほどの (5.5) に反する． □

5.4 モデル存在定理の証明

前節までの準備の元で，変数条件付きモデル存在定理の証明を与える．

定理 5.2.1 (モデル存在定理・変数条件付き)(再掲) Γ を閉論理式の任意の集合とする．もしも Γ が無矛盾で Γ の未使用変数が無限ならば，Γ のモデルが

5.4 モデル存在定理の証明

存在する.

証明 まず Γ 中に出現する変数記号全体 (Γ は閉論理式の集合なので束縛出現だけである) の集合を $\mathbb{B}$ として, Γ 中に出現しない変数記号全体の集合を $\mathbb{F}$ とする. するとこの $\mathbb{F}, \mathbb{B}$ で補題 5.3.4 が適用できて, $\Gamma \subseteq \Gamma^+ \subseteq \mathrm{Formula}_{\mathbb{F},\mathbb{B}}$ かつ $\mathrm{KeySet}_{\mathbb{F},\mathbb{B}}$ である集合 Γ^+ が得られる. 以下ではこの Γ^+ を使ってストラクチャー $\mathcal{M}$ を定義する. そして $\mathcal{M}$ が Γ のモデルになっていることを示す.

次の要素を決めることでストラクチャー $\mathcal{M}$ が定まる.
- 対象領域 $\mathcal{D}$.
- 定数記号の解釈, すなわち $\mathcal{D}$ の要素 $\mathtt{two}^{\mathcal{M}}$, $\mathtt{three}^{\mathcal{M}}$, $\mathtt{six}^{\mathcal{M}}$, $\mathtt{unity}^{\mathcal{M}}$, $\mathtt{rt}^{\mathcal{M}}$, $\mathtt{zero}^{\mathcal{M}}$, $\mathtt{omega}^{\mathcal{M}}$.
- 関数記号の解釈. すなわち $\mathcal{D}$ 上の 1 変数関数 $\mathtt{suc}^{\mathcal{M}}$, および 2 変数関数 $\otimes^{\mathcal{M}}, \odot^{\mathcal{M}}, \oplus^{\mathcal{M}}$.
- $=$ 以外の述語記号の解釈. すなわち $\mathcal{D}$ 上の 1 変数述語 $\mathtt{Q}^{\mathcal{M}}$, $\mathtt{P}^{\mathcal{M}}$, および 2 変数述語 $\oslash^{\mathcal{M}}$, $\mathtt{R}^{\mathcal{M}}$.
- 命題記号の真理値.

以下ではこれらを順に定めていくが, その際に「同値関係, 同値類, 商集合」という概念を用いる. この説明は 12.2 節に載せたので必要ならばそちらを参照していただきたい.

【対象領域 $\mathcal{D}$】 $\mathrm{Term}_{\mathbb{F}}$ 上の 2 項関係 $\sim$ を次で定義する.

$$s \sim t \iff (s = t) \in \Gamma^+. \tag{5.6}$$

するとこれは同値関係になる (演習問題). そして $\mathrm{Term}_{\mathbb{F}}$ の $\sim$ による商集合を対象領域 $\mathcal{D}$ とする. つまり,

$$[\![t]\!] = \{s \mid s \in \mathrm{Term}_{\mathbb{F}} \text{ かつ } t \sim s\}$$

というように項 t を代表元とする同値類を $[\![t]\!]$ と書くことにして, 対象領域 $\mathcal{D}$ を次で定義する.

$$\mathcal{D} = \{[\![t]\!] \mid t \in \mathrm{Term}_{\mathbb{F}}\}.$$

以上の定義から, $\mathrm{Term}_{\mathbb{F}}$ の任意の要素 s, t に関して次が成り立っていることを

注意しておく.
$$\bigl([\![s]\!] = [\![t]\!]\bigr) \iff \bigl((s = t) \in \Gamma^+\bigr). \tag{5.7}$$

【定数記号の解釈】各定数記号に対して,その解釈は「それを含む同値類」とする.すなわち
$$\mathtt{two}^{\mathcal{M}} = [\![\mathtt{two}]\!],\ \mathtt{three}^{\mathcal{M}} = [\![\mathtt{three}]\!],\ \ldots,\mathtt{omega}^{\mathcal{M}} = [\![\mathtt{omega}]\!]. \tag{5.8}$$

【関数記号の解釈】次のように定める.
$$\mathtt{suc}^{\mathcal{M}}([\![t]\!]) = [\![\mathtt{suc}(t)]\!].\quad [\![s]\!] \otimes^{\mathcal{M}} [\![t]\!] = [\![s \otimes t]\!].\quad \odot, \oplus も同様. \tag{5.9}$$

この定義の整合性,つまりこれで $\mathtt{suc}^{\mathcal{M}}, \otimes^{\mathcal{M}}, \odot^{\mathcal{M}}, \oplus^{\mathcal{M}}$ が $\mathcal{D}$ 上の関数として矛盾なく定義されることを保証するためには $\mathrm{Term}_{\mathbb{F}}$ の任意の要素 t_1, t_2, s_1, s_2 に対して次を示す必要があるが,それは演習問題とする.

$$t_1 \sim t_2 \text{ ならば } \mathtt{suc}(t_1) \sim \mathtt{suc}(t_2). \tag{5.10}$$
$$\bigl(s_1 \sim s_2 \text{ かつ } t_1 \sim t_2\bigr) \text{ ならば } (s_1 \otimes t_1) \sim (s_2 \otimes t_2). \tag{5.11}$$
$\odot, \oplus についても同様.$

【述語記号の解釈】次のように定める.
$$\mathtt{Q}^{\mathcal{M}}([\![t]\!]) = 真 \iff \mathtt{Q}(t) \in \Gamma^+. \tag{5.12}$$
$$\bigl([\![s]\!] \oslash^{\mathcal{M}} [\![t]\!]\bigr) = 真 \iff (s \oslash t) \in \Gamma^+.$$
$\mathtt{P}^{\mathcal{M}}, \mathtt{R}^{\mathcal{M}}$ も同様.

この定義の整合性,つまりこれで $\mathtt{Q}^{\mathcal{M}}, \oslash^{\mathcal{M}}, \mathtt{P}^{\mathcal{M}}, \mathtt{R}^{\mathcal{M}}$ が $\mathcal{D}$ 上の述語として矛盾なく定義されることを保証するためには $\mathrm{Term}_{\mathbb{F}}$ の任意の要素 t_1, t_2, s_1, s_2 に対して次を示す必要があるが,それは演習問題とする.

$$t_1 \sim t_2 \text{ ならば } \bigl(\mathtt{Q}(t_1) \in \Gamma^+ \Leftrightarrow \mathtt{Q}(t_2) \in \Gamma^+\bigr). \tag{5.13}$$
$$\bigl(s_1 \sim s_2 \text{ かつ } t_1 \sim t_2\bigr) \text{ ならば } \bigl((s_1 \oslash t_1) \in \Gamma^+ \Leftrightarrow (s_2 \oslash t_2) \in \Gamma^+\bigr). \tag{5.14}$$
$\mathtt{P}, \mathtt{R}$ についても同様.

【命題記号の真理値】各命題記号 X ($\in \{\mathtt{A}, \mathtt{B}, \mathtt{C}\}$) について,

5.4 モデル存在定理の証明

$$\mathcal{M}(X) = 真 \iff X \in \Gamma^+. \tag{5.15}$$

以上がストラクチャー $\mathcal{M}$ の定義である．これが Γ のモデルになっていることを示すために，任意の閉論理式 φ について

$$\varphi \in \Gamma^+ \quad \text{ならば} \quad \mathcal{M}(\varphi) = 真 \tag{5.16}$$

が成り立つことを示す（$\Gamma \subseteq \Gamma^+$ なのでこれで目的は達成される）．しかしこの (5.16) を φ の複雑さに関する帰納法で示そうとしても単純にはいかない．たとえば φ が $\forall x \psi$ という形の場合，x に対象領域 $\mathcal{D}$ の任意の要素の名前 $[\![t]\!]$ を代入した $\mathcal{D}$ 拡大閉論理式 $\psi[[\![t]\!]/x]$ を扱う必要があるが，このような名前を含んだ論理式は Γ^+ の要素ではないので帰納法の仮定として使えない．そこで (5.16) を拡張して，任意の項 s と任意の論理式 φ に対して次の命題を帰納法で示すことにする．

> $x_1, x_2, \ldots, x_n$ は $\mathbb{B}$ の任意の要素で互いに異なる変数記号であり，$t_1, t_2, \ldots, t_n$ は $\mathrm{Term}_\mathbb{F}$ の任意の要素であるとする．いま s と φ が $\mathrm{Var}(s) \subseteq \{x_1, x_2, \ldots, x_n\}$, $\mathrm{FVar}(\varphi) \subseteq \{x_1, x_2, \ldots, x_n\}$, $\mathrm{BVar}(\varphi) \subseteq \mathbb{B}$ を満たすならば，次の (ア), (イ) が成り立つ．
> (ア) $\mathcal{M}(s^\clubsuit) = [\![s^\heartsuit]\!]$.
> (イ) $\left(\mathcal{M}(\varphi^\clubsuit) = 真 \right) \iff \left(\varphi^\heartsuit \in \Gamma^+ \right)$.
> ただし $\clubsuit$ と $\heartsuit$ はそれぞれ次の代入を表す.
> $\clubsuit = [[\![t_1]\!]/x_1][[\![t_2]\!]/x_2] \cdots [[\![t_n]\!]/x_n]$
> $\heartsuit = [t_1/x_1][t_2/x_2] \cdots [t_n/x_n]$

(**注意 1**) $[\![t_i]\!]$ は $\mathcal{D}$ の要素の名前であり，$\clubsuit$ は変数記号に名前を代入して $\mathcal{D}$ 拡大閉項や $\mathcal{D}$ 拡大閉論理式を作るものである．なお $\mathrm{Term}_\mathbb{F}$ 中の互いに異なる項 t, t' が $t \sim t'$ の場合，$[\![t]\!]$ と $[\![t']\!]$ は互いに異なる名前であるが対象領域の同一の要素を指している (44 頁の (注意) 参照).

(**注意 2**) 変数の出現に関する条件から，$s^\heartsuit \in \mathrm{Term}_\mathbb{F}$ および φ 中の x_i に t_i が代入可能であることと $\varphi^\heartsuit \in \mathrm{Formula}_{\mathbb{F}, \mathbb{B}}$ が保証される．

以下ではまず (ア) を s の長さに関する帰納法で証明する．次いで (イ) を φ の複雑さ (論理記号の出現数) に関する帰納法で証明する．$\Gamma^+ \subseteq \mathrm{Formula}_{\mathbb{F},\mathbb{B}}$ であったので目標の (5.16) は (イ) の「$\Longleftarrow$」の特別な場合 ($n=0$) になり，これによって証明が完了する．

【アの証明】

- s が定数記号，たとえば two のとき．
$$\mathcal{M}(\mathrm{two}^\clubsuit) = \mathcal{M}(\mathrm{two}) \stackrel{\text{スト}}{=} \mathrm{two}^\mathcal{M} \stackrel{(5.8)}{=} [\![\mathrm{two}]\!] = [\![\mathrm{two}^\heartsuit]\!].$$
ただし $\stackrel{\text{スト}}{=}$ はストラクチャーにおける項の値の定義 (3.2.3) により，また $\stackrel{(5.8)}{=}$ は前出の式 (5.8) による (以下同様)．

- s が変数記号 x_i のとき．
$$\mathcal{M}(x_i^\clubsuit) = \mathcal{M}([\![t_i]\!]) \stackrel{\text{スト}}{=} [\![t_i]\!] = [\![x_i^\heartsuit]\!].$$

- s が関数記号を含む項，たとえば $(t \otimes u)$ のとき．
$$\mathcal{M}((t \otimes u)^\clubsuit) = \mathcal{M}((t^\clubsuit) \otimes (u^\clubsuit)) \stackrel{\text{スト}}{=} \mathcal{M}(t^\clubsuit) \otimes^\mathcal{M} \mathcal{M}(u^\clubsuit)$$
$$\stackrel{(\dagger)}{=} [\![t^\heartsuit]\!] \otimes^\mathcal{M} [\![u^\heartsuit]\!] \stackrel{(5.9)}{=} [\![(t^\heartsuit) \otimes (u^\heartsuit)]\!] = [\![(t \otimes u)^\heartsuit]\!].$$

ただし $\stackrel{(\dagger)}{=}$ は t と u に対する帰納法の仮定，すなわち
$$\mathcal{M}(t^\clubsuit) = [\![t^\heartsuit]\!], \quad \mathcal{M}(u^\clubsuit) = [\![u^\heartsuit]\!]$$
による．

- その他の場合も同様にして，結局 (ア) が示される．

【イの証明】

- φ が $t = u$ のとき (t, u は項)．
$$\begin{aligned}
\mathcal{M}((t=u)^\clubsuit) = \text{真} &\Longleftrightarrow \mathcal{M}((t^\clubsuit) = (u^\clubsuit)) = \text{真} \\
&\stackrel{\text{スト}}{\Longleftrightarrow} \mathcal{M}(t^\clubsuit) = \mathcal{M}(u^\clubsuit) \\
&\stackrel{(\text{ア})}{\Longleftrightarrow} [\![t^\heartsuit]\!] = [\![u^\heartsuit]\!] \\
&\stackrel{(5.7)}{\Longleftrightarrow} ((t^\heartsuit) = (u^\heartsuit)) \in \Gamma^+ \\
&\Longleftrightarrow (t=u)^\heartsuit \in \Gamma^+.
\end{aligned}$$

5.4 モデル存在定理の証明

ただし $\overset{スト}{\iff}$ はストラクチャーにおける論理式の真理値の定義 (3.2.4) により，また $\overset{(ア)}{\iff}$ や $\overset{(5.7)}{\iff}$ は上で証明した (ア) や前出の (5.7) による (以下同様).

- φ が = 以外の述語記号からなる原子論理式，たとえば $\mathtt{Q}(t)$ のとき.

$$\begin{aligned}\mathcal{M}\big(\mathtt{Q}(t)^{\clubsuit}\big) = 真 &\iff \mathcal{M}\big(\mathtt{Q}(t^{\clubsuit})\big) = 真 \\ &\overset{スト}{\iff} \mathtt{Q}^{\mathcal{M}}\big(\mathcal{M}(t^{\clubsuit})\big) = 真 \\ &\overset{(ア)}{\iff} \mathtt{Q}^{\mathcal{M}}\big(\llbracket t^{\heartsuit}\rrbracket\big) = 真 \\ &\overset{(5.12)}{\iff} \mathtt{Q}(t^{\heartsuit}) \in \varGamma^{+} \\ &\iff \mathtt{Q}(t)^{\heartsuit} \in \varGamma^{+}.\end{aligned}$$

- φ が命題記号，たとえば $\mathtt{A}$ のとき.

$$\begin{aligned}\mathcal{M}(\mathtt{A}^{\clubsuit}) = 真 &\iff \mathcal{M}(\mathtt{A}) = 真 \\ &\overset{(5.15)}{\iff} \mathtt{A} \in \varGamma^{+} \\ &\iff \mathtt{A}^{\heartsuit} \in \varGamma^{+}.\end{aligned}$$

- φ が $\bot$ のとき．ストラクチャーにおける真理値定義 (3.2.4) により $\mathcal{M}(\bot)$ は偽である．一方 $\varGamma^{+}$ が無矛盾であることから $\bot \notin \varGamma^{+}$ である．したがって

$$\mathcal{M}(\bot^{\clubsuit}) = 真 \iff \bot^{\heartsuit} \in \varGamma^{+}$$

は正しい (右辺左辺ともに成り立たないので).

- φ が複合論理式，たとえば $\psi \wedge \rho$ のとき.

$$\begin{aligned}\mathcal{M}\big((\psi\wedge\rho)^{\clubsuit}\big) = 真 &\iff \mathcal{M}\big((\psi^{\clubsuit})\wedge(\rho^{\clubsuit})\big) = 真 \\ &\overset{スト}{\iff} \mathcal{M}(\psi^{\clubsuit}) = 真 \text{ かつ } \mathcal{M}(\rho^{\clubsuit}) = 真 \\ &\overset{(\dagger)}{\iff} \psi^{\heartsuit} \in \varGamma^{+} \text{ かつ } \rho^{\heartsuit} \in \varGamma^{+} \\ &\overset{補題\ 5.3.3(1)}{\iff} ((\psi^{\heartsuit})\wedge(\rho^{\heartsuit})) \in \varGamma^{+} \\ &\iff (\psi\wedge\rho)^{\heartsuit} \in \varGamma^{+}.\end{aligned}$$

ただし $\overset{(\dagger)}{\iff}$ は ψ と ρ に対する帰納法の仮定，すなわち

$$\mathcal{M}(\psi^{\clubsuit}) = 真 \iff \psi^{\heartsuit} \in \varGamma^+, \qquad \mathcal{M}(\rho^{\clubsuit}) = 真 \iff \rho^{\heartsuit} \in \varGamma^+$$

による.

- φ が複合論理式，たとえば $\forall x \psi$ のとき．

$$\mathcal{M}\big((\forall x \psi)^{\clubsuit}\big) = 真 \iff \mathcal{M}\big(\forall x(\psi^{\clubsuit-})\big) = 真$$

$\overset{\text{ス ト}}{\iff}$ $\mathcal{D}$ の任意の要素の任意の名前 $[\![t]\!]$ に対して
$\mathcal{M}(\psi^{\clubsuit-}[[\![t]\!]/x]) = 真$

$\overset{(\ddagger)}{\iff}$ $\mathcal{D}$ の任意の要素の任意の名前 $[\![t]\!]$ に対して
$(\psi^{\heartsuit-}[t/x]) \in \varGamma^+$

$\iff$ $\mathrm{Term}_{\mathbb{F}}$ の任意の要素 t に対して
$(\psi^{\heartsuit-}[t/x]) \in \varGamma^+$

$\overset{補題 5.3.3(5)}{\iff}$ $(\forall x(\psi^{\heartsuit-})) \in \varGamma^+$

$\iff$ $(\forall x \psi)^{\heartsuit} \in \varGamma^+.$

ただし x が変数記号 $x_1, x_2, \ldots, x_n$ のどれかと等しいときには $\clubsuit^-$ と $\heartsuit^-$ はそれぞれ $\clubsuit$ と $\heartsuit$ から x に対する代入を取り除いた残りの代入であり，x がどれとも等しくないときには $\clubsuit^-$ と $\heartsuit^-$ はそれぞれ $\clubsuit, \heartsuit$ と同じである．そして $\overset{(\ddagger)}{\iff}$ は ψ に対する帰納法の仮定

$$\mathcal{M}(\psi^{\clubsuit-}[[\![t]\!]/x]) = 真 \iff \psi^{\heartsuit-}[t/x] \in \varGamma^+$$

による (代入として $\clubsuit^-[[\![t]\!]/x]$ と $\heartsuit^-[t/x]$ を用いている).

- その他の場合も同様にして，結局 (イ) が示される．

$\square$

これでモデル存在定理が証明できたので，したがって完全性定理の証明が完了した．

5.5 コンパクト性

完全性定理・モデル存在定理の応用のひとつとしてコンパクト性定理を紹介する．

5.5 コンパクト性

定理 5.5.1 (コンパクト性定理) Γ を閉論理式の任意の無限集合とする. Γ のすべての有限部分集合がモデルを持つならば, Γ 自身もモデルを持つ. また逆も成り立つ.

証明 系 5.1.8 と「矛盾」の定義から次のようにいえる.

Γ はモデルを持たない $\iff$ Γ は矛盾する
$\iff$ Γ のある有限部分集合が矛盾する
$\iff$ Γ のある有限部分集合はモデルを持たない.

□

ここで注目すべきことは, コンパクト性定理の文面には自然演繹における証明可能性の概念 (つまり "⊢") は登場せず, 論理式とその意味 (モデル) についてだけ述べているという点である.

コンパクト性定理は論理式の表現能力や論理式によって規定されるストラクチャーの性質を分析する際の重要な道具となる. 以下ではそんな分析の典型的な例を二つ挙げる. なお後半の例では群論における用語を説明なしに用いるので, 慣れていない読者は読み飛ばしても構わない.

「対象領域の要素数が n 個以上である」ということを表現する閉論理式が存在する (第 3 章の演習問題 1 参照). 正確には, $n = 1, 2, \ldots$ に対して閉論理式 ε_n が存在して

$$\mathcal{M}(\varepsilon_n) = 真 \iff \mathcal{M} \text{ の対象領域の要素数は } n \text{ 個以上である} \qquad (5.17)$$

が任意のストラクチャー $\mathcal{M}$ に対して成り立つ. それでは「対象領域の要素数が有限である」あるいは「対象領域の要素数が無限である」といったことを表現する論理式はあるだろうか？ 実はそのような論理式はどんなに工夫しても作ることが不可能だということが証明できる.

定理 5.5.2 (コンパクト性定理の応用 (1)) 次の条件を任意のストラクチャー $\mathcal{M}$ に対して成り立たせるような閉論理式 φ は存在しない.

$\mathcal{M}(\varphi) = 真 \iff \mathcal{M}$ の対象領域の要素数は有限である.

証明 このような φ が存在すると仮定する. いま閉論理式の無限集合

$$\{\varphi, \varepsilon_1, \varepsilon_2, \varepsilon_3, \ldots\} \tag{5.18}$$

を考える (ε_i は上述の (5.17) の閉論理式である). この集合 (5.18) のすべての有限部分集合はモデルを持つ (たとえば $\{\varphi, \varepsilon_2, \varepsilon_7, \varepsilon_{25}\}$ のモデルとしては, 対象領域の要素数が 25 のストラクチャーを持ってくればよい). したがってコンパクト性定理 5.5.1 によって, この集合 (5.18) はモデルを持つ. しかしそれは不可能である. なぜなら対象領域の要素数に関する条件

「有限」,「1 個以上」,「2 個以上」,「3 個以上」, $\cdots$

すべてを同時に満たすようなストラクチャーは存在しないからである. したがって最初の仮定が間違いであった. □

群 $\langle G, \cdot, \mathbf{u}\rangle$ に関して条件「$(x \leq u$ かつ $y \leq v)$ ならば $x \cdot y \leq u \cdot v$」を満たす G 上の順序関係 $\leq$ が存在するとき, この群には順序を入れることができるということにする.

定理 5.5.3 (コンパクト性定理の応用 (2)) 群 G に順序を入れることができるための必要十分条件は, G のすべての有限生成部分群に対して順序が入れられることである.

証明 G のすべての有限生成部分群に対して順序が入れられることを仮定して, G 自身にも順序を入れることができることを証明する (逆は明らか). まず, この群の性質を論理式で書く際には, 演算 $\cdot$ を関数記号 $\odot$ で表し, 単位元 $\mathbf{u}$ を定数記号 unity で表し, 順序関係を述語記号 $\oslash$ で表すことにする. さらに G の単位元以外のすべての要素の名前を定数記号 $\text{el}_1, \text{el}_2, \ldots$ として論理式中で使えるとする. (このように定数記号が追加された設定においてもコンパクト性定理は成り立つ. 特に G が非可算集合の場合は非可算個の定数記号が必要だが, そうだとしてもコンパクト性定理は成り立つ. ただし補題 5.3.4 の証明中で論理式集合の可算性を使用しているので, 非可算の定数記号を持つ設定に対して

は証明に変更が必要である．）そして G における演算・の結果をすべて網羅した閉論理式の無限集合，たとえば

$$\{\mathrm{el}_1 \odot \mathrm{el}_1 = \mathrm{el}_5,\ \mathrm{el}_1 \odot \mathrm{el}_2 = \mathrm{el}_1,\ \mathrm{el}_1 \odot \mathrm{el}_3 = \mathrm{unity},$$
$$\ldots,\ \mathrm{el}_2 \odot \mathrm{el}_1 = \mathrm{el}_{10}, \ldots\}$$

といった感じの集合を Γ_1 とよぶ．また「定数記号の指す先はすべて異なる」ということを表す閉論理式の無限集合

$$\{\neg(\mathrm{unity}=\mathrm{el}_1),\ \neg(\mathrm{unity}=\mathrm{el}_2), \ldots,\ \neg(\mathrm{el}_1=\mathrm{el}_2),\ \neg(\mathrm{el}_1=\mathrm{el}_3), \ldots\}$$

を Γ_2 とよぶ．さらに「$\oslash$ は群に入った順序になっている」ということを記述した閉論理式の集合

$$\{\forall x \forall y \forall u \forall v\bigl(((x \oslash u) \wedge (y \oslash v)) \to ((x \odot y) \oslash (u \odot v))\bigr),$$
$$\forall x(x \oslash x),\ \forall x \forall y \forall z\bigl(((x \oslash y) \wedge (y \oslash z)) \to (x \oslash z)\bigr),$$
$$\forall x \forall y\bigl(((x \oslash y) \wedge (y \oslash x)) \to (x = y)\bigr)\}$$

を Γ_3 とよび，群の公理集合を 53 頁の (3.4) のように Γ_G とよぶ．G に順序が入ることを示すには，

閉論理式の無限集合 $(\Gamma_1 \cup \Gamma_2 \cup \Gamma_3 \cup \Gamma_G)$ がモデルを持つ　　　(5.19)

ことを示せばよい（なぜなら，そのようなモデルは「順序付き G」を部分群として持つ群になるから）．ところで (5.19) を示すためにはコンパクト性定理からその任意の有限部分集合がモデルを持つことを示せば十分であるが，その条件は「G の任意有限生成部分群に対して順序が入れられる」という仮定から成り立つ（$\Gamma_1 \cup \Gamma_2$ の有限部分集合のモデルは有限生成部分群でできるから）．　□

　数理論理学の結果を使ってこのような普通の群論の結果が導かれるというのは，たいへん面白いことである．なおコンパクト性定理を数理論理学以外の数学へ応用する例としては，上記のような議論の他に超準解析が有名である[*1]．

演 習 問 題

5.1 次の三つの集合 (66 頁に登場したもの) がいずれも矛盾することを示せ．

[*1] たとえば文献 [坪井 '12] を参照．

$\{\varphi\wedge\psi, \neg\varphi\}$, $\{\varphi, \psi, \neg(\varphi\wedge\psi)\}$, $\{\forall x\varphi, \neg\varphi[t/x]\}$.

5.2 定理 5.1.7 の逆，すなわち次を証明せよ：Γ のモデルが存在すれば Γ は無矛盾である．ただし Γ は閉論理式の任意の集合である．

5.3 定理 5.2.1 を用いた定理 5.1.7 の証明中にあげられた性質 (5.3) が任意の閉論理式 φ について成り立つことを証明せよ．

5.4 補題 5.3.3 の (2),(3),(4),(6) の証明を与えよ．

5.5 Γ が $\mathrm{KeySet}_{\mathbb{F},\mathbb{B}}$ で $\Gamma \vdash \varphi$ で $\varphi \in \mathrm{Formula}_{\mathbb{F},\mathbb{B}}$ であるならば，$\varphi \in \Gamma$ となることを示せ．

5.6 定理 5.2.1 の証明中 75 頁の式 (5.6) で定義された $\sim$ が同値関係であることを示せ．さらにその後の条件 (5.10), (5.11), (5.13), (5.14) が成り立つことを示せ．

第6章
不完全性定理

数学の証明に使われる公理は分野毎に設定されるものであるが，数学のもっとも基本的な分野である自然数論においては公理をどのように設定してもそこに避けることができない本質的な限界があることを示しているのが，1930年頃に示されたゲーデルの**不完全性定理** (incompleteness theorem) である．本章では「数学の公理の研究」の出発点になっている重要な結果であるこの不完全性定理と周辺の話題を概説する[*1]．

6.1　計　算　可　能　性

本書では0を含めて自然数とよび，自然数全体の集合 $\{0,1,2,\ldots\}$ のことを $\mathbb{N}$ と表記する．

不完全性定理の説明をするためには関数や集合の計算可能性の概念が必要なので，まずはそれを定義する．

定義 6.1.1 (計算可能関数，計算可能集合)　$\mathbb{N}$ 上の k 変数関数 f が計算可能であるとは，これを計算するアルゴリズム (すなわちどんな自然数 $n_1, n_2, \ldots, n_k$ が与えられてもそれに従って計算すれば $f(n_1, n_2, \ldots, n_k)$ の値を正しく有限時間内に求められる計算手順) が存在することである．$\mathbb{N}$ の部分集合 S が計算可能であるとは，S に属するか否かを判定するアルゴリズム (すなわちどんな自然数 n が与えられてもそれに従って計算すれば $n \in S$ か $n \notin S$ かを正しく有限時間内に答えられる計算手順) が存在することである．

[*1] 本書では紙数の都合でいくつかの詳細な議論を省略するので，それらについては文献 [田中他'07a] などをご覧いただきたい．

表 6.1 pair(x, y) の値

y の値				
3	12	22	↘	
2	6	14	24	↘
1	2	8	16	26
0	0	4	10	18
	0	1	2	3	x の値

　この「アルゴリズムが存在する」というのも厳密に定義される概念であるのだが，ここでは定義は省略する[*2]．

【計算可能関数，計算可能集合の例1】 足し算やかけ算は計算可能である．また素数全体の集合も計算可能である．なぜなら与えられた自然数が素数であるか否かの判定をするアルゴリズムが存在するから．

【計算可能関数の例2】 2 変数関数 pair を

$$\text{pair}(x, y) = (x + y)(x + y + 1) + 2x$$

とする．これは表 6.1 のように自然数のすべてのペアと偶数全体を一対一にもれなく対応させる関数になる．そして pair の逆関数 (適切な値がないときは 0 を返す) を left, right とする．つまり次のように定義する．

$$\text{left}(z) = \begin{cases} x & (z \text{ が偶数で，ある } y \text{ について pair}(x, y) = z \text{ のとき}) \\ 0 & (z \text{ が奇数のとき}) \end{cases}$$

$$\text{right}(z) = \begin{cases} y & (z \text{ が偶数で，ある } x \text{ について pair}(x, y) = z \text{ のとき}) \\ 0 & (z \text{ が奇数のとき}) \end{cases}$$

これらの関数 pair, left, right はすべて計算可能である．なぜならたとえば left(n) は次のアルゴリズムで計算できる．

　n が奇数ならば 0 を答とする．n が偶数ならば $0 \leq x \leq \frac{n}{2}$ かつ

[*2] たとえば文献 [鹿島'08] に載っている．

$0 \leq y \leq \frac{n}{2}$ となるすべての x, y の組み合わせ[*1] について $\mathrm{pair}(x, y)$ を計算してみて，その値が n に等しくなったときの x を $\mathrm{left}(n)$ の答とする．

6.2 表現定理

まず論理式に関する表記法をふたつ定めておく．
- $\bigl((\varphi \to \psi) \land (\psi \to \varphi)\bigr)$ のことを $(\varphi \leftrightarrow \psi)$ と略記する．
- 論理式 φ のことを $\varphi(x_1, x_2, \ldots, x_k)$ などと表記することがある．ただし $x_1, x_2, \ldots, x_k$ は互いに異なる変数記号である．このとき，φ 中の各 x_i の自由出現をそれぞれ代入可能な項 $t_1, t_2, \ldots, t_k$ にすべて置き換えて得られる論理式を $\varphi(t_1, t_2, \ldots, t_k)$ と表記する．

さて不完全性定理は自然数論に関するものなので，本章で使用する項・論理式は自然数論を記述するものに限る．具体的には特に断らない限り表 6.2 の記号だけで構成されるとする．これらの記号からなる論理式が自然数に関する命題を記述しているということは，変数記号は自然数を指しているとみなし，zero を 0，suc を後者関数（すなわち $\mathrm{suc}(x) = x + 1$），$\oplus$ を足し算，$\otimes$ をかけ算，$\lessdot$ を不等号と読むということである．このような読み方を標準ストラクチャーとよぶ．正確には次のように定義される．

表 6.2 本章で論理式の構成に使用できる記号一覧

変数記号	前章までと同じ
定数記号	zero
関数記号	suc, $\oplus$, $\otimes$
命題記号	使用しない．
述語記号	$=$, $\lessdot$
論理記号	$\bot$, $\neg$, $\land$, $\lor$, $\to$, $\forall$, $\exists$
補助記号	開き括弧，閉じ括弧

[*1] これは $(\frac{n}{2} + 1)^2$ 通りになる．工夫すればもっと少ないチェックでも済むが，有限時間内に値が求まればよいという視点でおおざっぱなアルゴリズムを示した．

定義 6.2.1 (標準ストラクチャー)　以下のように規定されるストラクチャー $\mathcal{N}$ のことを標準ストラクチャーとよぶ.

- 対象領域は自然数全体の集合 $\mathbb{N}$.
- $\text{zero}^{\mathcal{N}} = 0$, $\quad \text{suc}^{\mathcal{N}}(x) = x+1$, $\quad x \oplus^{\mathcal{N}} y = x+y$, $\quad x \otimes^{\mathcal{N}} y = x \times y$, $x \oslash^{\mathcal{N}} y \iff x < y$.

次に自然数論の公理を記述した 9 つの閉論理式を考える.

$$\forall x \neg (\text{suc}(x) = \text{zero})$$
$$\forall x \forall y \big((\text{suc}(x) = \text{suc}(y)) \to (x = y)\big)$$
$$\forall x \big(x \oplus \text{zero} = x\big)$$
$$\forall x \forall y \big(x \oplus \text{suc}(y) = \text{suc}(x \oplus y)\big)$$
$$\forall x \big(x \otimes \text{zero} = \text{zero}\big)$$
$$\forall x \forall y \big(x \otimes \text{suc}(y) = (x \otimes y) \oplus x\big)$$
$$\forall x \neg (x \oslash \text{zero})$$
$$\forall x \forall y \Big(\big(x \oslash \text{suc}(y)\big) \leftrightarrow \big((x \oslash y) \lor (x = y)\big)\Big)$$
$$\forall x \forall y \big(((x \oslash y) \lor (x = y)) \lor (y \oslash x)\big)$$

この 9 個の閉論理式からなる集合を **Basic** とよぶ[*1)]. **Basic** の論理式はすべて自然数に関する基本的な事実を述べており, 標準ストラクチャーで真である. すなわち標準ストラクチャーは **Basic** のモデルになっている (標準ストラクチャーのことを **Basic** の標準モデル (standard model) ともよぶ). またこのことと健全性定理 4.2.2 や系 5.1.8 によって, **Basic** は無矛盾であり, **Basic** から導出できる閉論理式は必ず標準ストラクチャーで真である.

今後は「**Basic** を公理としてどんな論理式が導出できるか?」ということを論じていくが, そのためにひとつ定義をしておく.

[*1)] 自然数に関する基本的な公理なので本書ではこうよぶことにする. これは文献 [Shoenfield '67] では N とよばれている. またよく知られたロビンソン算術 (Robinson Arithmetic) (たとえば文献 [Odifreddi '89] や [Boolos 他 '07] 参照) の公理集合ともほとんど同じである.

6.2 表現定理

定義 6.2.2 (数値項) 自然数 n に対して

$$\underbrace{\mathtt{suc(suc(\cdots suc(}}_{n\text{ 個}}\mathtt{zero})\cdots))$$

という項 (すなわち自然数 n を意図する項) を $\overline{n}$ と表記して，n の**数値項** (numeral) とよぶ．

たとえば，$0, 1, 2$ はそれぞれ $\mathtt{zero}$, $\mathtt{suc(zero)}$, $\mathtt{suc(suc(zero))}$ のことである．

【Basic からの導出の例 1】
Basic $\vdash \overline{1} \oplus \overline{2} = \overline{3}$ である．なぜなら次の導出図がこれを示している．

$$\cfrac{\cfrac{\vdots\,\mathcal{B}}{\overline{1}\oplus\overline{2}=\mathtt{suc}(\overline{1}\oplus\overline{1})} \quad \cfrac{\cfrac{\vdots\,\mathcal{A}}{\overline{1}\oplus\overline{1}=\mathtt{suc}(\overline{1}\oplus\overline{0})} \quad \cfrac{\forall\mathtt{x}(\mathtt{x}\oplus\mathtt{zero}=\mathtt{x})}{\overline{1}\oplus\overline{0}=\overline{1}}\,[\forall\text{除去}]}{\overline{1}\oplus\overline{1}=\overline{2}}\,[\text{等号規則}]}{\overline{1}\oplus\overline{2}=\overline{3}}\,[\text{等号規則}]$$

ただし $\mathcal{A}, \mathcal{B}$ の部分はそれぞれ次のようになっている．
($\mathcal{A}$)

$$\cfrac{\cfrac{\forall\mathtt{x}\forall\mathtt{y}\bigl(\mathtt{x}\oplus\mathtt{suc}(\mathtt{y})=\mathtt{suc}(\mathtt{x}\oplus\mathtt{y})\bigr)}{\forall\mathtt{y}\bigl(\overline{1}\oplus\mathtt{suc}(\mathtt{y})=\mathtt{suc}(\overline{1}\oplus\mathtt{y})\bigr)}\,[\forall\text{除去}]}{\overline{1}\oplus\overline{1}=\mathtt{suc}(\overline{1}\oplus\overline{0})}\,[\forall\text{除去}]$$

($\mathcal{B}$)

$$\cfrac{\cfrac{\forall\mathtt{x}\forall\mathtt{y}\bigl(\mathtt{x}\oplus\mathtt{suc}(\mathtt{y})=\mathtt{suc}(\mathtt{x}\oplus\mathtt{y})\bigr)}{\forall\mathtt{y}\bigl(\overline{1}\oplus\mathtt{suc}(\mathtt{y})=\mathtt{suc}(\overline{1}\oplus\mathtt{y})\bigr)}\,[\forall\text{除去}]}{\overline{1}\oplus\overline{2}=\mathtt{suc}(\overline{1}\oplus\overline{1})}\,[\forall\text{除去}]$$

【Basic からの導出の例 2】
Basic $\vdash \neg(\overline{1} \oplus \overline{2} = \overline{1})$ である．なぜなら次の導出図がこれを示している．

$$\cfrac{\cfrac{\cfrac{\forall\mathtt{x}\neg(\mathtt{suc}(\mathtt{x})=\mathtt{zero})}{\neg(\overline{2}=\overline{0})}\,[\forall\text{除去}] \quad \cfrac{\vdots\,\mathcal{C}}{(\overline{3}=\overline{1})\to(\overline{2}=\overline{0})} \quad \cfrac{\overset{①}{\overline{1}\oplus\overline{2}=\overline{1}} \quad \cfrac{\vdots\,(\text{上の例 1})}{\overline{1}\oplus\overline{2}=\overline{3}}}{\overline{3}=\overline{1}}\,[\text{等号規則}]}{\overline{2}=\overline{0}}\,[\to\text{除去}]}{\cfrac{\bot}{\neg(\overline{1}\oplus\overline{2}=\overline{1})}\,[\neg\text{導入}](\text{仮定①を解消})}\,[\neg\text{除去}]$$

ただし $\mathcal{C}$ の部分は次のようになっている.

$$\dfrac{\dfrac{\forall x \forall y((\mathrm{suc}(x) = \mathrm{suc}(y)) \to (x = y))}{\forall y((\overline{3} = \mathrm{suc}(y)) \to (\overline{2} = y))} \; [\forall 除去]}{(\overline{3} = \overline{1}) \to (\overline{2} = \overline{0})} \; [\forall 除去]$$

このように簡単な命題でも **Basic** から導出するのは案外大変である.しかし **Basic** はある意味で十分な能力を持っている,ということを示すのが,この節の最後に挙げる「表現定理」である.

定義 6.2.3 (**Basic** における表現可能性) **(1)** f は $\mathbb{N}$ 上の k 変数関数,$x_1, x_2, \ldots, x_k, y$ は相異なる変数記号で,$\varphi(x_1, x_2, \ldots, x_k, y)$ は $x_1, x_2, \ldots, x_k, y$ 以外の変数記号が自由出現しない論理式とする.以下の条件 (6.1) が任意の自然数 $n_1, n_2, \ldots, n_k$ に対して成り立つことを「$\varphi(x_1, x_2, \ldots, x_k, y)$ は **Basic** 上で関数 f を表現する」という.

$$\mathbf{Basic} \vdash \forall y \Big(\big(y = \overline{f(n_1, n_2, \ldots, n_k)} \big) \leftrightarrow \varphi(\overline{n_1}, \overline{n_2}, \ldots, \overline{n_k}, y) \Big). \tag{6.1}$$

また,このような論理式 $\varphi(x_1, x_2, \ldots, x_k, y)$ が存在することを「関数 f は **Basic** 上で表現可能である」という.
(2) X は $\mathbb{N}$ の部分集合,$\varphi(x)$ は x 以外の変数記号の自由出現を持たない論理式とする.以下の二条件 (6.2, 6.3) が任意の自然数 n に対して成り立つことを「$\varphi(x)$ は **Basic** 上で集合 X を表現する」という.

$$n \in X \text{ ならば } \mathbf{Basic} \vdash \varphi(\overline{n}). \tag{6.2}$$

$$n \notin X \text{ ならば } \mathbf{Basic} \vdash \neg\varphi(\overline{n}). \tag{6.3}$$

また,このような論理式 $\varphi(x)$ が存在することを「集合 X は **Basic** 上で表現可能である」という.

【**Basic** 上で表現可能な関数の例】
自然数上の引き算

$$\mathrm{minus}(x_1, x_2) = \begin{cases} x_1 - x_2 & (x_1 \geq x_2 \text{ のとき}) \\ 0 & (x_1 < x_2 \text{ のとき}) \end{cases}$$

は論理式

$$(y \oplus x_2 = x_1) \vee \big((x_1 \olessthan x_2) \wedge (y = \bar{0})\big)$$

によって表現される．この場合上記の条件 (6.1) は，たとえば $n_1 = 5, n_2 = 2$ に対しては

$\mathbf{Basic} \vdash \vee y\Big((y = \bar{3}) \leftrightarrow \big((y \oplus \bar{2} = \bar{5}) \vee ((\bar{5} \olessthan \bar{2}) \wedge (y = \bar{0}))\big)\Big)$

ということになる．

さて次の定理が重要なのであるが，その証明は非常に長いので省略して結果だけ述べておく．

定理 6.2.4 (表現定理) 自然数上の計算可能関数および計算可能集合はすべて **Basic** 上で表現可能である．また逆に，**Basic** 上で表現可能な関数と集合はすべて計算可能である．

6.3 ゲーデル数

表 6.2 の記号だけで構成されるすべての項と論理式と導出図に，それぞれ自然数を割り当てる方法を定める．α が項や論理式や導出図のときに α に割り当てられる自然数を α のゲーデル数とよび

$\ulcorner \alpha \urcorner$

と表記する．以下では 6.1 節に登場した関数 pair を用いてゲーデル数を具体的に定義する．なお変数記号は可算無限個あるので，あらかじめすべての変数記号を並べて

$$v_1, v_2, v_3, \ldots$$

とよぶことにする．

まず定数記号と変数記号のゲーデル数は，3 以上の奇数を順に割り当てる．

$\ulcorner \mathtt{zero} \urcorner = 3,\ \ulcorner v_1 \urcorner = 5,\ \ulcorner v_2 \urcorner = 7,\ \ulcorner v_3 \urcorner = 9, \ldots$

関数記号を含む項に対しては次のように再帰的に定義する (以下では s, t は項

である).

$$\ulcorner\mathrm{suc}(t)\urcorner = \mathrm{pair}(0, \ulcorner t\urcorner).$$
$$\ulcorner s \oplus t\urcorner = \mathrm{pair}(1, \mathrm{pair}(\ulcorner s\urcorner, \ulcorner t\urcorner)).$$
$$\ulcorner s \otimes t\urcorner = \mathrm{pair}(2, \mathrm{pair}(\ulcorner s\urcorner, \ulcorner t\urcorner)).$$

同様に論理式のゲーデル数も再帰的に定義する (以下では s, t は項, x は変数記号である).

$$\ulcorner s = t\urcorner = \mathrm{pair}(3, \mathrm{pair}(\ulcorner s\urcorner, \ulcorner t\urcorner)).$$
$$\ulcorner s \oslash t\urcorner = \mathrm{pair}(4, \mathrm{pair}(\ulcorner s\urcorner, \ulcorner t\urcorner)).$$
$$\ulcorner \bot \urcorner = 1.$$
$$\ulcorner \neg \varphi \urcorner = \mathrm{pair}(5, \ulcorner \varphi \urcorner).$$
$$\ulcorner \varphi \wedge \psi \urcorner = \mathrm{pair}(6, \mathrm{pair}(\ulcorner \varphi \urcorner, \ulcorner \psi \urcorner)).$$
$$\ulcorner \varphi \vee \psi \urcorner = \mathrm{pair}(7, \mathrm{pair}(\ulcorner \varphi \urcorner, \ulcorner \psi \urcorner)).$$
$$\ulcorner \varphi \rightarrow \psi \urcorner = \mathrm{pair}(8, \mathrm{pair}(\ulcorner \varphi \urcorner, \ulcorner \psi \urcorner)).$$
$$\ulcorner \forall x \varphi \urcorner = \mathrm{pair}(9, \mathrm{pair}(\ulcorner x \urcorner, \ulcorner \varphi \urcorner)).$$
$$\ulcorner \exists x \varphi \urcorner = \mathrm{pair}(10, \mathrm{pair}(\ulcorner x \urcorner, \ulcorner \varphi \urcorner)).$$

自然演繹の導出図は, 単独の論理式であるか

$$\frac{\mathcal{A}}{\varphi} \qquad \frac{\mathcal{A} \quad \mathcal{B}}{\varphi} \qquad \frac{\mathcal{A} \quad \mathcal{B} \quad \mathcal{C}}{\varphi}$$

のどれかの形をしている (ただし $\mathcal{A}, \mathcal{B}, \mathcal{C}$ は導出図で φ は論理式). 単独の論理式の場合はその論理式のゲーデル数をそのまま導出図のゲーデル数とする. 上記の 3 種類の形の導出図の場合は, それぞれ次の値をゲーデル数とする.

$$\mathrm{pair}(11, \mathrm{pair}(\ulcorner \varphi \urcorner, \ulcorner \mathcal{A} \urcorner))$$
$$\mathrm{pair}(12, \mathrm{pair}(\ulcorner \varphi \urcorner, \mathrm{pair}(\ulcorner \mathcal{A} \urcorner, \ulcorner \mathcal{B} \urcorner)))$$
$$\mathrm{pair}(13, \mathrm{pair}(\ulcorner \varphi \urcorner, \mathrm{pair}(\ulcorner \mathcal{A} \urcorner, \mathrm{pair}(\ulcorner \mathcal{B} \urcorner, \ulcorner \mathcal{C} \urcorner))))$$

【ゲーデル数の例】論理式 $\neg(\mathrm{zero} \oslash \mathrm{zero})$ のゲーデル数を計算してみる.

$$\ulcorner \neg(\mathrm{zero} \oslash \mathrm{zero}) \urcorner \ = \ \mathrm{pair}(5, \mathrm{pair}(4, \mathrm{pair}(3,3))) \ = \ 7670140.$$

以上がゲーデル数の定義である．ただしこの定義自体は別の方法であってもよい．重要な点は項・論理式・導出図に一意に自然数が割り当てられること，そして項・論理式・導出図に対する操作などがゲーデル数を介して自然数上の計算可能関数・計算可能集合として表せる，ということである．たとえば「論理式 φ, 変数記号 x, 項 t が与えられたときに，$\varphi[t/x]$ を作る」という操作は，$\mathbb{N}$ 上の3変数関数

$$f(a,b,c) = \begin{cases} \ulcorner\varphi[t/x]\urcorner & (a\text{が論理式} (\varphi \text{とする}) \text{のゲーデル数}, b \text{が変数記号} (x \text{とする}) \text{のゲーデル数}, c \text{が項} (t \text{とする}) \text{の} \\ & \text{ゲーデル数で}, \varphi \text{中の} x \text{に} t \text{が代入可能のとき}) \\ 0 & (\text{それ以外のとき}) \end{cases}$$

として表すことができ，ゲーデル数が適切に定義されているおかげでこの関数 f が計算可能になる．またすべての導出図のゲーデル数の集合

$$\{\ulcorner\mathcal{A}\urcorner \mid \mathcal{A} \text{は自然演繹の導出図である}\} \tag{6.4}$$

は計算可能である．つまり，任意に与えられた自然数に対してそれが自然演繹の文法に正しく従った導出図のゲーデル数になっているか否か，を判定するアルゴリズムが存在する．

論理式は標準ストラクチャーの読み方によって「自然数についての命題」を意図しているのだが，ゲーデル数を介することでこれを「項や論理式や導出図についての命題」と解釈することができるようになる．これが不完全性定理の重要なポイントであり，次節以降でそのような議論展開をしていく．

6.4 対角化定理

自己言及的な意味を持つ論理式を構成するための有用な定理を示す．

定理 6.4.1 (対角化定理) $\varphi(x)$ は x 以外の変数記号の自由出現を持たない任意の論理式とする．このとき次の条件を満たす閉論理式 ψ が存在する．

$$\mathbf{Basic} \vdash \psi \leftrightarrow \varphi(\ulcorner \psi \urcorner). \tag{6.5}$$

証明 x 以外の変数記号の自由出現を持たない論理式すべてを，そのゲーデル数の小さい順に並べて

$$\rho_0(x), \rho_1(x), \rho_2(x), \ldots \tag{6.6}$$

とよぶことにする．そして自然数上の関数 f を

$$f(n) = \ulcorner \rho_n(\overline{n}) \urcorner$$

(すなわち n 番目の論理式に数値項 $\overline{n}$ を代入して得られる閉論理式のゲーデル数) と定義する．ゲーデル数の定義から f は計算可能関数になり，表現定理 6.2.4 によって **Basic** 上で表現可能である．そこでこの f を表現する論理式の変数記号を必要に応じて書き換えることで，次の条件を満たす論理式 $\theta(x, y)$ の存在がいえる．

- y は x と異なる変数記号で，φ 中に現れない．
- $\theta(x, y)$ は x, y 以外の変数記号の自由出現を持たない．
- $\theta(x, y)$ は **Basic** 上で関数 f を表現する．すなわち任意の自然数 n に対して次が成り立つ．

$$\mathbf{Basic} \vdash \forall y\bigl((y = \overline{f(n)}) \leftrightarrow \theta(\overline{n}, y)\bigr). \tag{6.7}$$

さてここで論理式

$$\exists y\bigl(\theta(x, y) \wedge \varphi(y)\bigr) \tag{6.8}$$

を考える (この論理式は $\varphi(f(x))$ を意図している)．これは x 以外の変数記号の自由出現を持たないので，列 (6.6) に現れるはずである．すなわちある自然数 k が存在して $\rho_k(x)$ が論理式 (6.8) に等しくなっている．この k を数値項にして (6.8) の x に代入して得られる閉論理式

$$\exists y\bigl(\theta(\overline{k}, y) \wedge \varphi(y)\bigr)$$

を ψ とする (この論理式は $\varphi(f(\overline{k}))$ を意図している)．これが求める ψ になっていることを示すために次の二つを示す．

(1) $\mathbf{Basic} \vdash \varphi(\ulcorner \psi \urcorner) \to \psi$.
(2) $\mathbf{Basic} \vdash \bigl(\neg \varphi(\ulcorner \psi \urcorner)\bigr) \to \neg \psi$.

まず (6.7) と $f(k) = \ulcorner\psi\urcorner$ であること (なぜなら ψ は $\rho_k(\overline{k})$ である) から
$$\mathbf{Basic} \vdash \theta(\overline{k}, \overline{\ulcorner\psi\urcorner})$$
が得られて，これから
$$\mathbf{Basic} \vdash \varphi(\overline{\ulcorner\psi\urcorner}) \to \left(\theta(\overline{k}, \overline{\ulcorner\psi\urcorner}) \wedge \varphi(\overline{\ulcorner\psi\urcorner})\right),$$
$$\mathbf{Basic} \vdash \varphi(\overline{\ulcorner\psi\urcorner}) \to \exists y\left(\theta(\overline{k}, y) \wedge \varphi(y)\right)$$
となり (1) が示される．一方 $\neg\psi$ は $\forall y(\theta(\overline{k}, y) \to \neg\varphi(y))$ と同値なので (2) のためには
$$\mathbf{Basic} \vdash \left(\neg\varphi(\overline{\ulcorner\psi\urcorner})\right) \to \forall y\left(\theta(\overline{k}, y) \to \neg\varphi(y)\right)$$
を示せばよいが，これは等号に関する推論による
$$\mathbf{Basic} \vdash \left(\neg\varphi(\overline{\ulcorner\psi\urcorner})\right) \to \forall y\left((y = \overline{\ulcorner\psi\urcorner}) \to \neg\varphi(y)\right)$$
と (6.7) と $f(k) = \ulcorner\psi\urcorner$ から得られる． □

なお (6.5) を見ると ψ は $\varphi(x)$ の「不動点」に見えるので，この定理は不動点定理とよばれることもある．

6.5 第一不完全性定理

ゲーデルの不完全性定理には第一定理と第二定理がある．そして第一定理は後にロッサー (J.B.Rosser) によって若干の改良が加えられた形がよく知られている．この節ではそのゲーデル・ロッサーの第一不完全性定理を，オリジナルとは異なる証明方法で与える．

定理 6.5.1 (**Basic** の無矛盾拡大からの導出可能性判定の計算不可能性)　以下の三条件を同時に満たす閉論理式集合 Γ は存在しない．
1. $\mathbf{Basic} \subseteq \Gamma$.
2. Γ は無矛盾である．
3. Γ から導出できる閉論理式全体のゲーデル数の集合，すなわち
$$\{\ulcorner\varphi\urcorner \mid \varphi \text{ は閉論理式で } \Gamma \vdash \varphi\}$$
が計算可能である．いいかえると，任意に与えられた閉論理式が Γ から

導出できるか否かを判定するアルゴリズムがある.

証明 条件 1,3 を仮定して Γ が矛盾することを導く. 条件 3 と表現定理 6.2.4 によって論理式 $\rho(x)$ (ただし x 以外の変数記号の自由出現を持たない) が存在して, 以下の条件 (6.9, 6.10) が任意の閉論理式 φ に対して成り立つ.

$$\Gamma \vdash \varphi \text{ ならば } \mathbf{Basic} \vdash \rho(\ulcorner \varphi \urcorner). \tag{6.9}$$

$$\Gamma \not\vdash \varphi \text{ ならば } \mathbf{Basic} \vdash \neg\rho(\ulcorner \varphi \urcorner). \tag{6.10}$$

$\rho(x)$ は「ゲーデル数 x の閉論理式は Γ から導出できる」ということを表現した論理式である. そこで $\neg\rho(x)$ に対して対角化定理 6.4.1 を適用して,

$$\mathbf{Basic} \vdash \psi \leftrightarrow \neg\rho(\ulcorner \psi \urcorner) \tag{6.11}$$

となる閉論理式 ψ を作る. ψ は「自分自身は Γ から導出できない」という自己言及的な意味を持つ論理式になっている. さて, この ψ は Γ から導出できる. なぜならもしも

$$\Gamma \not\vdash \psi \tag{6.12}$$

だとすると (6.10) と (6.11) から $\mathbf{Basic} \vdash \psi$ となり, したがって条件 1 から $\Gamma \vdash \psi$ のはずだがこれは (6.12) に反するからである. したがって

$$\Gamma \vdash \psi \tag{6.13}$$

であるが, すると (6.9) と (6.11) から $\mathbf{Basic} \vdash \neg\psi$ となり, 条件 1 から $\Gamma \vdash \neg\psi$ となる. すると (6.13) と合わせて Γ が矛盾することになる. □

定理 6.5.2 (第一不完全性定理) 以下の四条件を同時に満たす閉論理式集合 Γ は存在しない.

1. $\mathbf{Basic} \subseteq \Gamma$.
2. Γ は無矛盾である.
3. Γ のゲーデル数の集合, すなわち

$$\{\ulcorner \varphi \urcorner \mid \varphi \in \Gamma\}$$

が計算可能である. いいかえると, 任意に与えられた論理式が Γ の要素であるか否かを判定するアルゴリズムがある (定理 6.5.1 の条件 3 との

6.5 第一不完全性定理

違いに注意).
4. どんな閉論理式 φ についても，φ と $\neg\varphi$ のどちらかは Γ から導出できる．このことを「Γ は完全である」という[*1]．

証明 Γ がこの四条件すべてを満たしていると仮定する．そしてさきほどの定理 6.5.1 に反してしまうことを示す．

いま，任意に与えられた閉論理式 φ が Γ から導出できるか否かは，次のアルゴリズムで判定することができる．

【$\Gamma \vdash \varphi$ ならば YES，$\Gamma \not\vdash \varphi$ ならば NO と答えるアルゴリズム】
n の初期値を 0 とする．(†) n が導出図のゲーデル数であって，その結論が φ，解消されていない仮定がすべて Γ の要素になっているならば，YES と答えてアルゴリズムを終了する．(‡) n が導出図のゲーデル数であって，その結論が $\neg\varphi$，解消されていない仮定がすべて Γ の要素になっているならば，NO と答えてアルゴリズムを終了する．(†) と (‡) がいずれも成り立たない場合は，n の値を 1 増やして同様に続ける．

(†) や (‡) の判定が可能であることは，導出図のゲーデル数の集合 (93頁の (6.4)) が計算可能であることや，定理の条件 3 などによっていえる．またこのアルゴリズムの停止性 (有限ステップで必ず答を出すこと) と正当性 (出した答が必ず正しいこと) はそれぞれ条件 4 と条件 2 から保証される．たとえば $\Gamma \vdash \varphi$ のときに誤って NO と答えることはない．なぜなら，仮にそのような状況が起こったとしたらアルゴリズムの定義からそれは $\Gamma \vdash \varphi$ かつ $\Gamma \vdash \neg\varphi$ ということになり，条件 2 に反する．

このようなアルゴリズムが存在するので定理 6.5.1 の条件 3 が成り立つことになる．ところで条件 1,2 は定理 6.5.1 と定理 6.5.2 で共通である．つまりこれは定理 6.5.1 に反している． □

この第一不完全性定理の内容を説明する．

[*1] この「完全」という言葉は第 5 章の「完全性」とは異なることに注意．

Basic は自然数に関する基本的な公理集合であるが，これだけでは足りないのでさらに必要な閉論理式を加えて公理集合 Γ を得ることを考える．つまり定理 6.5.2 の条件 1 が成り立つのだが，残りの三条件のうち 2 と 3 は次に説明するように数学の公理が当然満たすべき条件である．
- 矛盾する公理集合からは何でも証明できるので，それでは無意味である．
- 数学の理論を展開する際には公理というのは自明な出発点であり，「何がその理論の公理で何が公理でないのか」がきちんとわからなければ議論を進められない．すなわち $\varphi \in \Gamma$？ の判定が計算可能であることは必須である (ちなみに Γ が有限集合ならばこの判定は明らかに計算可能であり，無限集合であっても「あるパターンにあてはまる論理式全体」という場合は計算可能である).

それでは条件 4(完全性) は何をいっているのだろうか．Γ が完全であるとはどんな閉論理式も Γ から証明または反証ができるということ，すなわち現在未解決な問題を含めて論理式で記述可能などんな性質の正否もこの公理集合によって解明できる，ということである．

したがって，「条件 1,2,3 が成り立つ場合は絶対に条件 4 が成り立たない」ということを導く第一不完全性定理は，数学理論に関する次の普遍的な事実を示しているといってもよい．

  自然数に関するすべての問題の正否を決着付けられる数学理論は存在しない．

6.6　第一不完全性定理の応用

前節までの議論を応用して得られる重要な結果をいくつか紹介する．

定理 6.6.1 (タルスキの真理定義不可能性定理)[*1)]　$\mathcal{N}$ を標準ストラクチャーとする．次の条件 (6.14) を任意の閉論理式 φ に対して成り立たせるような論理式 $\tau(x)$(ただし x 以外の変数記号の自由出現を持たない) は存在しない．

$$\mathcal{N}(\varphi) = 真 \quad \Longleftrightarrow \quad \mathcal{N}(\tau(\ulcorner\varphi\urcorner)) = 真. \tag{6.14}$$

[*1)]　タルスキ (A.Tarski) は人名．

証明 このような $\tau(x)$ があると仮定する．すると $\neg\tau(x)$ に対して対角化定理 6.4.1 を適用して

$$\mathbf{Basic} \vdash \psi \leftrightarrow \neg\tau(\overline{\ulcorner\psi\urcorner})$$

となる閉論理式 ψ が得られるが，これから当然

$$\mathcal{N}(\psi \leftrightarrow \neg\tau(\overline{\ulcorner\psi\urcorner})) = 真 \tag{6.15}$$

となる．しかし $\mathcal{N}(\psi)$ が真であっても偽であっても，(6.14) の φ を ψ にした条件と (6.15) とは両立できない． □

定理 6.6.1 の条件を満たす $\tau(x)$ は，任意の閉論理式の真理値を (ゲーデル数を介して) 定義する論理式といえる．したがってこの定理は「標準ストラクチャー上での真理値は論理式では定義できない」ということを示している．

なお，よく知られたパラドックスに

「この文章は偽である」という文章は真か偽か？

というものがあるが，上の証明はまさにこのパラドックスを用いている (ψ は「ψ は偽である」という意味になっている)．

定理 6.6.2 (自然数上の真偽決定不可能性定理) $\mathcal{N}$ を標準ストラクチャーとする．$\mathcal{N}$ で真になる閉論理式全体のゲーデル数の集合

$$\{\ulcorner\varphi\urcorner \mid \varphi は閉論理式で \mathcal{N}(\varphi) = 真\}$$

は計算不可能である．いいかえると，任意に与えられた閉論理式が自然数上の通常の意味で真であるか偽であるかを判定するアルゴリズムは，存在しない．

証明 $\Gamma = \{\varphi \mid \varphi は閉論理式で \mathcal{N}(\varphi) = 真\}$ とすると，これは第一不完全性定理 6.5.2 の条件 1,2,4 を満たす (演習問題)．したがって第一不完全性定理によって条件 3(すなわち Γ の計算可能性) が否定される． □

定理 6.6.3 (恒真性の決定不可能性定理) 任意に与えられた閉論理式が恒真であるか否かを判定するアルゴリズムは，存在しない．

証明 $\mathbf{Basic}$ は 9 個の閉論理式からなるが，それらを $\beta_1, \beta_2, \ldots, \beta_9$ とよぶこ

とにする．すると任意の閉論理式 φ に対して次が成り立つ．

$$\text{Basic} \vdash \varphi \underset{\text{完全性・健全性定理}}{\overset{\text{第2章演習問題 2.8}}{\Longleftrightarrow}} \begin{array}{l} \vdash \beta_1 \to (\beta_2 \to (\cdots \to (\beta_9 \to \varphi) \cdots)) \\ \beta_1 \to (\beta_2 \to (\cdots \to (\beta_9 \to \varphi) \cdots)) \text{ は恒真.} \end{array}$$

ここでもしも題意のアルゴリズムが存在するならば上記の論理式 $\beta_1 \to \cdots$ が恒真か否かを判定できるので，それによって φ が Basic から導出できるか否かの判定ができることになる．これは定理 6.5.1 で $\Gamma = \text{Basic}$ とした結果に反する． □

6.7 第一不完全性定理の発展

この節では第二不完全性定理の概要を説明する．また超準モデル (non-standard model) というものをごく簡単に紹介する．

【第二不完全性定理のための準備 (1)】
いま閉論理式の集合 Γ があり，その要素のゲーデル数の集合

$$\{\ulcorner\varphi\urcorner \mid \varphi \in \Gamma\}$$

が計算可能だとする．ここで自然数 n に対する述語 $P(n)$ を次のように定める．

$P(n) \iff n$ は導出図のゲーデル数であり，その結論は $\bot$ で，解消されていない仮定はすべて Γ の要素である．すなわち n は Γ から $\bot$ を導く導出図のゲーデル数である．

第一不完全性定理 6.5.2 の証明中で見たように，(†)任意に与えられた自然数 n に対して $P(n)$ が成り立つか否かを判定するアルゴリズムが存在する．そこで，$P(x)$ という内容を記述した論理式 $\pi(x)$ (ただし x 以外の変数記号の自由出現を持たない) を適切に作る (作り方の詳細は省略する)．すなわちこれは (†) のアルゴリズムを反映した論理式であり，

$\pi(x) \iff x$ は Γ から $\bot$ を導く導出図のゲーデル数である

という意味を表すことになる (当然，集合 $\{n \in \mathbb{N} \mid P(n)\}$ を定義 6.2.3(2) の意味で表現する論理式になる)．

この $\pi(x)$ を使って作られる閉論理式

$$\forall x \neg \pi(x)$$

のことを Con_Γ とよぶ[*1)]. Con_Γ は「どんな自然数も Γ から $\bot$ を導く導出図のゲーデル数ではない」という意味を持ち，つまり Γ の無矛盾性を記述した閉論理式である．

【第二不完全性定理のための準備 (2)】

論理式 ψ 中に自由出現する変数記号が $x_1, x_2, \ldots, x_n$ のとき，それらをすべて $\forall$ で束縛した閉論理式

$$\forall x_1 \forall x_2 \cdots \forall x_n \psi$$

のことを ψ の閉包とよぶことにする．

論理式 $\varphi(x)$ に対して次の形をした論理式を考える．

$$\bigl(\varphi(\text{zero}) \wedge \forall x \bigl(\varphi(x) \to \varphi(\text{suc}(x))\bigr)\bigr) \to \forall x \varphi(x) \tag{6.16}$$

これが意図しているのは次のような数学的帰納法である．

$\varphi(0)$ が成り立ち，「$\varphi(k)$ が成り立つならば $\varphi(k+1)$ も成り立つ」が任意の k についていえれば，どんな x についても $\varphi(x)$ が成り立つ．

そこで論理式 (6.16) の閉包のことを**帰納法の公理**[*2)]とよぶ．論理式 $\varphi(x)$ の取り方は任意なので帰納法の公理は無限個ある．

Basic に帰納法の公理をすべて追加した無限集合を **PA** とよぶ[*3)]．**PA** の要素はすべて標準ストラクチャーで真であり，したがって健全性定理 (あるいは系 5.1.8) によって **PA** は無矛盾である．

以上の二つの準備のもとで第二不完全性定理を提示する (証明は省略する)．

定理 6.7.1 (第二不完全性定理) 閉論理式集合 Γ が次の三条件を満たすならば $\Gamma \not\vdash \text{Con}_\Gamma$ である．

[*1)] Con は consistent の先頭 3 文字．
[*2)] 12.1 節では帰納法の公理から導出できるいくつかの論理式を紹介している．
[*3)] PA は Peano Arithmetic(ペアノ算術) の頭文字．

1. $\mathbf{PA} \subseteq \Gamma$.
2. Γ は無矛盾である.
3. Γ のゲーデル数の集合が計算可能である.

すなわちこのような Γ は自分自身の無矛盾性を記述した閉論理式 Con_Γ を導出できない.

これを次と比較してみよう.

第一不完全性定理 (定理 **6.5.2** の言い換え) 閉論理式集合 Γ が次の三条件を満たすならば,$\Gamma \not\vdash \varphi$ かつ $\Gamma \not\vdash \neg\varphi$ となる閉論理式 φ が存在する.
1. $\mathbf{Basic} \subseteq \Gamma$.
2. Γ は無矛盾である.
3. Γ のゲーデル数の集合が計算可能である.

したがってこのような Γ には必ず,標準ストラクチャーで真であるが Γ から導出することができない閉論理式が存在する (なぜなら φ と $\neg\varphi$ のどちらかは標準ストラクチャーで真である).

これら二つの定理の違いで重要なのは,後者の第一不完全性定理ではその存在だけが主張されている「標準ストラクチャーで真であるが Γ から導出することができない閉論理式」に関して,前者の第二不完全性定理では Γ の無矛盾性を記述した自然な論理式 Con_Γ をその具体例として示していることである[*1)]. またこれは,「数学の無矛盾性を示せ」という問題に対して「数学が無矛盾ならば無矛盾性を示そうと思ってもそれは不可能である」という普遍的な否定解を与えているとも解釈できる.

しかし第二不完全性定理の意義は否定的なものだけではない. この定理が明らかにしているのは無矛盾性が理論の強さを分類する指標になるということである. たとえば $\Gamma_1 \subsetneq \Gamma_2$ となる公理集合 Γ_1, Γ_2 があって Γ_1 が第二不完全性定理 6.7.1 の条件を満たしているとする. このとき Γ_1 と Γ_2 は集合としては異

[*1)] 第一不完全性定理のオーソドックスな証明方法では「標準ストラクチャーで真であるが Γ から導出することができない閉論理式」の具体例が作られるのだが,それは Con_Γ に比べると人工的な論理式になる.

6.7 第一不完全性定理の発展

なるが，それぞれから導出できる論理式に差があるかどうかは明らかではない．しかしここで $\Gamma_2 \vdash \mathrm{Con}_{\Gamma_1}$ が示されれば Γ_2 が Γ_1 よりも真に強いこと (多くの論理式を導出すること) が示されるのである (なぜなら $\Gamma_1 \nvdash \mathrm{Con}_{\Gamma_1}$ だから)．

またこのような考察から，算術のさまざまな理論に対してその無矛盾性を証明するためにはそれぞれどんな公理が必要か？という問題が提起され，数理論理学の研究テーマのひとつになっている．たとえば **PA** の無矛盾性は「ε_0 までの超限帰納法」という公理によって証明できることがわかっている．なお，これを示すには「**PA** にはモデル (標準ストラクチャー) が存在するので無矛盾」という単純な議論ではなく，もっと緻密な議論 (たとえばカット除去定理，9.1 節参照) が必要である．

【超準モデル】

第二不完全性定理 6.7.1 を $\Gamma = \mathbf{PA}$ で適用すると次が得られる．

$$\mathbf{PA} \nvdash \mathrm{Con}_{\mathbf{PA}}.$$

したがって完全性定理 5.1.1 によれば次のようなストラクチャー $\mathcal{M}$ が存在することになる．

$$\mathcal{M} \text{ は } \mathbf{PA} \text{ のモデルであって，} \mathcal{M}(\mathrm{Con}_{\mathbf{PA}}) = 偽.$$

この $\mathcal{M}$ は標準ストラクチャーとは異なるはずである (なぜなら $\mathrm{Con}_{\mathbf{PA}}$ は標準ストラクチャーで真である)．このように **PA** のモデルであって標準ストラクチャーとは異なるストラクチャーのことを，**PA** の超準モデルとよぶ (標準ストラクチャーのことを **PA** の標準モデルともよぶ)．

ここで「標準ストラクチャーとは異なる」という言葉について補足しておく．ストラクチャー $\mathcal{M}$ が次の条件を満たす場合，$\mathcal{M}$ と標準ストラクチャーとは同型であるといい，異なるとはみなさない．

> $\mathcal{M}$ の対象領域と自然数全体の間に一対一対応 (全単射) があり，$\mathcal{M}$ における定数・関数・述語記号の解釈がその対応を通じて標準ストラクチャーにおける解釈と一致する．

たとえば $\mathcal{M}$ は次のようなストラクチャーであるとする．

- 対象領域は偶数自然数全体の集合 $\{x \in \mathbb{N} \mid \exists y \in \mathbb{N}(x = 2 \times y)\}$．
- $\mathtt{zero}^{\mathcal{M}} = 0, \quad \mathtt{suc}^{\mathcal{M}}(x) = x+2, \quad x \oplus^{\mathcal{M}} y = x+y, \quad x \otimes^{\mathcal{M}} y = \frac{x \times y}{2},$

$$x \otimes^{\mathcal{N}} y \iff x < y.$$

この場合 $\mathcal{M}$ の対象領域の各要素を「2 で割った自然数」に対応させれば上記の条件を満たすので，$\mathcal{M}$ は標準ストラクチャーと同型である．超準モデルとはこの $\mathcal{M}$ のようなものではなく，標準ストラクチャーと同型でないモデルのことである．

自然数論の公理集合 (特に **PA**) の超準モデルの性質は非常に詳しく研究されている．ここではその中から本書のこれまでの内容だけで説明ができる簡単な事実を二つだけ紹介する．

【**Basic** の超準モデルの例】

自然数とは異なる「モノ」を何でもよいからひとつ持ってきて，ω と名付ける．そして標準ストラクチャーの対象領域に ω を付け加えた次のストラクチャーを $\mathcal{N}'$ とよぶ．

- 対象領域は $\mathbb{N} \cup \{\omega\}$．
- 各記号の解釈は次の通り．

$$\text{zero}^{\mathcal{N}'} = 0.$$

$$\text{suc}^{\mathcal{N}'}(x) = \begin{cases} x+1 & (x \in \mathbb{N} \text{ のとき}) \\ \omega & (x = \omega \text{ のとき}). \end{cases}$$

$$x \oplus^{\mathcal{N}'} y = \begin{cases} x+y & (x \in \mathbb{N} \text{ かつ } y \in \mathbb{N} \text{ のとき}) \\ \omega & (\text{それ以外}). \end{cases}$$

$$x \otimes^{\mathcal{N}'} y = \begin{cases} x \times y & (x \in \mathbb{N} \text{ かつ } y \in \mathbb{N} \text{ のとき}) \\ 0 & (x = \omega \text{ かつ } y = 0 \text{ のとき}) \\ \omega & (\text{それ以外}). \end{cases}$$

$$x \otimes^{\mathcal{N}'} y = 真 \iff (x \in \mathbb{N} \text{ かつ } y \in \mathbb{N} \text{ かつ } x < y) \text{ または } y = \omega.$$

するとこの $\mathcal{N}'$ は **Basic** のモデルであり (演習問題)，かつ超準モデルである (なぜなら $\mathcal{N}'$ と標準モデルの間に同型を示す対応を付けようとしても ω に対応する自然数が存在しない)．

この超準モデル $\mathcal{N}'$ において，たとえば論理式

$$\forall x \neg (x = \text{suc}(x))$$

6.7 第一不完全性定理の発展

は偽である (なぜなら $\omega = \mathrm{suc}^{\mathcal{N}'}(\omega)$)．したがって健全性定理 4.2.2 によって

$$\mathbf{Basic} \not\vdash \forall x \neg (x = \mathrm{suc}(x))$$

であることがわかる．他にも超準モデルを考えることで，いくつかの論理式についてはそれが **Basic** から導出不可能性であることが簡単に示される．

なお $\mathcal{N}'$ は **PA** のモデルではない．なぜなら

$$\mathbf{PA} \vdash \forall x \neg (x = \mathrm{suc}(x))$$

だからである (**PA** からこの論理式を導出する際には帰納法の公理が使われる)．

【標準ストラクチャーで真な閉論理式集合に対する超準モデル】

$\mathcal{N}$ を標準ストラクチャーとして，閉論理式の集合 **T** を次で定義する．

$$\mathbf{T} = \{\varphi \mid \varphi \text{ は表 6.2 の記号のみで構成される閉論理式で，} \mathcal{N}(\varphi) = 真\}.$$

すなわち **T** は自然数上の通常の意味で真である閉論理式の集合である (なお定理 6.6.2 によってこのゲーデル数の集合は計算不可能である)．実はこの **T** にも超準モデルがある．

定理 6.7.2 **T** の超準モデルが存在する．

証明 表 6.2 に入っていない定数記号 omega を使って，**T** に $(\overline{n} \lessgtr \mathrm{omega})$ という形の無限個の閉論理式を加えた集合を $\mathbf{T}'$ とする．すなわち

$\mathbf{T}' = \mathbf{T} \cup \{\mathrm{zero} \lessgtr \mathrm{omega}, \mathrm{suc}(\mathrm{zero}) \lessgtr \mathrm{omega}, \mathrm{suc}(\mathrm{suc}(\mathrm{zero})) \lessgtr \mathrm{omega}, \ldots\}$

である．この集合 $\mathbf{T}'$ の任意の有限部分集合はモデルを持つ (演習問題)．したがってコンパクト性定理 5.5.1 によって $\mathbf{T}'$ もモデル ($\mathcal{M}$ とする) を持つ．すると $\mathcal{M}$ は超準モデルである．なぜならこの $\mathcal{M}$ と標準モデルの間に同型を示す対応を付けようとしても $\mathrm{omega}^{\mathcal{M}}$ に対応する自然数が存在しない． □

$\mathcal{M}$ が **T** の超準モデルであるということは，表 6.2 の記号のみで構成される任意の閉論理式 φ に対して

$$\mathcal{M}(\varphi) = 真 \quad \Longleftrightarrow \quad 標準ストラクチャー \mathcal{N} で \varphi は真$$

であるにもかかわらず $\mathcal{M}$ は $\mathcal{N}$ と同型でないということである．つまり $\mathcal{M}$ と

$\mathcal{N}$ は成り立つ論理式の違いでは区別ができず，いいかえると，自然数という構造を表 **6.2** の記号のみで構成される論理式によって特徴付けることは不可能なのである．

演 習 問 題

6.1 定理 6.6.2 の証明中の Γ が定理 6.5.2 の条件 1,2,4 を満たすことを示せ．
6.2 104 頁のストラクチャー $\mathcal{N}'$ が **Basic** のモデルであることを示せ．
6.3 定理 6.7.2 の証明中の集合 $\mathbf{T}'$ の任意の有限部分集合はモデルを持つことを示せ．

第 7 章

命 題 論 理

CHAPTER 7

命題論理とは命題記号と $\bot, \neg, \land, \lor, \to$ だけからなる論理式を扱う論理である．前章までは述語論理の論理式 (述語記号，変数記号，定数記号，関数記号，$\forall, \exists$ まですべて含めた論理式) を扱っていたので，命題論理の話題はその一部分ということになる．つまり命題論理に対する結果は述語論理に対する結果の特別な場合として得ることができる．しかしそうでないような命題論理固有の話題も多くある．本章ではそんな話題の中からほんの少しだけを紹介する．

7.1 トートロジー

この章では論理式といったら命題記号[*1)]と $\bot, \neg, \land, \lor, \to$ だけからなるものとする．ただし命題記号は前章までは $\mathsf{A}, \mathsf{B}, \mathsf{C}$ の 3 個だけであったが (21 頁の表 2.1 参照)，ここでは必要に応じていくらでも新しい命題記号が供給されるとする．これ以降 X, Y, X_1, Y_2 などで任意の命題記号を表すことにする．

$\mathcal{V}$ が命題記号に対する真理値割り当てのとき，その割り当てによる論理式 φ の真理値のことを $\mathcal{V}(\varphi)$ と書く ($\mathcal{V}$ はストラクチャーの定義 3.2.2 の (1) だけからなるものだと考えてもよい)．

定義 7.1.1 (トートロジー)　命題論理の論理式で恒真なもの (つまり任意の真理値割り当て $\mathcal{V}$ に対して $\mathcal{V}(\varphi) = 真$ となるような φ) のことを**トートロジー** (tautology) とよぶ．

第 4 章，第 5 章で示された健全性・完全性定理は，論理式を命題論理の範囲

[*1)] 命題論理の議論をする際には，命題記号のことを**命題変数**とよぶことも多い．

だけで考えても当然成り立つ．したがって命題論理の論理式 φ に対して
$$\bigl(\vdash \varphi\bigr) \iff \bigl(\varphi \text{ はトートロジー}\bigr)$$
である．ところでこの左辺の「$\vdash$」に関しては，命題論理の論理式の導出の途中には $\forall$ や $\exists$ や $=$ に関する規則を使用する必要はない，ということがいえる．正確には次のようになる．自然演繹の $\land, \lor, \to, \neg, \bot$ に関する推論規則 (つまり 29 頁の図 2.2 中で矛盾規則を含めてそれより上に書かれている規則) だけからなる部分を「命題論理の自然演繹」とよぶことにする．そしてそれらの規則だけで導出できることを $\vdash_{\text{prop}}$ と書くことにする[*1]．

定理 7.1.2 φ を命題論理の任意の論理式とすると，次が成り立つ．
$$\bigl(\vdash_{\text{prop}} \varphi\bigr) \iff \bigl(\varphi \text{ はトートロジー}\bigr).$$

証明 ($\Rightarrow$) は述語論理の健全性定理 4.2.2 の特別な場合なので改めて示す必要はない．($\Leftarrow$) を示すには，述語論理の完全性定理 5.1.1 の証明から $\forall, \exists$ や変数・定数・関数・述語記号や対象領域に関する議論をすべて消去すれば，命題論理の自然演繹の完全性が得られる．□

ところで定理 6.6.3 (述語論理式の恒真性の決定不可能性) とは対照的に次の事実が成り立つ．

定理 7.1.3 (命題論理式の恒真性の決定可能性)　任意に与えられた命題論理の論理式がトートロジーであるか否かを判定するアルゴリズムが存在する．

証明 n 種類の命題記号を含む論理式 φ が与えられたら，2^n 通りのすべての真理値割り当てに対して φ の真理値を計算してみればよい．□

7.2　論理記号の節約，選言標準形

二つの論理式が「同値である」という概念は定義 3.4.1 で与えられているが，

[*1]　prop は propositional の頭 4 文字．

これを命題論理の論理式に限れば次のようになる．

定義 7.2.1 (同値)　φ, ψ を命題論理の論理式とする．
$$\mathcal{V}(\varphi) = \mathcal{V}(\psi)$$
が任意の真理値割り当て $\mathcal{V}$ に対して成り立つことを，φ と ψ は同値であるといい $\varphi \approx \psi$ と表記する．

この節では「どんな論理式にもそれと同値で論理記号の出現の仕方が一定の条件を満たす論理式が存在する」というタイプの結果をいくつか紹介する．

はじめは論理記号 $(\bot, \neg, \wedge, \vee, \to)$ の種類を減らすことを考える．

定理 7.2.2　(1) 命題論理のどんな論理式にも，それと同値で $\neg, \wedge$ 以外の論理記号は出現しないような論理式が存在する．
(2) 命題論理のどんな論理式にも，それと同値で $\neg, \vee$ 以外の論理記号が出現しないような論理式が存在する．
(3) 命題論理のどんな論理式にも，それと同値で $\neg, \to$ 以外の論理記号が出現しないような論理式が存在する．
(4) 命題論理のどんな論理式にも，それと同値で $\bot, \to$ 以外の論理記号が出現しないような論理式が存在する．

証明 (1)　$\bot \approx (\mathsf{A} \wedge \neg \mathsf{A})$, $(\varphi \vee \psi) \approx \neg((\neg\varphi) \wedge \neg\psi)$, $(\varphi \to \psi) \approx \neg(\varphi \wedge \neg\psi)$ なので，これに従って論理式中の $\bot, \vee, \to$ をすべて $\neg, \wedge$ だけを使って表現すれば，任意に与えられた論理式から題意を満たす同値な論理式が得られる．
(2)　$\bot \approx \neg(\mathsf{A} \vee \neg \mathsf{A})$, $(\varphi \wedge \psi) \approx \neg((\neg\varphi) \vee \neg\psi)$, $(\varphi \to \psi) \approx ((\neg\varphi) \vee \psi)$ なので，後の議論は (1) と同様．
(3)　$\bot \approx \neg(\mathsf{A} \to \mathsf{A})$, $(\varphi \wedge \psi) \approx \neg(\varphi \to \neg\psi)$, $(\varphi \vee \psi) \approx ((\neg\varphi) \to \psi)$ なので，後の議論は (1) と同様．
(4)　$(\neg\varphi) \approx (\varphi \to \bot)$, $(\varphi \wedge \psi) \approx ((\varphi \to (\psi \to \bot)) \to \bot)$, $(\varphi \vee \psi) \approx ((\varphi \to \bot) \to \psi)$ なので，後の議論は (1) と同様．　□

ところでこの定理 7.2.2 の結果よりもさらに論理記号の種類を減らすことは，

表 7.1 シェファーの縦棒の真理値表

φ	ψ	$\varphi\vert\psi$
真	真	偽
真	偽	真
偽	真	真
偽	偽	真

$\bot, \neg, \wedge, \vee, \to$ の範囲では不可能である．たとえば次は成り立たない．

命題論理のどんな論理式にも，それと同値で $\to$ 以外の論理記号が出現しないような論理式が存在する． (7.1)

(演習問題：この主張 (7.1) が誤りであることを証明せよ．) しかし新しい論理記号を導入すると，たった 1 種類の記号ですべてを表現することが可能になる．「シェファーの縦棒 (Sheffer's stroke)」とか「NAND」あるいは「NOT AND」とよばれる記号 "$\vert$" がそのようなものとして知られている．論理式 φ, ψ の真理値に応じた $(\varphi\vert\psi)$ の真理値を定めたのが表 7.1 である．

定理 7.2.3 命題論理のどんな論理式にも，それと同値でシェファーの縦棒以外の論理記号は出現しないような論理式が存在する (証明は演習問題)．

次に論理式の特別な形である**選言標準形** (disjunctive normal form) を定義する．

定義 7.2.4 (リテラル，選言標準形) 命題記号の前に 0 個または 1 個の $\neg$ を付けたものを**リテラル**とよぶ．1 個以上のリテラルを $\wedge$ で結んだ論理式のことを「リテラルの連言」とよぶ．1 個以上の「リテラルの連言」を $\vee$ で結んだ論理式のことを**選言標準形**とよぶ．

(注意) たとえば四つのリテラル $\varphi_1, \varphi_2, \varphi_3, \varphi_4$ を $\wedge$ で結ぶといっても

$$((\varphi_1 \wedge \varphi_2) \wedge \varphi_3) \wedge \varphi_4, \quad (\varphi_1 \wedge \varphi_2) \wedge (\varphi_3 \wedge \varphi_4), \quad \varphi_4 \wedge ((\varphi_3 \wedge \varphi_2) \wedge \varphi_1)$$

のように結ぶ順番や括弧のかかり方は何通りもある．しかしこれらはすべて同値なのでここでの議論ではこれらを区別する必要がない．今後はこのように順

番や括弧のかかり方に依存しない議論をする場合には単に

$$\varphi_1 \wedge \varphi_2 \wedge \varphi_3 \wedge \varphi_4$$

というように表記する.

定理 7.2.5 命題論理のどんな論理式に対しても，それと同値な選言標準形が存在する.

証明 φ を命題論理の任意の論理式として，そこに出現している命題記号の種類の数を n とする. 以下では φ と同値な選言標準形が存在することを n に関する帰納法によって証明する.

【$n=0$ の場合】 φ は $\bot, \wedge, \vee, \to, \neg$ だけで構成されるので「どんな真理値割り当てによっても真」であるか「どんな真理値割り当てによっても偽」であるか，どちらかである. 前者の場合は A∨¬A が求める選言標準形である. 後者の場合は A∧¬A が求める選言標準形である.

【$n=k+1$ (ただし $k \geq 0$) の場合】 φ が $(k+1)$ 種類の命題記号 $X_1, X_2, \ldots, X_{k+1}$ からなるとする. いま論理式 $(\bot \to \bot)$ のことを $\top$ と表記する (これはどんな真理値割り当てでも真になる論理式である). φ 中の X_{k+1} をすべて $\top$ に置き換えた論理式を $\varphi^\top$ とよび, φ 中の X_{k+1} をすべて $\bot$ に置き換えた論理式を $\varphi^\bot$ とよぶ. この二つの論理式にはそれぞれ k 種類の命題記号しか現れないので, 帰納法の仮定によって

$$\varphi^\top \approx \tau, \qquad \varphi^\bot \approx \sigma$$

となる選言標準形 τ, σ が存在する. ここで論理式

$$(\tau \wedge X_{k+1}) \vee (\sigma \wedge \neg X_{k+1})$$

を ψ とよぶ. すると次の二つを示せば証明が完了する.
  (ア) $\varphi \approx \psi$.
  (イ) ψ と同値な選言標準形が存在する.
なぜなら (イ) の選言標準形が求めるものになるからである. 以下では (ア) と (イ) を示す.

【アの証明】任意の真理値割り当て $\mathcal{V}$ に対して $\mathcal{V}(\varphi) = \mathcal{V}(\psi)$ となることを示す.
- $\mathcal{V}(X_{k+1}) = $ 真 の場合.
$$\mathcal{V}(\varphi) = \mathcal{V}(\varphi^\top) = \mathcal{V}(\tau) = \mathcal{V}\big((\tau \wedge \top) \vee (\sigma \wedge \bot)\big) = \mathcal{V}(\psi).$$
- $\mathcal{V}(X_{k+1}) = $ 偽 の場合.
$$\mathcal{V}(\varphi) = \mathcal{V}(\varphi^\bot) = \mathcal{V}(\sigma) = \mathcal{V}\big((\tau \wedge \bot) \vee (\sigma \wedge \top)\big) = \mathcal{V}(\psi).$$

【イの証明】τ と σ がそれぞれ
$$\tau_1 \vee \tau_2 \vee \cdots \vee \tau_i, \qquad \sigma_1 \vee \sigma_2 \vee \cdots \vee \sigma_j$$
という形で,$\tau_1, \tau_2, \ldots, \tau_i, \sigma_1, \sigma_2, \ldots, \sigma_j$ がすべてリテラルの連言であるとする.すると
$$(\tau_1 \wedge X_{k+1}) \vee \cdots \vee (\tau_i \wedge X_{k+1}) \vee (\sigma_1 \wedge \neg X_{k+1}) \vee \cdots \vee (\sigma_j \wedge \neg X_{k+1})$$
が ψ と同値な選言標準形になる. □

なお φ と同値な選言標準形を次のような方法で作ることもできる.具体例として φ 中の命題記号が A, B, C のみで,これらの真理値に応じた φ の真理値が次の表のようになっているとする.

A	B	C	φ
真	真	真	偽
真	真	偽	偽
真	偽	真	真
真	偽	偽	真
偽	真	真	偽
偽	真	偽	偽
偽	偽	真	真
偽	偽	偽	偽

この場合,φ が真になる行の A, B, C の値に着目すると,
$$(A \wedge \neg B \wedge C) \vee (A \wedge \neg B \wedge \neg C) \vee (\neg A \wedge \neg B \wedge C)$$
が φ と同値な選言標準形であることがわかる.定理 7.2.5 の証明のアイデアは

この方法を一般化したものとも考えられる．

演習問題

7.1 主張 (7.1) が誤りであることを証明せよ．

7.2 定理 7.2.3 を証明せよ．

7.3 シェファーの縦棒以外で「その一種類ですべてが表現できる」という性質を持った論理記号を見つけよ．

7.4 1個以上のリテラルを ∨ で結んだ論理式のことを「リテラルの選言」とよび，1個以上の「リテラルの選言」を ∧ で結んだ論理式のことを**連言標準形** (conjunctive normal form) とよぶ．命題論理のどんな論理式にも，それと同値な連言標準形が存在することを示せ．

第 8 章
さまざまな証明体系

CHAPTER 8

前章までは証明言語 (論理式を導き出す体系) として自然演繹を扱っていた．しかし他にも多くの証明言語が知られている．その中から本章では「ヒルベルト流体系」，「シークエント計算」とよばれる二つの体系を紹介する．なお簡単のためにこれらの体系は等号無しの部分だけを考える．すなわち論理式を構成する記号に「＝」を含まないことにする．

8.1 等号について

この節では自然演繹から等号公理と等号規則を取り除くことについて考察する．

論理式は第 2 章と同じく表 2.1 の記号で作られるとする．このとき次の 10 個の閉論理式の集合を $\mathbf{E}$ とよぶ (Identity などは論理式の名前である)．

(Identity) $\forall x (x = x)$
(suc-eq) $\forall x \forall y \big((x = y) \to (\mathrm{suc}(x) = \mathrm{suc}(y)) \big)$
($\otimes$-eq) $\forall x \forall y \forall u \forall v \big(((x = y) \land (u = v)) \to (x \otimes u = y \otimes v) \big)$
($\odot$-eq) 上の 2 箇所の $\otimes$ が $\odot$ に替わった論理式．
($\oplus$-eq) 同様に $\otimes$ が $\oplus$ に替わった論理式．
(P-eq) $\forall x \forall y \big((x = y) \to (P(x) \to P(y)) \big)$
(Q-eq) 上の 2 箇所の P が Q に替わった論理式．
(R-eq) $\forall x \forall y \forall u \forall v \big(((x = y) \land (u = v)) \to (R(x, u) \to R(y, v)) \big)$
($\oslash$-eq) $\forall x \forall y \forall u \forall v \big(((x = y) \land (u = v)) \to ((x \oslash u) \to (y \oslash v)) \big)$

(=-eq) $\forall x \forall y \forall u \forall v \Big(\big((x = y) \land (u = v) \big) \to \big((x = u) \to (y = v) \big) \Big)$

また，自然演繹で等号公理と等号規則

$$\frac{}{t = t} \text{[等号公理]} \qquad \frac{\varphi[t/x] \quad t = s}{\varphi[s/x]} \text{[等号規則]}$$

のどちらも使用しないで導出できることを $\vdash^{(\neq)}$ で表す．つまり $\Gamma \vdash^{(\neq)} \varphi$ と書いたらこれは，φ を結論として，解消されていない仮定はすべて Γ の要素で，等号公理も等号規則も使用しない導出図が存在することを意味する．

さて次の定理は，もしも等号公理と等号規則がないとしても論理式集合 **E** を公理として扱うことでそれらの代用ができることを示している．この意味で，自然演繹から等号公理と等号規則を取り除くことは本質的な制限ではないといえる．

定理 8.1.1 論理式の任意の集合 Γ と任意の論理式 φ に対して，以下の 2 条件は同値である．

(1) $\Gamma \vdash \varphi$
(2) $\Gamma, \mathbf{E} \vdash^{(\neq)} \varphi$

証明 次の三つを示せば十分である．

(**主張 a**) **E** の要素はすべて自然演繹で証明できる．すなわち，

$$\vdash \text{Identity}, \ \vdash \text{suc-eq}, \ \cdots, \vdash \text{=-eq}.$$

(**主張 b**) 任意の項 t に対して

$$\mathbf{E} \vdash^{(\neq)} t = t.$$

(**主張 c**) 任意の論理式 φ，任意の変数記号 x，および φ 中の x に代入可能な任意の項 s, t に対して，

$$\mathbf{E} \vdash^{(\neq)} (t = s) \to \big(\varphi[t/x] \to \varphi[s/x] \big).$$

これらの主張が示されれば，定理 8.1.1 の条件 (1), (2) の同等性は次のように示される．

【1 ⇒ 2】 (1) を表す導出図があるならば，その中で等号公理を使っている部分

に主張 (b) で得られる導出図を当てはめ，等号規則を使っている

$$\cfrac{\vdots \qquad \vdots}{\cfrac{\varphi[t/x] \quad t=s}{\varphi[s/x]}} \text{[等号規則]}$$

という部分を主張 (c) で得られる導出図を使って

$$\cfrac{\cfrac{\vdots \; \text{主張 c} \quad \vdots}{(t=s) \to (\varphi[t/x]\to\varphi[s/x]) \quad t=s}}{\cfrac{\varphi[t/x]\to\varphi[s/x]}{\varphi[s/x]} \text{[→除去]} \quad \cfrac{\vdots}{\varphi[t/x]}} \text{[→除去]}$$

に変えれば，(2) を表す導出図が得られる．

【2 ⇒ 1】(2) を表す導出図があるならば，その中で **E** の要素が解消されていない仮定として使われている部分に主張 (a) で得られる導出図を当てはめれば，(1) を表す導出図が得られる．

したがって後は三つの主張を証明すればよい．このうち主張 (a),(b) については演習問題とする．主張 (c) を示すために，まず次の主張を示す．

(主張 d) 任意の項 u, s, t，任意の変数記号 x に対して

$$\mathbf{E} \vdash^{(\neq)} (t=s) \to (u[t/x] = u[s/x]).$$

ただし $u[t/x]$ および $u[s/x]$ は，それぞれ u 中のすべての x を t および s に置き換えた項である．

【主張 d の証明】 u の長さに関する帰納法による．たとえば u が $u_1 \otimes u_2$ という形の場合は，帰納法の仮定から $i=1,2$ に対して

$$\mathbf{E} \vdash^{(\neq)} (t=s) \to (u_i[t/x] = u_i[s/x])$$

が得られ，他方 ⊗-eq に ∀ 除去規則を適用して

$$\mathbf{E} \vdash^{(\neq)} ((u_1[t/x]=u_1[s/x]) \wedge (u_2[t/x]=u_2[s/x])) \to$$
$$(u_1[t/x] \otimes u_2[t/x] = u_1[s/x] \otimes u_2[s/x])$$

が得られるので，これらから

$$\mathbf{E} \vdash^{(\neq)} (t=s) \to ((u_1 \otimes u_2)[t/x] = (u_1 \otimes u_2)[s/x])$$

8.1 等号について

が得られる. 他の場合も同様にして主張 (d) が証明される.

【主張 c の証明】 まず任意の項 t, s に対して

$$\mathbf{E} \vdash^{(\neq)} (t = s) \to (s = t) \tag{8.1}$$

であることに注意する. これは $\mathbf{E}$ 中の論理式 =-eq と Identity にそれぞれ ∀ 除去規則を適用して得られる次の二つの論理式

$$\bigl((t = s) \land (t = t)\bigr) \to \bigl((t = t) \to (s = t)\bigr)$$

$$t = t$$

から得ることができる.

さて主張 (c) を φ の複雑さ (論理記号の出現数) に関する帰納法で証明する. φ が $\mathrm{P}(u)$ という形の場合, 示すべきことは

$$\mathbf{E} \vdash^{(\neq)} (t = s) \to \bigl(\mathrm{P}(u[t/x]) \to \mathrm{P}(u[s/x])\bigr)$$

である. これは P-eq に ∀ 除去規則を適用して得られる次の

$$\mathbf{E} \vdash^{(\neq)} (u[t/x] = u[s/x]) \to \bigl(\mathrm{P}(u[t/x]) \to \mathrm{P}(u[s/x])\bigr)$$

と主張 (d) から得ることができる. φ が $\neg \psi$ という形の場合, 示すべきことは

$$\mathbf{E} \vdash^{(\neq)} (t = s) \to \bigl((\neg \psi[t/x]) \to (\neg \psi[s/x])\bigr)$$

である. これは次の帰納法の仮定

$$\mathbf{E} \vdash^{(\neq)} (s = t) \to \bigl(\psi[s/x] \to \psi[t/x]\bigr)$$

とさきほどの (8.1) から得られる. φ が他の形をしている場合も難しくはないので省略する. 以上で定理 8.1.1 が証明された. □

次節以降では「等号公理と等号規則を取り除いた自然演繹」と同等な体系を与える. つまり

$$\vdash^{(\neq)} \varphi \iff \varphi \text{ は } \mathcal{S} \text{ で証明可能}$$

が任意の論理式 φ に対して成り立つような体系 $\mathcal{S}$ を与える. 等号公理・等号規則を除いたのは, その方が体系 $\mathcal{S}$ の説明が簡単できれいにできるし, 定理 8.1.1 の直前で述べたようにこのことは本質的な制限にはならないからである.

ところで本書ではこれ以降, 等号が必要になる議論 (たとえば第 3 章の演習問題 3.1 や第 5 章のコンパクト性定理の応用例や第 6 章の不完全性定理など) を行わない. そこでこれ以降は論理式の定義を変更して, 論理式を構成する記号に等号 (=) が入っていないことにする. これを「言語に等号が含まれない」という. こうすることで $\vdash$ と $\vdash^{(\neq)}$ の概念を区別する必要がなくなるので議論がすっきりとする (等号が存在しなければ等号公理も等号規則も使用不可能なので $\vdash$ と $\vdash^{(\neq)}$ が一致する).

8.2 ヒルベルト流体系

前節の最後に述べたようにこれ以降は言語に等号が含まれないことにする.

この節では「ヒルベルト流」とよばれる体系 $\mathbf{C_H}$ を定義する[*1]. $\mathbf{C_H}$ の公理と推論規則は図 8.1 の通りである. $\mathbf{C_H}$ の公理から出発して $\mathbf{C_H}$ の推論規則を適用していき結論 φ に至る論理式の樹状配置を「$\mathbf{C_H}$ における論理式 φ の証明図」とよぶ. $\mathbf{C_H}$ は自然演繹とは違って, 証明図中で仮定として扱われる論理式は存在しない. すなわち証明図の出発点 (樹状配置のてっぺんの葉の部分) にある論理式は公理だけである.

【$\mathbf{C_H}$ における証明図の例】

$$\cfrac{\cfrac{\overset{①}{\bigl(X{\to}((X{\to}X){\to}X)\bigr){\to}\bigl((X{\to}(X{\to}X)){\to}(X{\to}X)\bigr)} \quad \overset{②}{X{\to}((X{\to}X){\to}X)}}{(X{\to}(X{\to}X)){\to}(X{\to}X)}(\star) \quad \overset{③}{X{\to}(X{\to}X)}}{X{\to}X}(\star)$$

これは $X{\to}X$ の証明図である (X は任意の命題記号). ①, ②, ③ はすべて公理であり, 2 箇所の推論規則 $(\star)$ は共にモーダスポネンスである. ①, ②, ③ がなぜ公理であるかというと, ① は $(\varphi{\to}(\psi{\to}\rho)){\to}((\varphi{\to}\psi){\to}(\varphi{\to}\rho))$ の φ と ρ を X に, ψ を $(X{\to}X)$ にしたものであり, ② は $\varphi{\to}(\psi{\to}\varphi)$ の φ を X に, ψ を $(X{\to}X)$ にしたものであり, ③ は $\varphi{\to}(\psi{\to}\varphi)$ の φ と ψ を X にしたものだ

[*1] $\mathbf{C_H}$ という名前は本書独自のものであり,「**古典論理** (Classical logic) の**ヒルベルト** (Hilbert) **流体系**」の頭文字をとった. なお筆者はヒルベルト流という言葉の正確な由来は知らないが, 現在の数理論理学では, 論理式を導く体系であって公理は多数あるが推論規則は「モーダスポネンス (modus ponens)」を含む少数しかなく自然演繹にあるような「仮定を解消する規則」がない体系のことを, 一般にヒルベルト流の証明体系とよんでいる.

8.2 ヒルベルト流体系

公理：次の形をした論理式すべて（t は φ 中の x に代入可能な項とする）．

$\neg\bot$
$(\neg\neg\varphi) \to \varphi$
$\varphi \to (\psi \to \varphi)$
$(\varphi \to (\psi \to \rho)) \to ((\varphi \to \psi) \to (\varphi \to \rho))$
$\varphi \to (\psi \to (\varphi \wedge \psi))$
$(\varphi \wedge \psi) \to \varphi$
$(\varphi \wedge \psi) \to \psi$
$\varphi \to (\varphi \vee \psi)$
$\psi \to (\varphi \vee \psi)$
$(\varphi \to \rho) \to ((\psi \to \rho) \to ((\varphi \vee \psi) \to \rho))$
$(\varphi \to \psi) \to ((\varphi \to \neg\psi) \to \neg\varphi)$
$(\forall x \varphi) \to (\varphi[t/x])$
$\varphi[t/x] \to \exists x \varphi$

推論規則

$$\dfrac{\varphi \to \psi \quad \varphi}{\psi} \ [\text{モーダスポネンス}]$$

$$\dfrac{\varphi \to (\psi[y/x])}{\varphi \to \forall x \psi} \ [\forall](\text{注}) \qquad \dfrac{\psi[y/x] \to \varphi}{(\exists x \psi) \to \varphi} \ [\exists](\text{注})$$

(注) x は変数記号．y は φ 中にも $\forall x \psi$ の中にも $\exists x \psi$ の中にも自由出現しない変数記号で，ψ 中の x に代入可能なもの．

図 8.1　ヒルベルト流の体系 $\mathbf{C_H}$ の公理と推論規則一覧

からである．このようにヒルベルト流の体系では，結論は短い論理式なのに証明の途中には長い複雑な論理式が登場するということがしばしばある．

$\mathbf{C_H}$ は自然演繹と同等である．すなわち次が成り立つ．

定理 8.2.1 言語には等号が含まれないとする．任意の論理式 φ に対して次の二条件は同値である．

(1) $\mathbf{C_H}$でφが証明できる．すなわち$\mathbf{C_H}$におけるφの証明図が存在する．
(2) 自然演繹でφが証明できる．すなわちφを結論として解消されていない仮定がない自然演繹の導出図が存在する．

証明 【$(1 \Rightarrow 2)$ の証明の方針】$\mathbf{C_H}$の各公理が自然演繹で証明できること，および $\mathbf{C_H}$ の各推論規則について，その前提が自然演繹で証明できる場合には結論も自然演繹で証明できること，を示せばよい．
【$(2 \Rightarrow 1)$ の証明の方針】$\mathcal{A}$ を自然演繹の任意の導出図とし，その結論を φ, 解消されていない仮定を $\psi_1, \psi_2, \ldots, \psi_n$ とする．このとき次が成り立つ．
- $n = 0$ ならば $\mathbf{C_H}$ における φ の証明が存在する．
- $n > 0$ ならば $\mathbf{C_H}$ における $(\psi_1 \wedge \psi_2 \wedge \cdots \wedge \psi_n) \rightarrow \varphi$ の証明が存在する．

以上の事実を $\mathcal{A}$ の大きさに関する帰納法で示せばよい．ただしこの詳細はかなり面倒である．(**注意**) $(\psi_1 \wedge \psi_2 \wedge \cdots \wedge \psi_n) \rightarrow \varphi$ の $\mathbf{C_H}$ における証明可能性が $\psi_1, \ldots, \psi_n$ を $\wedge$ で結ぶ順番や括弧のかかり方に依存しないことを示す必要もある (110 頁の注意も参照)． □

第4章と第5章の結果 (自然演繹の健全性と完全性) は等号を含まない設定でも同様に成り立つ．そこでそれらと上の定理 8.2.1 を合わせて次が成り立つ．

定理 8.2.2 言語には等号が含まれないとする．任意の論理式 φ に対して次の条件 (1) (2) は同値である．さらに φ が閉論理式の場合は (3) も同値である[*1]．
(1) $\mathbf{C_H}$でφが証明できる．
(2) 自然演繹でφが証明できる．
(3) φ は恒真である．

8.3 シークエント計算

この節では「シークエント計算 (sequent calculus)」とよばれる体系 **LK** を

[*1] 恒真という概念は本書では閉論理式についてしか定義されていない．

定義する[*1]．前節と同様に言語には等号が含まれないとする．この節および次章では Γ, Δ などのギリシャ大文字は，有限個の論理式をカンマで区切って並べた列を表す．

定義 8.3.1 (シークエント)　有限個の論理式をカンマで区切って「$\Rightarrow$」の左右に並べた
$$\varphi_1, \varphi_2, \ldots, \varphi_m \Rightarrow \psi_1, \psi_2, \ldots, \psi_n$$
という形の記号列のことをシークエントとよぶ (m や n は 0 でもよい)．

なお $\Rightarrow$ (シークエントの左右を区切るための記号) と $\rightarrow$ (論理式中の「ならば」の記号) とを混同しないように注意してほしい．また上のシークエントの定義で m や n が 0 の場合も区切り記号 $\Rightarrow$ は必ず書く必要がある (「$\Rightarrow$」だけの「空のシークエント」も立派なシークエントである)．

シークエント計算というのはシークエントを単位として推論を進めていく体系のことである．つまり公理としていくつかのシークエントが指定されており，推論規則はシークエントからシークエントを導く形になっている．**LK** の公理から出発して **LK** の推論規則を適用していき最終的にシークエント $\Gamma \Rightarrow \Delta$ へ至るシークエントの樹状配置を「**LK** における $\Gamma \Rightarrow \Delta$ の証明図」とよび，そのような証明図が存在することを「**LK** において $\Gamma \Rightarrow \Delta$ が証明できる」という．

LK の公理と推論規則は図 8.2 の通りである．[weakening 左], [∧ 右] などは規則の名前であり，カット以外の規則名中の「左／右」はそれぞれ「結論の左辺／右辺に作用する」という意味を表している．[weakening 左・右], [contraction 左・右], [exchange 左・右] をそれぞれ [w 左・右], [c 左・右], [e 左・右] と短く表記することもある．

なお規則の中で [∧ 左] と [∨ 右], [∨ 左] と [∧ 右], [∀ 左] と [∃ 右], [∃ 左] と [∀ 右] はそれぞれ似た (左右を反転したような) 形をしている．この事実は次章の定理 9.1.3 で使用される．

[*1]　**LK** はゲンツェンが導入した体系であり logistischer klassischer Kalkül のことを LK と省略表記していたらしいが，現在の数理論理学では LK という単語は「古典論理のシークエント計算」を意味する固有名詞として定着している．

公理：$\varphi \Rightarrow \varphi$ という形のシークエントすべて (つまり両辺に同一の論理式がひとつずつだけ存在するシークエント)，および $\bot \Rightarrow$ (つまり左辺が $\bot$ ひとつで右辺が空のシークエント)．

推論規則：

$$\dfrac{\Gamma \Rightarrow \Delta}{\varphi, \Gamma \Rightarrow \Delta} \text{ [weakening 左]} \qquad \dfrac{\Gamma \Rightarrow \Delta}{\Gamma \Rightarrow \Delta, \varphi} \text{ [weakening 右]}$$

$$\dfrac{\varphi, \varphi, \Gamma \Rightarrow \Delta}{\varphi, \Gamma \Rightarrow \Delta} \text{ [contraction 左]} \qquad \dfrac{\Gamma \Rightarrow \Delta, \varphi, \varphi}{\Gamma \Rightarrow \Delta, \varphi} \text{ [contraction 右]}$$

$$\dfrac{\Gamma, \varphi, \psi, \Pi \Rightarrow \Delta}{\Gamma, \psi, \varphi, \Pi \Rightarrow \Delta} \text{ [exchange 左]} \qquad \dfrac{\Gamma \Rightarrow \Delta, \varphi, \psi, \Sigma}{\Gamma \Rightarrow \Delta, \psi, \varphi, \Sigma} \text{ [exchange 右]}$$

$$\dfrac{\varphi, \Gamma \Rightarrow \Delta}{\varphi \wedge \psi, \Gamma \Rightarrow \Delta} \text{ [}\wedge\text{左]} \qquad \dfrac{\varphi, \Gamma \Rightarrow \Delta}{\psi \wedge \varphi, \Gamma \Rightarrow \Delta} \text{ [}\wedge\text{左]} \qquad \dfrac{\Gamma \Rightarrow \Delta, \varphi \quad \Gamma \Rightarrow \Delta, \psi}{\Gamma \Rightarrow \Delta, \varphi \wedge \psi} \text{ [}\wedge\text{右]}$$

$$\dfrac{\varphi, \Gamma \Rightarrow \Delta \quad \psi, \Gamma \Rightarrow \Delta}{\varphi \vee \psi, \Gamma \Rightarrow \Delta} \text{ [}\vee\text{左]} \qquad \dfrac{\Gamma \Rightarrow \Delta, \varphi}{\Gamma \Rightarrow \Delta, \varphi \vee \psi} \text{ [}\vee\text{右]} \qquad \dfrac{\Gamma \Rightarrow \Delta, \varphi}{\Gamma \Rightarrow \Delta, \psi \vee \varphi} \text{ [}\vee\text{右]}$$

$$\dfrac{\Gamma \Rightarrow \Delta, \varphi \quad \psi, \Pi \Rightarrow \Sigma}{\varphi \to \psi, \Gamma, \Pi \Rightarrow \Delta, \Sigma} \text{ [}\to\text{左]} \qquad \dfrac{\varphi, \Gamma \Rightarrow \Delta, \psi}{\Gamma \Rightarrow \Delta, \varphi \to \psi} \text{ [}\to\text{右]}$$

$$\dfrac{\Gamma \Rightarrow \Delta, \varphi}{\neg \varphi, \Gamma \Rightarrow \Delta} \text{ [}\neg\text{左]} \qquad \dfrac{\varphi, \Gamma \Rightarrow \Delta}{\Gamma \Rightarrow \Delta, \neg \varphi} \text{ [}\neg\text{右]}$$

$$\dfrac{\varphi[t/x], \Gamma \Rightarrow \Delta}{\forall x \varphi, \Gamma \Rightarrow \Delta} \text{ [}\forall\text{左](注 1)} \qquad \dfrac{\Gamma \Rightarrow \Delta, \varphi[y/x]}{\Gamma \Rightarrow \Delta, \forall x \varphi} \text{ [}\forall\text{右](注 2)}$$

$$\dfrac{\varphi[y/x], \Gamma \Rightarrow \Delta}{\exists x \varphi, \Gamma \Rightarrow \Delta} \text{ [}\exists\text{左](注 2)} \qquad \dfrac{\Gamma \Rightarrow \Delta, \varphi[t/x]}{\Gamma \Rightarrow \Delta, \exists x \varphi} \text{ [}\exists\text{右](注 1)}$$

$$\dfrac{\Gamma \Rightarrow \Delta, \varphi \quad \varphi, \Pi \Rightarrow \Sigma}{\Gamma, \Pi \Rightarrow \Delta, \Sigma} \text{ [カット]}$$

(注 1) x は変数記号．t は φ 中の x に代入可能な項．
(注 2) x は変数記号．y は Γ, Δ 中にも $\forall x \varphi$ の中にも $\exists x \varphi$ の中にも自由出現しない変数記号で，φ 中の x に代入可能なもの (y のことを **eigenvariable** と呼ぶ)．

図 8.2 **LK** の公理と推論規則一覧

8.3 シークエント計算

【LK における証明図の例 (1)】

$$\cfrac{\cfrac{\cfrac{\cfrac{X \Rightarrow X}{X \Rightarrow X \vee \neg X} \ [\vee 右]}{\Rightarrow X \vee \neg X, \neg X} \ [\neg 右]}{\Rightarrow X \vee \neg X, X \vee \neg X} \ [\vee 右]}{\Rightarrow X \vee \neg X} \ [c 右]$$

【LK における証明図の例 (2)】

$$\cfrac{\vdots \ 上の例}{\Rightarrow X \vee \neg X} \quad \cfrac{\cfrac{\cfrac{X \Rightarrow X \quad Y \Rightarrow Y}{X \rightarrow Y, X \Rightarrow Y} \ [\rightarrow 左]}{(\neg X) \rightarrow Y, X \rightarrow Y, X \Rightarrow Y} \ [w 左]}{\cfrac{\vdots \ [e 左] を 3 回}{X, X \rightarrow Y, (\neg X) \rightarrow Y \Rightarrow Y}} \quad \cfrac{\cfrac{\cfrac{\neg X \Rightarrow \neg X \quad Y \Rightarrow Y}{(\neg X) \rightarrow Y, \neg X \Rightarrow Y} \ [\rightarrow 左]}{X \rightarrow Y, (\neg X) \rightarrow Y, \neg X \Rightarrow Y} \ [w 左]}{\cfrac{\vdots \ [e 左] を 2 回}{\neg X, X \rightarrow Y, (\neg X) \rightarrow Y \Rightarrow Y}}$$

$$\cfrac{\Rightarrow X \vee \neg X \qquad X \vee \neg X, X \rightarrow Y, (\neg X) \rightarrow Y \Rightarrow Y \ [\vee 左]}{X \rightarrow Y, (\neg X) \rightarrow Y \Rightarrow Y} \ [カット]$$

LK はシークエントを導く体系であるが，左辺が空で右辺が論理式ひとつのシークエント $(\Rightarrow \varphi)$ が証明できることを「φ が証明できる」とみなせば自然演繹と同等になる．正確には次が成り立つ．

定理 8.3.2 言語には等号が含まれないとする．任意の論理式 φ に対して次の二条件は同値である．
(1) **LK** でシークエント $(\Rightarrow \varphi)$ が証明できる．
(2) 自然演繹で φ が証明できる．

証明 【$(1 \Rightarrow 2)$ の証明の方針】一般にシークエント $\Gamma \Rightarrow \Delta$ に対して論理式 $(\Gamma \Rightarrow \Delta)^{\text{formula}}$ (これを「シークエント $\Gamma \Rightarrow \Delta$ を翻訳した論理式」とよぶ) を次で定義する．

$$(\psi_1, \psi_2, \ldots, \psi_m \Rightarrow \varphi_1, \varphi_2, \ldots, \varphi_n)^{\text{formula}}$$
$$= \begin{cases} (\psi_1 \wedge \psi_2 \wedge \cdots \wedge \psi_m) \rightarrow (\varphi_1 \vee \varphi_2 \vee \cdots \vee \varphi_n) & (m > 0, n > 0 \text{ のとき}) \\ \neg(\psi_1 \wedge \psi_2 \wedge \cdots \wedge \psi_m) & (m > 0, n = 0 \text{ のとき}) \\ \varphi_1 \vee \varphi_2 \vee \cdots \vee \varphi_n & (m = 0, n > 0 \text{ のとき}) \\ \bot & (m = 0, n = 0 \text{ のとき}) \end{cases}$$

そして次を示せばよい．

- **LK** の各公理を翻訳した論理式が自然演繹で証明できる.
- **LK** の各推論規則について，その前提を翻訳した論理式が自然演繹で証明できる場合には結論を翻訳した論理式も自然演繹で証明できる.

これによって「**LK** で証明できるシークエントを翻訳した論理式は自然演繹で証明できる」がいえるので題意が示される (シークエント ($\Rightarrow \varphi$) を翻訳した論理式は φ に等しいので). 定理 8.2.1 の ($2 \Rightarrow 1$) の証明中の注意も参照.

【($2 \Rightarrow 1$) の証明の方針】次の事実を自然演繹の導出図 $\mathcal{A}$ の大きさに関する帰納法で示せばよい.

$\mathcal{A}$ を自然演繹の任意の導出図とし，その結論を φ, 解消されていない仮定を $\psi_1, \psi_2, \ldots, \psi_n$ とすると，シークエント $(\psi_1, \psi_2, \ldots, \psi_n \Rightarrow \varphi)$ が **LK** で証明できる.

これは，たとえば $\mathcal{A}$ が

$$\begin{array}{cc} \psi_1, \ldots, \psi_k & \psi_{k+1}, \ldots, \psi_n \\ \vdots\ \mathcal{B} & \vdots\ \mathcal{C} \\ \rho \to \varphi & \rho \\ \hline \multicolumn{2}{c}{\varphi} \end{array} \ [\to 除去]$$

という形のときには，目標のシークエント $(\psi_1, \ldots, \psi_n \Rightarrow \varphi)$ を **LK** で次のように証明できる.

$$\cfrac{\cfrac{\vdots\ 帰納法の仮定(\mathcal{B})}{\psi_1, \ldots, \psi_k \Rightarrow \rho \to \varphi} \quad \cfrac{\cfrac{\vdots\ 帰納法の仮定(\mathcal{C})}{\psi_{k+1}, \ldots, \psi_n \Rightarrow \rho} \quad \varphi \Rightarrow \varphi}{\rho \to \varphi, \psi_{k+1}, \ldots, \psi_n \Rightarrow \varphi}\ [\to 左]}{\psi_1, \ldots, \psi_k, \psi_{k+1}, \ldots, \psi_n \Rightarrow \varphi}\ [カット]$$

$\mathcal{A}$ が他の形の場合も同様にやればよい. □

前節の定理 8.2.2 と合わせて次がいえる.

系 8.3.3 言語には等号が含まれないとする. 任意の論理式 φ に対して次の条件 (1) (2) (3) は同値である. さらに φ が閉論理式の場合は (4) も同値である[*1].

(1) **LK** でシークエント ($\Rightarrow \varphi$) が証明できる.

[*1] 恒真という概念は本書では閉論理式についてしか定義されていない.

(2) $\mathbf{C}_H$ で φ が証明できる.
(3) 自然演繹で φ が証明できる.
(4) φ は恒真である.

演 習 問 題

8.1 定理 8.1.1 の証明中の主張 (a),(b) を証明せよ.

8.2 第 2 章の演習問題 2.2 の (ア)〜(コ) および 2.3 の (シ)〜(セ) のそれぞれについて,それが $\vdash \varphi$ という形ならばシークエント $\Rightarrow \varphi$ を,それが $\varphi \vdash \psi$ という形ならばシークエント $\varphi \Rightarrow \psi$ を,それが $\varphi, \psi \vdash \rho$ という形ならばシークエント $\varphi, \psi \Rightarrow \rho$ をそれぞれ **LK** で証明せよ.

第9章
シークエント計算 LK の カット除去

CHAPTER 9

本章ではシークエント計算の体系 **LK** に関して成り立つ最も重要な性質であるカット除去定理 (cut-elimination theorem) を，証明図の書き換えによる標準的な方法で示す．

9.1 カット除去定理とは

この節ではカット除去定理の内容，意義，応用などについて説明する．前節 (8.3 節) と同様に Γ, Δ などは有限個の論理式をカンマで区切って並べた列を表す．また言語には等号が含まれない．

はじめに定理の文面を提示しておく．

定理 9.1.1 (カット除去定理)　シークエント $\Gamma \Rightarrow \Delta$ が **LK** で証明できてかつ後述の変数分離条件を満たすならば，$\Gamma \Rightarrow \Delta$ は **LK** でカット規則を使用しないで証明できる．

たとえば 123 頁にある証明図の例 (2) でシークエント

$$X{\to}Y, (\neg X){\to}Y \Rightarrow Y \tag{9.1}$$

がカット規則を使用して証明されているが，これをカット規則を使用せずに証明できるということである (演習問題：実際にこれをカットを使わないで証明せよ)．ここでカット除去定理の文面中の変数分離条件とは

$$\mathrm{FVar}(\Gamma, \Delta) \cap \mathrm{BVar}(\Gamma, \Delta) = \emptyset \tag{9.2}$$

つまりシークエント中で自由と束縛の両方の出現をする変数記号がないことで

9.1 カット除去定理とは

ある.たとえばシークエント (9.1) では X, Y を命題記号とすればこれは満たされている.ただし変数分離条件は議論の本質に関わる重要な条件というわけではない (この辺りの事情は次節で説明する)[*1].したがってカット除去定理の内容を次のようにいうこともできる.**LK** からカット規則を取り除いても証明できるシークエントは (本質的には) 減らない.

一般に **LK** で何かを証明する際にはカット規則は有用である.たとえば定理 8.3.2 の $(2 \Rightarrow 1)$ の証明中でカット規則は重要な役割を果たしている.他方「シークエント $\Gamma \Rightarrow \Delta$ が **LK** で証明できるならば $\Gamma \Rightarrow \Delta$ は必ず×××という性質を持つ」という類いのことを示すためには,**LK** の推論規則が少ない方が議論が簡単になる.なぜならこれを示すためには $\Gamma \Rightarrow \Delta$ を結論とする **LK** の証明図の可能性をすべて調べる必要があるので,推論規則が少ない方が調べる範囲が減るからである.特にカット規則が取り除かれることは,単に規則が 1 個減るだけではない絶大な効果がある.その理由は次の通りである.

カット以外のすべての規則は以下のような性質を持っている.

- 規則の結論のシークエントが与えられれば,その前提のシークエントが何であったかほぼ推測できる.特に $\forall$ と $\exists$ に関する規則以外では前提になりうるシークエントは有限個であり,それらを完全に列挙できる.
- 前提に現れる論理式はすべて,結論に現れる論理式と同じものかそれよりも複雑さが小さい (すなわち論理記号の出現数が少ない) ものになっている.

したがってカット以外のすべての規則については,結論から前提へ遡っていく議論がうまく通る.しかしカット規則

$$\frac{\Gamma \Rightarrow \Delta, \varphi \quad \varphi, \Pi \Rightarrow \Sigma}{\Gamma, \Pi \Rightarrow \Delta, \Sigma}$$

の適用においては,一般に結論 $\Gamma, \Pi \Rightarrow \Delta, \Sigma$ から論理式 φ の形を推測することができないし φ には無限の可能性があるので,結論から前提へ遡っていく議論がうまくいかない.

このような規則の違いを考慮すれば,「証明図を分析する際にはカット規則は

[*1] 教科書によっては自由出現用の変数記号と束縛出現用の変数記号を論理式の定義の段階であらかじめ分離しておくという流儀もあり,その方法で進めるならば変数分離条件はいつでも成り立っていることになる.本書でも 9.2, 9.3 節では実質的にその流儀を採用する.

無視してよい」ということを保証するカット除去定理は，LK で証明できるシークエントの性質を解明するための強力な道具となることがわかる (この意味でカット除去定理は「LK の基本定理」とよばれることもある).

以下ではカット除去定理を使ったそんな分析の例をいくつか紹介する．

定理 9.1.2 (カット除去定理の応用 (1))　シークエント $\Gamma \Rightarrow \Delta$ が LK で証明できて変数分離条件を満たすならば，次が成り立つ．
(1) \$ を論理記号 $\wedge, \vee, \rightarrow, \neg, \forall, \exists$ の中の任意のものとする．$\Gamma \Rightarrow \Delta$ に論理記号 \$ が現れないならば，これは規則 [\$ 左] も [\$ 右] も [カット] も使用しないで LK で証明できる．
(2) $\Gamma \Rightarrow \Delta$ に論理記号 $\bot$ が現れないならば，これは「$\bot$ の公理」(つまり $\bot \Rightarrow$) もカット規則も使用しないで LK で証明できる．

たとえば論理記号が $\rightarrow$ しか現れないシークエントならば，[$\rightarrow$ 左・右]，[weakening 左・右]，[contraction 左・右]，[exchange 左・右] の各規則と $(\varphi \Rightarrow \varphi)$ の形の公理だけで証明できるということである．

定理 9.1.2(1) の証明 ((2) も同様)
$\Gamma \Rightarrow \Delta$ が LK で証明可能であり変数分離条件を満たすならば，カット除去定理 9.1.1 によってカット規則を使用しない証明図がある．ところでカット無しの証明図中では一度出現した論理記号は途中で消えることなく結論のシークエント中に残るはずである (このことは規則の形からいえる)．したがってこのカット無しの証明図中には [\$ 左] も [\$ 右] も使われていないはずである．　□

この定理 9.1.2 をさらに応用した例をひとつ紹介する．

論理式 φ が論理記号 $\bot, \neg, \rightarrow$ を含んでいないとき，φ 中の $\wedge$ を $\vee$ に，$\vee$ を $\wedge$ に，$\forall$ を $\exists$ に，$\exists$ を $\forall$ に，それぞれすべて書き換えて得られる論理式のことを $\widetilde{\varphi}$ と表記することにする (この論理式を φ の双対とよぶ)．たとえば $\exists x(P(x) \wedge Q(x))$ の双対は $\forall x(P(x) \vee Q(x))$ である．これに関して次が成り立つ．

定理 9.1.3 (カット除去定理の応用 (2))　言語には等号が含まれないとする．

9.1 カット除去定理とは

φ, ψ は $\bot, \neg, \to$ を含まない閉論理式で $(\varphi \to \psi)$ が恒真であるならば，$(\widetilde{\psi} \to \widetilde{\varphi})$ も恒真である．

証明 一般に $(\varphi \to \psi)$ が恒真であることとシークエント $(\varphi \Rightarrow \psi)$ が **LK** で証明できることとは同値である (演習問題)．そこでこの定理 9.1.3 を示すためには次を示せば十分である．

$\varphi \Rightarrow \psi$ が **LK** で証明可能ならば $\widetilde{\psi} \Rightarrow \widetilde{\varphi}$ も **LK** で証明可能である． (9.3)

ところで次の事実が成り立つ．

$\varphi_1, \varphi_2, \ldots, \varphi_m, \psi_1, \psi_2, \ldots, \psi_n$ は $\bot, \neg, \to$ を含まない論理式とする．もしも [カット]，[$\to$ 左・右]，[$\neg$ 左・右] 規則も $\bot$ の公理 ($\bot \Rightarrow$) も使用しない **LK** における証明図で，その結論が

$$\varphi_1, \varphi_2, \ldots, \varphi_m \Rightarrow \psi_1, \psi_2, \ldots, \psi_n$$

であるものが存在する (この証明図を $\mathcal{A}$ とする) ならば，この結論の各論理式の双対を左右反転させたシークエント

$$\widetilde{\psi_n}, \widetilde{\psi_{n-1}}, \ldots, \widetilde{\psi_1} \Rightarrow \widetilde{\varphi_m}, \widetilde{\varphi_{m-1}}, \ldots, \widetilde{\varphi_1}$$

を結論とする **LK** の証明図が存在する．

これは $\mathcal{A}$ の大きさに関する帰納法で示すことができる (演習問題)．この事実と定理 9.1.2 から上記の (9.3) は示される． □

カット除去定理の応用の最後に，非常に簡単な例を紹介しておく．

定理 9.1.4 (カット除去定理の応用 (3)) $\Rightarrow \bot$ は **LK** で証明できない (すなわち，**LK** は無矛盾である)．

証明 もしも $\Rightarrow \bot$ が証明できたら，空のシークエントが次のように証明できる．

$$\frac{\vdots \quad }{\Rightarrow \bot \quad \bot \Rightarrow} \; [カット]$$
$$\overline{\Rightarrow}$$

するとカット除去定理 9.1.1 によって，カットを使わずに空のシークエントが証明できるはずである．しかしそれは不可能である．なぜならカット以外の規則はどれも空シークエントを結論にすることが不可能であるから． □

この定理 9.1.4 の結果自体は，わざわざカット除去定理を持ち出さなくても系 8.3.3 から (正確には「証明できるものは恒真である」という健全性定理から) 明らかである (なぜなら $\bot$ は恒真ではない)．それにもかかわらずこれをカット除去定理の応用として紹介したのは，次の理由による．

「証明できるものは恒真だから LK は無矛盾」というのは一見簡単だが，この議論を正確に記述しようとするとストラクチャーにおける論理式の真理値に言及することになり無限的な概念が必要になる (対象領域が無限集合の場合の $\forall, \exists$ の解釈の定義に無限性が登場する)．他方，本書で与えるカット除去定理の標準的な証明は有限の証明図の有限的な書き換えだけに基づいている．すなわち LK の無矛盾性を示すための二種類の手法

① 証明図の書き換えによるカット除去

② 論理式の真偽概念を用いた健全性

では，前者の方が議論に用いる道具や概念の抽象度 (無限性の度合い) が低いといえる．そしてそんな弱い道具で同じ結論を導いているという意味で，①による無矛盾性証明の方が②による証明よりも強い結果であるといってもよい．ここではそんな例として LK の無矛盾性を紹介したのである．

本書では取り上げないが，歴史的にはカット除去の当初の主目的は LK をさまざまに拡張した体系 (算術の公理を加えた体系や二階の論理式 (25 頁参照) を扱えるようにした体系など) の無矛盾性を示すことであった．そのような議論においては上記の①と②の抽象度の差はしばしば重要なポイントとなる (たとえば 6.7 節で言及した「ε_0 までの超限帰納法による PA の無矛盾性証明」はゲンツェンによってカット除去を用いて示された)[*1]．

9.2 カット除去の準備

この節ではカット除去定理の前提である変数分離条件 (9.2) について説明す

[*1] 文献 [竹内・八杉'88] や [松本'70] を参照．

9.2 カット除去の準備

るとともに，次節での詳細な証明のための舞台設定をしておく．

はじめに変数分離条件の必要性について説明する．たとえばシークエント

$$\forall x \forall y R(x, y) \Rightarrow \forall z R(y, z) \tag{9.4}$$

は下図のように LK で証明できるが，これをカット規則無しで証明することはできない (演習問題：そのことを示せ)．

$$\cfrac{\cfrac{\cfrac{\cfrac{R(x, y) \Rightarrow R(x, y)}{\forall y R(x, y) \Rightarrow R(x, y)}\ [\forall 左]}{\forall x \forall y R(x, y) \Rightarrow R(x, y)}\ [\forall 左]}{\cfrac{\forall x \forall y R(x, y) \Rightarrow \forall z R(x, z)}{\forall x \forall y R(x, y) \Rightarrow \forall x \forall z R(x, z)}\ [\forall 右]}\ [\forall 右] \quad \cfrac{\forall z R(y, z) \Rightarrow \forall z R(y, z)}{\forall x \forall z R(x, z) \Rightarrow \forall z R(y, z)}\ [\forall 左]}{\forall x \forall y R(x, y) \Rightarrow \forall z R(y, z)}\ [カット]$$

カット除去定理が目指しているのは「LK で証明できるどんなシークエントもカット規則無しに証明できる」という主張であるが，(9.4) はそれに対する反例になっているのである[*1]．

しかしこれは議論の本質に関わる深刻な反例というわけではない．なぜならこのような反例を実質的に回避する方法が二つあるからである．

ひとつめの方法は，束縛出現する変数記号は別の変数記号にいつでも自由に書き換えてもよいとするものである．この方法では (9.4) のカット無しの証明図を次のように書ける．

$$\cfrac{\cfrac{\forall z R(y, z) \Rightarrow \forall z R(y, z)}{\forall x \forall z R(x, z) \Rightarrow \forall z R(y, z)}\ [\forall 左]}{\forall x \forall y R(x, y) \Rightarrow \forall z R(y, z)}\ [束縛変数書き換え]$$

ふたつめは変数分離条件をカット除去定理の前提として課すという，本書で採用した方法である (上記の反例シークエント (9.4) には y が自由出現かつ束縛出現するので変数分離条件を満たさない)．この方法では考察の対象が変数分離条件を満たすものに限定されてしまうが，これは実質的には問題にならない．なぜなら一般に論理式中の束縛出現する変数記号を別の変数記号に書き換えても論理式の意図する所は変わらないので，もしも変数分離条件を満たさな

[*1] この例は千葉大学の古森雄一先生による．

いシークエントが与えられたら変数記号を適切に書き換えて条件を満たすようにしてから議論を開始すればよいからである.

カット除去とは与えられた証明図を結論を変えずに順次変形して, 最終的にカット無しの証明図を作るプロセスである. そしてその出発点の証明図 ($\mathcal{A}_1$ とする) の結論は上記のように変数分離条件を満たしている. ところが $\mathcal{A}_1$ 全体では変数分離条件が成り立っていない (たとえば結論に束縛出現する変数記号が結論以外で自由出現している) かもしれない. そこで $\mathcal{A}_1$ の変数記号を適切に書き換えて証明図全体で変数分離条件を満たすような $\mathcal{A}_2$ を作る. つまり $\mathcal{A}_1$ と同じ結論を持ち FVar($\mathcal{A}_2$) ∩ BVar($\mathcal{A}_2$) = $\emptyset$ となるような証明図 $\mathcal{A}_2$ を作り (演習問題: この作り方を示せ), この書き換えをカット除去の第1ステップとする.

カット除去のメイン部分である第2ステップ以降, つまり $\mathcal{A}_2$ からカット無しの証明図を得る書き換えは次節で与えるが, そのプロセス中にも常に変数分離条件を成り立たせるために次のような工夫をする. 変数記号全体は可算無限集合であるがその全体を FVar($\mathcal{A}_2$) $\subseteq \mathbb{F}$ かつ BVar($\mathcal{A}_2$) $\subseteq \mathbb{B}$ となるような可算無限集合 $\mathbb{F}$ と $\mathbb{B}$ とに分割しておき (つまり $\mathbb{F} \cup \mathbb{B}$ = { 変数記号全体 }, $\mathbb{F} \cap \mathbb{B} = \emptyset$), カット除去プロセスの中で新しい変数記号を証明図中に自由出現させる際には必ず $\mathbb{F}$ からとることにする. そしてこのような変数記号の登場のさせ方を簡潔に記述するために, この章では今後次の設定をする.

【議論を円滑にするための設定①】 各変数記号はそれぞれ自由出現用 ($\mathbb{F}$ の要素) であるか束縛出現用 ($\mathbb{B}$ の要素) であるかどちらか一方に決まっており, 次節で扱う論理式ではすべての変数記号がその用途に正しく合った出現の仕方をしている.

さらにもうひとつ設定をしておく.

【議論を円滑にするための設定②】 シークエントの左辺と右辺の中での論理式の並び順は問題にしない. つまり推論規則 [exchange 左・右] を施すことで到達できるシークエント同士は同一視する.

これは別の言い方をすれば, 「証明図を書くときに exchange はいつでも必要に応じて適用され, その適用は明記しない」あるいは「exchange はなくなって他の規則は (従来はシークエントの左端か右端にある論理式だけに作用していた

が) 端以外の論理式にも作用できるようになる」ということである．たとえば，123 頁の証明図例 (2) はこの設定では次のようになる．

$$\cfrac{\cfrac{\cfrac{\cfrac{X \Rightarrow X}{X \Rightarrow X \vee \neg X}[\vee 右]}{\Rightarrow X \vee \neg X, \neg X}[\neg 右]}{\Rightarrow X \vee \neg X, X \vee \neg X}[\vee 右]}{\Rightarrow X \vee \neg X}[c 右] \quad \cfrac{\cfrac{\cfrac{X \Rightarrow X \quad Y \Rightarrow Y}{X \to Y, X \Rightarrow Y}[\to 左]}{(\neg X) \to Y, X \to Y, X \Rightarrow Y}[w 左]}{X \to Y, (\neg X) \to Y, X \vee \neg X \Rightarrow Y} \quad \cfrac{\cfrac{\cfrac{\neg X \Rightarrow \neg X \quad Y \Rightarrow Y}{(\neg X) \to Y, \neg X \Rightarrow Y}[\to 左]}{X \to Y, (\neg X) \to Y, \neg X \Rightarrow Y}[w 左]}{}[\vee 左]}{X \to Y, (\neg X) \to Y \Rightarrow Y}[カット]$$

9.3 カット除去

カット除去のメイン部分である「変数分離条件を満たす証明図から同じ結論を持つカット無し証明図への書き換え」を，前節の二つの設定のもとで簡潔かつ正確に与える[*1]．

はじめに補題を二つ示しておく．

補題 9.3.1 カット無しの証明図で

$$\Gamma \Rightarrow \Delta, \overbrace{\bot, \bot, \ldots, \bot}^{n\,個の\,\bot}$$

が証明できるならば (ただし $n \geq 1$)，

[*1] 【カット除去定理の伝統的な証明方法を知っている人への注釈】LK のカット除去プロセスはしばしば次のように提示される．
(1)
$$\cfrac{\Gamma \Rightarrow \Delta \quad \Pi \Rightarrow \Sigma}{\Gamma, \Pi' \Rightarrow \Delta', \Sigma}[ミックス]$$
という推論規則を導入する．ただし Π' と Δ' はそれぞれ Π と Δ から特定の論理式のすべての出現を取り除いたものである．
(2) カットとミックスが同等であることを示す．すなわち次の二つを示す．(2-1) カットと他の規則を組み合わせてミックスが実現できる．(2-2) ミックスと他の規則を組み合わせてカットが実現できる．これによってカットはすべてミックスだと思う．
(3) 証明図を変形してミックスを消していく．
しかしここには本質を捉え損ねた無駄がいくつかある．たとえば (2-1) は不要である．また証明図変形の際，ミックスの定義の「Π' と Δ' はそれぞれ Π と Δ から特定の論理式のすべての出現を取り除いたもの」に由来して本当は取り除きたくない出現まで取り除いてしまうという状況が生じて，議論が無意味に複雑になる．本書で与える証明はこれらの点を改善したものである．

$$\Gamma \Rightarrow \Delta$$

もカット無しの証明図で証明できる.

証明 $\Gamma \Rightarrow \Delta, \bot, \bot, \ldots, \bot$ を導くカット無しの証明図の大きさに関する帰納法による. 詳細は演習問題とする. □

補題 9.3.2 $\mathcal{A}$ は $\Gamma \Rightarrow \Delta$ を結論とするカット無しの証明図であり, y は自由出現用の変数記号で, s は項で s 中の変数記号はすべて自由出現用であるとする (したがって代入 $[s/y]$ はいつでも可能である). するとシークエント $(\Gamma \Rightarrow \Delta)[s/y]$ (つまり Γ, Δ 中の各論理式に代入 $[s/y]$ を施したもの) が $\mathcal{A}$ と同じ形の証明図によって証明できる. ただし「同じ形の証明図」とは $\mathcal{A}$ 中のいくつかの項の出現を別の項に置き換えて得られる証明図のことである.

証明 基本的には $\mathcal{A}$ 中の y を s に置き換えれば求める証明図が得られるのだが, s 中の変数記号と $\mathcal{A}$ 中の eigenvariable (図 8.2 の注 2 参照) が重なった場合には eigenvariable を別の変数記号に置き換える必要がある. 詳細は演習問題とする. □

さらにいくつかの必要な定義をする.

論理式 φ が n 個並んだ列のことを φ^n と表記する. この表記法を用いて「拡張カット」という推論規則を定める.

$$\frac{\Gamma \Rightarrow \Delta, \varphi^m \quad \varphi^n, \Pi \Rightarrow \Sigma}{\Gamma, \Pi \Rightarrow \Delta, \Sigma} \text{ [拡張カット]} \tag{9.5}$$

ただし m, n はそれぞれ 0 以上の任意の自然数である. φ のことを「カット論理式」とよぶ. 別の表現では拡張カットは次のようになる.

$$\frac{\Gamma \Rightarrow \Delta \quad \Pi \Rightarrow \Sigma}{\Gamma, \Pi' \Rightarrow \Delta', \Sigma}$$

ここで Π' と Δ' はそれぞれ Π と Δ からカット論理式を 0 個以上好きな個数だけ取り除いたものである (Π' や Δ' にカット論理式が残っていてもかまわない). カット論理式を右辺左辺からちょうどひとつずつ取り除く形, すなわち (9.5) で $m = n = 1$ の場合が従来のカットである. このように従来のカットを実現でき

9.3 カット除去

ることが拡張カットという名前の由来である.

一番最後の規則が拡張カットでそれ以外にはカットも拡張カットも現れない次の形の証明図のことを「終カット証明図」とよぶ[*1].

$$\cfrac{\begin{array}{c}\vdots\mathcal{L}\\ \Gamma\Rightarrow\Delta,\varphi^m\end{array}\quad\begin{array}{c}\vdots\mathcal{R}\\ \varphi^n,\Pi\Rightarrow\Sigma\end{array}}{\Gamma,\Pi\Rightarrow\Delta,\Sigma}$$

ここに現れる部分証明図 $\mathcal{L}$ (つまり $\Gamma\Rightarrow\Delta,\varphi^m$ を結論としてカットも拡張カットもない証明図) のことを「左部」とよび,部分証明図 $\mathcal{R}$ を「右部」とよぶ. またこの終カット証明図の「複雑さ」と「重さ」を次で定義する.

複雑さ カット論理式 φ ひとつの中の論理記号 $(\bot,\wedge,\vee,\to,\neg,\forall,\exists)$ の出現個数.

重さ 左部 $\mathcal{L}$ と右部 $\mathcal{R}$ の中のシークエントの出現個数の和.

たとえば 133 頁に $X{\to}Y,(\neg X){\to}Y\Rightarrow Y$ を結論とする終カット証明図があるが, X が命題記号ならばこの複雑さは 2, 重さは 14 である (なぜならカット論理式 $X\vee\neg X$ 中の論理記号の出現は $\vee$ と $\neg$ の二つであり, 左部には五つのシークエント, 右部には九つのシークエントがある).

次の補題がカット除去の中心部分である.

補題 9.3.3 (カット除去の主補題) c は 0 以上の任意の自然数, w は 2 以上の任意の自然数とする. 複雑さが c, 重さが w の終カット証明図があるならば, それと同じ結論のシークエントを持つカット無しの証明図 (すなわちカットも拡張カットも使わない証明図) が存在する.

証明 c と w に関する二重帰納法によって証明する (二重帰納法については 12.1 節に解説があるので参照してほしい). 正確には次の「目標」を示す.

【目標】複雑さ c, 重さ w の任意の終カット証明図

[*1] 「終拡張カット証明図」というべきかもしれないが, 長いので省略した.

$$\cfrac{\begin{array}{c}\vdots\,\mathcal{L}\\ \Gamma \Rightarrow \Delta, \rho^m\end{array} \quad \begin{array}{c}\vdots\,\mathcal{R}\\ \rho^n, \Pi \Rightarrow \Sigma\end{array}}{\Gamma, \Pi \Rightarrow \Delta, \Sigma}\ [\text{拡張カット}]$$

が与えられたとして，これと同じ結論 ($\Gamma, \Pi \Rightarrow \Delta, \Sigma$) を持つカット無しの証明図の作り方を示す．

その際，次の二種類の帰納法の仮定を用いる．
- 複雑さが c よりも小さい終カット証明図には，必ずそれと同じ結論を持つカット無しの証明図がある．
- 複雑さが c で重さが w よりも小さい終カット証明図には，必ずそれと同じ結論を持つカット無しの証明図がある．

はじめに m と n の片方または両方が 0 である場合を考える．$m = 0$ の場合は左部 $\mathcal{L}$ に [weakening 左・右] を適切に適用することで結論 ($\Gamma, \Pi \Rightarrow \Delta, \Sigma$) が得られる．$n = 0$ の場合も同様に右部と [weakening 左・右] を使えばよい．したがって後は m も n も 1 以上である場合を考える．

以下では左部 $\mathcal{L}$ と右部 $\mathcal{R}$ それぞれの最後に使用された推論規則の形によって場合分けをして「目標」を示していく．

【$\mathcal{L}$ または $\mathcal{R}$ が公理のとき】たとえば与えられた終カット証明図の形が

$$\cfrac{\rho \Rightarrow \rho \quad \begin{array}{c}\vdots\,\mathcal{R}\\ \rho^n, \Pi \Rightarrow \Sigma\end{array}}{\rho, \Pi \Rightarrow \Sigma}\ [\text{拡張カット}]$$

のときには，求めるカット無しの証明図は次のようにすればよい．

$$\begin{array}{c}\vdots\,\mathcal{R}\\ \rho^n, \Pi \Rightarrow \Sigma\\ \vdots\ [\text{c 左}] \text{ を何回か}\\ \rho, \Pi \Rightarrow \Sigma\end{array}$$

$\mathcal{R}$ が公理 $\rho \Rightarrow \rho$ の場合も同様である．与えられた終カット証明図の形が

9.3 カット除去

$$\cfrac{\begin{array}{c}\vdots\mathcal{L}\\ \Gamma\Rightarrow\Delta,\bot^m\end{array}\quad \bot\Rightarrow}{\Gamma\Rightarrow\Delta}\ [\text{拡張カット}]$$

のときには，求めるカット無し証明図は $\mathcal{L}$ から補題 9.3.1 で得られる．

【$\mathcal{L}$ または $\mathcal{R}$ の最後の推論規則が [weakening 左], [weakening 右], [contraction 左] または [contraction 右] のとき】たとえば与えられた終カット証明図の形が

$$\cfrac{\cfrac{\begin{array}{c}\vdots\mathcal{L}'\\ \Gamma\Rightarrow\Delta,\rho^{m-1}\end{array}}{\Gamma\Rightarrow\Delta,\rho^m}\ [\text{w 右}]\quad \begin{array}{c}\vdots\mathcal{R}\\ \rho^n,\Pi\Rightarrow\Sigma\end{array}}{\Gamma,\Pi\Rightarrow\Delta,\Sigma}\ [\text{拡張カット}]$$

のときには次の終カット証明図を考える．

$$\cfrac{\begin{array}{c}\vdots\mathcal{L}'\\ \Gamma\Rightarrow\Delta,\rho^{m-1}\end{array}\quad \begin{array}{c}\vdots\mathcal{R}\\ \rho^n,\Pi\Rightarrow\Sigma\end{array}}{\Gamma,\Pi\Rightarrow\Delta,\Sigma}\ [\text{拡張カット}]$$

この複雑さは c のままで重さは $(w-1)$ である (左部のシークエントの個数がひとつ減っているので)．したがって帰納法の仮定によってこれと同じ結論のカット無しの証明図が得られる．

また，与えられた終カット証明図の形が

$$\cfrac{\cfrac{\begin{array}{c}\vdots\mathcal{L}'\\ \Gamma\Rightarrow\Delta',\rho^m\end{array}}{\Gamma\Rightarrow\Delta',\varphi,\rho^m}\ [\text{w 右}]\quad \begin{array}{c}\vdots\mathcal{R}\\ \rho^n,\Pi\Rightarrow\Sigma\end{array}}{\Gamma,\Pi\Rightarrow\Delta',\varphi,\Sigma}\ [\text{拡張カット}]$$

のときには次の証明図を考える．

$$\cfrac{\cfrac{\begin{array}{c}\vdots\mathcal{L}'\\ \Gamma\Rightarrow\Delta',\rho^m\end{array}\quad \begin{array}{c}\vdots\mathcal{R}\\ \rho^n,\Pi\Rightarrow\Sigma\end{array}}{\Gamma,\Pi\Rightarrow\Delta',\Sigma}\ [\text{拡張カット}]}{\Gamma,\Pi\Rightarrow\Delta',\varphi,\Sigma}\ [\text{w 右}]$$

この証明図中の拡張カットから上の部分は複雑さが c，重さが $(w-1)$ の終カット証明図になっている．したがってその部分を帰納法の仮定によって得られるカット無しの証明図に置き換えれば，全体が求めるカット無しの証明図となる．

他の形で $\mathcal{L}$ や $\mathcal{R}$ の最後の規則が [weakening 左・右], [contraction 左・右] になっている場合も同様である.

【$\mathcal{L}$ または $\mathcal{R}$ の最後が論理記号に関する推論規則であり，それによって導入された論理式がカット論理式にはなっていないとき】たとえば $\mathcal{L}$ の最後の規則が [$\to$ 左] のときは，与えられた終カット証明図の形は次のようになっている.

$$\cfrac{\cfrac{\vdots \mathcal{L}' \qquad \vdots \mathcal{L}''}{\Gamma' \Rightarrow \Delta', \rho^a, \varphi \quad \psi, \Gamma'' \Rightarrow \Delta'', \rho^b}{\varphi\to\psi, \Gamma', \Gamma'' \Rightarrow \Delta', \Delta'', \rho^{a+b}} [\to 左] \quad \cfrac{\vdots \mathcal{R}}{\rho^n, \Pi \Rightarrow \Sigma}}{\varphi\to\psi, \Gamma', \Gamma'', \Pi \Rightarrow \Delta', \Delta'', \Sigma} [拡張カット]$$

この場合は次の証明図を考える ([拡] は [拡張カット] の省略である).

$$\cfrac{\cfrac{\cfrac{\vdots \mathcal{L}' \quad \vdots \mathcal{R}}{\Gamma' \Rightarrow \Delta', \rho^a, \varphi \quad \rho^n, \Pi \Rightarrow \Sigma}}{\Gamma', \Pi \Rightarrow \Delta', \varphi, \Sigma}[拡] \quad \cfrac{\cfrac{\vdots \mathcal{L}'' \quad \vdots \mathcal{R}}{\psi, \Gamma'' \Rightarrow \Delta'', \rho^b \quad \rho^n, \Pi \Rightarrow \Sigma}}{\psi, \Gamma'', \Pi \Rightarrow \Delta'', \Sigma}[拡]}{\cfrac{\varphi\to\psi, \Gamma', \Pi, \Gamma'', \Pi \Rightarrow \Delta', \Sigma, \Delta'', \Sigma}{\varphi\to\psi, \Gamma', \Gamma'', \Pi \Rightarrow \Delta', \Delta'', \Sigma} \vdots [c 左・右] を何回か}[\to 左]$$

この左上の拡張カットから上の部分は複雑さが c のままで重さが w よりも小さい終カット証明図になっている (左部のシークエントの個数が減っているので). 同様に右上の拡張カットから上の部分も複雑さが c のままで重さが w よりも小さい終カット証明図になっている. したがってこれらの部分を帰納法の仮定によって得られるカット無しの証明図に置き換えることができる. するとこの証明図全体が求めるカット無しの証明図になる.

また $\mathcal{L}$ の最後の規則が [$\forall$ 右] のときは，与えられた終カット証明図の形は次のようになっている.

$$\cfrac{\cfrac{\vdots \mathcal{L}'}{\cfrac{\Gamma \Rightarrow \Delta', \rho^m, \varphi[y/x]}{\Gamma \Rightarrow \Delta', \rho^m, \forall x\varphi}}[\forall 右] \quad \cfrac{\vdots \mathcal{R}}{\rho^n, \Pi \Rightarrow \Sigma}}{\Gamma, \Pi \Rightarrow \Delta', \forall x\varphi, \Sigma}[拡張カット]$$

ここで $\varphi[y/x]$ に y が自由出現すると仮定する (そうでない場合については後述). このとき新しい自由出現用の変数記号 z を持ってきて，$\mathcal{L}'$ に補題 9.3.2

9.3 カット除去

を適用して,

$$\bigl(\Gamma \Rightarrow \Delta', \rho^m, \varphi[y/x]\bigr)[z/y] \tag{9.6}$$

を結論とする証明図 $\mathcal{L}'^\star$ を得る. すると $\mathcal{L}$ の $[\forall 右]$ の変数条件からシークエント (9.6) は

$$\Gamma \Rightarrow \Delta', \rho^m, \varphi[z/x]$$

に等しい. そこで次の証明図を考える.

$$\cfrac{\cfrac{\begin{array}{c}\vdots\,\mathcal{L}'^\star \\ \Gamma \Rightarrow \Delta', \rho^m, \varphi[z/x]\end{array} \quad \begin{array}{c}\vdots\,\mathcal{R} \\ \rho^n, \Pi \Rightarrow \Sigma\end{array}}{\Gamma, \Pi \Rightarrow \Delta', \varphi[z/x], \Sigma}\,\text{[拡張カット]}}{\Gamma, \Pi \Rightarrow \Delta', \forall x\varphi, \Sigma}\,\text{[∀右]}$$

この拡張カットから上の部分は複雑さが c のままで重さが $(w-1)$ の終カット証明図になっている (なぜなら $\mathcal{L}'^\star$ は $\mathcal{L}'$ と同じ重さである). したがってこの部分を帰納法の仮定によって得られるカット無しの証明図に置き換えることができ, その結果求めるカット無しの証明図が得られる. なお $\mathcal{L}'$ を $\mathcal{L}'^\star$ に変えた理由は, Π, Σ 中に y が自由出現していたとしても最後の $[\forall 右]$ が正しく適用できるようにするためである. また $\varphi[y/x]$ に y が自由出現していなかった場合は, $\mathcal{L}'^\star$ として $\mathcal{L}'$ をそのまま持ってくればよい ($\varphi[z/x]$ も $\varphi[y/x]$ も φ に等しいので).

与えられた終カット証明図が他の形をしている場合も同様にできる.

【$\mathcal{L}$ と $\mathcal{R}$ の最後が同じ論理記号に関する推論規則であり, その二つの推論規則で導入された論理式が共にカット論理式になっているとき】たとえばその論理記号が $\land$ で与えられた終カット証明図が次のようになっているとする.

$$\cfrac{\cfrac{\begin{array}{c}\vdots\,\mathcal{L}' \\ \Gamma \Rightarrow \Delta, \rho^{m-1}, \varphi\end{array} \quad \begin{array}{c}\vdots\,\mathcal{L}'' \\ \Gamma \Rightarrow \Delta, \rho^{m-1}, \psi\end{array}}{\Gamma \Rightarrow \Delta, \rho^{m-1}, \varphi\land\psi}\,\text{[∧右]} \quad \cfrac{\begin{array}{c}\vdots\,\mathcal{R}' \\ \varphi, \rho^{n-1}, \Pi \Rightarrow \Sigma\end{array}}{\varphi\land\psi, \rho^{n-1}, \Pi \Rightarrow \Sigma}\,\text{[∧左]}}{\Gamma, \Pi \Rightarrow \Delta, \Sigma}\,\text{[拡張カット]}$$

ただし ρ は $(\varphi\land\psi)$ に等しい. この場合は次の証明図を考える.

$$
\cfrac{\cfrac{\vdots \mathcal{L}'}{\Gamma \Rightarrow \Delta, \rho^{m-1}, \varphi \quad \rho^n, \Pi \Rightarrow \Sigma}\,[拡] \quad \cfrac{\vdots \mathcal{R}}{\Gamma, \Pi \Rightarrow \Delta, \varphi, \Sigma} \quad \cfrac{\vdots \mathcal{L}}{\Gamma \Rightarrow \Delta, \rho^m \quad \varphi, \rho^{n-1}, \Pi \Rightarrow \Sigma}\,[拡]}{\Gamma, \Pi, \Gamma, \Pi \Rightarrow \Delta, \Sigma, \Delta, \Sigma}\,[拡]
$$

この左上の拡張カットから上の部分は複雑さが c のままで重さが w よりも小さい終カット証明図になっている (左部のシークエントの個数が減っているので). また右上の拡張カットから上の部分は複雑さが c のままで重さが $(w-1)$ の終カット証明図になっている (右部のシークエントが 1 個減っているので). したがってこれらの部分を帰納法の仮定によって得られるカット無しの証明図に置き換えることができる. すると今度は全体が終カット証明図になり, その複雑さは c よりも小さい (カット論理式が $\varphi \wedge \psi$ から φ に変わっているので). そこでまた帰納法の仮定を使えば, $(\Gamma, \Pi, \Gamma, \Pi \Rightarrow \Delta, \Sigma, \Delta, \Sigma)$ を結論とするカット無しの証明図が得られる. そしてこれに [contraction 左・右] を何回か適用すれば求める証明図が得られる.

また $\mathcal{L}$ と $\mathcal{R}$ の最後が $\forall$ に関する規則のときは, 与えられた終カット証明図の形は次のようになっている.

$$
\cfrac{\cfrac{\vdots \mathcal{L}'}{\Gamma \Rightarrow \Delta, \rho^{m-1}, \varphi[y/x]}\,[\forall 右]}{\Gamma \Rightarrow \Delta, \rho^{m-1}, \forall x \varphi} \quad \cfrac{\cfrac{\vdots \mathcal{R}'}{\varphi[t/x], \rho^{n-1}, \Pi \Rightarrow \Sigma}\,[\forall 左]}{\forall x \varphi, \rho^{n-1}, \Pi \Rightarrow \Sigma}
\quad [拡張カット]
$$
$$
\Gamma, \Pi \Rightarrow \Delta, \Sigma
$$

ただし ρ は $\forall x \varphi$ に等しい. ここで $\varphi[y/x]$ に y が自由出現すると仮定する (そうでない場合については後述). このとき $\mathcal{L}'$ に補題 9.3.2 を適用して,

$$\bigl(\Gamma \Rightarrow \Delta, \rho^{m-1}, \varphi[y/x] \bigr)[t/y] \tag{9.7}$$

を結論とする証明図 $\mathcal{L}'^\star$ を得る. 補題 9.3.2 適用の際の条件「t 中の変数記号はすべて自由出現用である」は, $\varphi[t/x]$ に t が出現することからいえる. さて $\mathcal{L}$ の $[\forall 右]$ の変数条件からシークエント (9.7) は

$$\Gamma \Rightarrow \Delta, \rho^{m-1}, \varphi[t/x]$$

に等しい. そこで次の証明図を考える.

$$\cfrac{\cfrac{\vdots\ \mathcal{L}'^\star}{\Gamma \Rightarrow \Delta, \rho^{m-1}, \varphi[t/x]} \quad \cfrac{\vdots\ \mathcal{R}}{\rho^n, \Pi \Rightarrow \Sigma}}{\cfrac{\Gamma, \Pi \Rightarrow \Delta, \varphi[t/x], \Sigma}{\Gamma, \Pi, \Gamma, \Pi \Rightarrow \Delta, \Sigma, \Delta, \Sigma}\ [\text{拡}]}\ [\text{拡}] \quad \cfrac{\cfrac{\vdots\ \mathcal{L}}{\Gamma \Rightarrow \Delta, \rho^m} \quad \cfrac{\vdots\ \mathcal{R}'}{\varphi[t/x], \rho^{n-1}, \Pi \Rightarrow \Sigma}}{\Gamma, \varphi[t/x], \Pi \Rightarrow \Delta, \Sigma}\ [\text{拡}]$$

この左上の拡張カットから上の部分も右上の拡張カットから上の部分も,共に複雑さが c のままで重さが $(w-1)$ の終カット証明図になっている.したがってこれらの部分を帰納法の仮定によって得られるカット無しの証明図に置き換えることができる.すると今度は全体が終カット証明図になり,その複雑さは $(c-1)$ である (カット論理式が $\forall x \varphi$ から $\varphi[t/x]$ に変わっているので).そこでまた帰納法の仮定を使えば,$(\Gamma, \Pi, \Gamma, \Pi \Rightarrow \Delta, \Sigma, \Delta, \Sigma)$ を結論とするカット無しの証明図が得られる.そしてこれに [contraction 左・右] を何回か適用すれば求める証明図が得られる.なお $\varphi[y/x]$ に y が自由出現していなかった場合は,$\mathcal{L}'^\star$ として $\mathcal{L}'$ をそのまま持ってくればよい ($\varphi[y/x]$ も $\varphi[t/x]$ も φ に等しいので).

与えられた終カット証明図が他の形をしている場合も同様にできる.

以上でカット除去の主補題 9.3.3 の証明が完了した. □

最後にカット除去定理 9.1.1 の証明を与える.

証明 $\Gamma \Rightarrow \Delta$ が **LK** でカットを使って証明されていて,その証明図は前節の設定①(132 頁) を満たしているとする.この証明図中のカットを上の方 (公理に近い方) から順番にさきほどの主補題 9.3.3 を用いて消していけば,最終的にカット無しの $\Gamma \Rightarrow \Delta$ の証明図が得られる.簡単な例で説明すると,たとえば次のようなカットを 3 回使った証明図があるとする.

$$\cfrac{\cfrac{\cfrac{\vdots}{\Gamma_1 \Rightarrow \Delta_1, \varphi_1} \quad \cfrac{\vdots}{\varphi_1, \Pi_1 \Rightarrow \Sigma_1}}{\Gamma_1, \Pi_1 \Rightarrow \Delta_1, \Sigma_1}\ [\text{カット}] \quad \cfrac{\cfrac{\vdots}{\Gamma_2 \Rightarrow \Delta_2, \varphi_2} \quad \cfrac{\vdots}{\varphi_2, \Pi_2 \Rightarrow \Sigma_2}}{\Gamma_2, \Pi_2 \Rightarrow \Delta_2, \Sigma_2}\ [\text{カット}]}{\cfrac{\cfrac{\vdots}{\Gamma_3 \Rightarrow \Delta_3, \varphi_3} \quad \varphi_3, \Pi_3 \Rightarrow \Sigma_3}{\cfrac{\Gamma_3, \Pi_3 \Rightarrow \Delta_3, \Sigma_3}{\Gamma \Rightarrow \Delta}\vdots}\ [\text{カット}]}$$

まず上部の二つのカット (φ_1 のカットと φ_2 のカット) から上の部分は共に終カット証明図になっているので，それらを主補題 9.3.3 で得られるカット無しの証明図に置き換える．すると残ったカット (φ_3 のカット) から上の部分がまた終カット証明図になっているので，それを主補題 9.3.3 で得られるカット無しの証明図に置き換えれば，全体がカット無しの証明図になる． □

演 習 問 題

9.1 126 頁の (9.1) の $X\to Y, (\neg X)\to Y \Rightarrow Y$ を **LK** でカット規則を使用しないで証明せよ．

9.2 定理 9.1.3 の証明に用いられた次の性質を証明せよ．閉論理式 $\varphi\to\psi$ が恒真であることとシークエント $\varphi \Rightarrow \psi$ が **LK** で証明できることとは同値である．

9.3 定理 9.1.3 の証明に用いられた「事実」($\mathcal{A}$ の結論の双対を左右反転させたものがまた証明可能であること) を証明せよ．

9.4 131 頁の (9.4) の $\forall x\forall y R(x,y) \Rightarrow \forall z R(y,z)$ は **LK** でカット規則を使用しないと証明できないことを示せ．

9.5 132 頁で述べられた「$\mathcal{A}_1$ から $\mathcal{A}_2$ を得る証明図の変数記号の書き換え」を定義せよ．その書き換えは次の条件を満たしている必要がある．

- 書き換え後も **LK** の文法に従った正当な証明図になっている．
- 書き換え後は「同一の変数記号が証明図のある場所では自由出現して別の場所では束縛出現する」という状況は起こらない．
- 書き換え前の結論のシークエントが（結論だけを局所的に見れば）変数分離条件を満たしていたならば，その結論には書き換えをまったく施さない．

9.6 補題 9.3.1 を証明せよ．

9.7 補題 9.3.2 を証明せよ．

第10章
直観主義論理

前章までで扱ってきた論理 (これを**古典論理**とよぶ) 以外の論理も数理論理学において多く研究されている．それらは非古典論理とよばれ，古典論理で証明できていた論理式のいくつかが証明できなくなった論理や，古典論理では使用していなかった記号が追加されて論理式の記述能力が高まった論理などさまざまなバリエーションがある．本章では前者のタイプ，つまり証明できる論理式が古典論理よりも減っている論理の代表である**直観主義論理** (intuitionistic logic) の証明体系 (自然演繹とシークエント計算) を定め，その代表的な性質 ($\vee$ と $\exists$ に関する性質，古典論理との関係など) を紹介する．

10.1 直観主義論理とは

直観主義論理では古典論理で証明できていた論理式のうちのいくつかが証明できなくなる．その代表例は次の論理式である．

$$X \vee \neg X \tag{10.1}$$

この論理式は**排中律**とよばれることもある．「排中」とは中を排する，すなわち「真でも偽でもない中間的な真理値はありえない」という意味である．排中律の他にもたとえば次の論理式が直観主義論理では証明できない．

$$(\neg\neg X) \to X \tag{10.2}$$

$$\bigl(\neg((\neg X)\wedge\neg Y)\bigr) \to (X\vee Y) \tag{10.3}$$

$$(X\to Y) \to ((\neg X)\vee Y) \tag{10.4}$$

$$(\neg\forall x\neg P(x)) \to \exists x P(x) \tag{10.5}$$

$$\bigl(\forall x(P(x)\vee Y)\bigr) \to \bigl((\forall x P(x))\vee Y\bigr) \tag{10.6}$$

ただし X,Y は任意の命題記号，P は1引数の任意の述語記号である．これらの論理式はすべて古典論理では証明可能である (3.4 節の同値な論理式のリスト参照)．(10.2) 〜(10.6) はすべて $\varphi\to\psi$ という形をしており，そのそれぞれの「逆」すなわち $\psi\to\varphi$ という形の論理式は直観主義論理で証明できる．

論理式 (10.2) の証明不可能性は，直観主義論理では論理式に二重否定を付けると一般に意味が弱くなってしまうことを表している．これが 1.2 節において「二重否定と元の文章が必ずしも同じ意味にならない論理」として言及したことである．

直観主義論理という名称の由来は，数学を実践する際の立場・思想のひとつである「直観主義」を形式的な論理として具体的に表した体系だから，といわれている．しかしこの立場・思想の説明は筆者の手に余るので省略して，代わりにさきほどあげたいくつかの論理式を題材にして**直観主義論理のココロ**を説明する．

直観主義論理で $\varphi\vee\psi$ が成り立つことを示すためには，単に

 (a) 「φ と ψ のどちらも成り立たない」は偽である

を示すのではなく，

 (a$^+$) φ と ψ のどちらが成り立つかの明示

が必要である．また $\exists x\varphi$ が成り立つことを示すためには，単に

 (b) 「どんな x についても φ は成り立たない」は偽である

を示すのではなく，

 (b$^+$) φ が成り立つ x の具体的な明示

が必要である．a$^+$ の方が a よりも，そして b$^+$ の方が b よりも強く (すなわち示すのは大変だけれども情報量は多い)，$\varphi\vee\psi$, $\exists x\varphi$ はこのような強い主張を表すのである．これらを「$\vee$ の構成性，$\exists$ の構成性」とよぶことにする．論理式 (10.3) と (10.5) が証明できないということは，この性質を反映している．

排中律 (10.1) が証明できないことも $\vee$ の構成性から説明できる．$X\vee\neg X$ を示すためには X と $\neg X$ のどちらが成り立つかを明示しなければならないのだが，X の真偽が不明な場合はそれができないのである．通常の数学においては「X の真偽は不明だけれども X と $\neg X$ のどちらかは正しいはずだ」という排中

律に基づく議論が正当なものとして認められる．たとえば，x^y が有理数であるような無理数 x, y が存在することを示した 3 頁の証明の実例 (エ) がそうである．そこでは $\sqrt{2}^{\sqrt{2}}$ が実際に有理数であるか否かは追求せずに，「$\sqrt{2}^{\sqrt{2}}$ は有理数である」と「$\sqrt{2}^{\sqrt{2}}$ は有理数でない (すなわち無理数である)」のどちらかは正しい，ということを根拠にした証明がなされている．しかしこの証明を読んでも，存在が主張されている x, y の具体値はわからない (もしも直観主義論理での証明が与えられれば x, y の具体値がそこからわかるはずである)．排中律に立脚するこの証明 (エ) を直観主義論理の立場から見れば，土台がなく空中から始まっているような議論であって正当とはいえない．∨・∃ の構成性は土台から確実に積み上げるような議論を要求するものなのである．

なお，この構成性はコンピュータサイエンスと相性が良いことが知られている．詳細な説明は省略するが，「直観主義論理による証明」と「コンピュータプログラム」とは本質的に似ている部分があり，プログラムを数学的に分析しようとする際に直観主義論理に対する研究の結果や手法が用いられることも多い．

ところでこの節のはじめに示したように，直観主義論理は古典論理を制限して証明できる論理式を減らしたものである．この「証明できる論理式が減っている」というのは直観主義論理の欠点を表しているのではなく，むしろ利点であることを注意しておく．たとえば $\varphi \vee \psi$ と $\neg((\neg \varphi) \wedge \neg \psi)$ との同値性が証明できないということは，古典論理では同一視してしまうものをはっきりと区別しているということである．つまり古典論理は大ざっぱで直観主義論理はきめ細かいのである．

論理を数学的に分析しようというときには，きめ細かいものを分析する方が難しいが，その分だけ多くの情報が得られて有益である．非古典論理の特殊なものが古典論理である (たとえば直観主義論理に「$\varphi \vee \psi$ と $\neg((\neg \varphi) \wedge \neg \psi)$ とを同一視する」というオプションを加えたものが古典論理である) という見方は，古典論理に対しても新たな知見をもたらすものである．

10.2 自然演繹とシークエント計算

この節では直観主義論理の自然演繹とシークエント計算を紹介する．それに

表 10.1 直観主義論理で論理式の構成に使用できる記号一覧

変数記号	x, y, x', z_2 などで表す.
命題記号	X, Y, X', Z_2 などで表す.
述語記号	P, Q, P', R_2 などで表す. それぞれ引数の個数が定まっている.
論理記号	$\bot, \neg, \wedge, \vee, \rightarrow, \forall, \exists$
補助記号	開き括弧, 閉じ括弧, カンマ

先立って，今後は論理式を構成する記号から等号 ($=$) と定数記号と関数記号を除外することにする．その理由は次の通りである．

- 直観主義論理でこれらの記号を扱おうとすると，異なるいくつかの方法が考えられて議論が煩雑になる．たとえば等号についてならば，$\forall x \forall y ((x=y) \vee \neg(x=y))$ や $\forall x \forall y ((\neg\neg(x=y)) \rightarrow (x=y))$ といった論理式を公理として認めるか否かで状況が変わってくる．
- 定数記号と関数記号は述語記号によってある程度の代用ができる．たとえば $\oplus$ がなくても，Plus という 3 引数の述語記号を「$\text{Plus}(t_1, t_2, t_3)$ は $t_1 \oplus t_2 = t_3$ を意図する」というように用いればよい．
- 前節で例示した「$\sqrt{2}^{\sqrt{2}}$ は無理数」などといった普通の数学の命題を論理式で記述しようとすると等号や定数記号や関数記号が必要になってくる．しかしここでの目的は，直観主義論理を使って普通の数学を展開しようということ (つまり普通の数学の公理や命題を論理式で記述してそれらの公理から直観主義論理上でその命題を導くこと) ではない．そうではなくて，非古典論理の代表として直観主義論理を分析することである．この目的では等号や定数記号や関数記号は本質的に必要というわけではない．

そこで等号，定数記号，関数記号は排除して，代わりに述語記号と命題記号は可算無限個あるとする．論理式を構成する記号とその表し方を表 10.1 にまとめておく．

直観主義論理の**自然演繹**は古典論理の自然演繹から背理法規則を取り除いたものであり，図 10.1 で与えられる．等号は用いられないのでそれに関する公理と規則も取り除かれている．31～33 頁で示した導出図の例 1～12 のうち，背理法を用いている例 6 と等号が登場する例 10, 12 以外は本章でもそのまま導出

$$\frac{\varphi \quad \psi}{\varphi \wedge \psi} \ [\wedge 導入] \qquad \frac{\varphi \wedge \psi}{\varphi} \ [\wedge 除去] \qquad \frac{\varphi \wedge \psi}{\psi} \ [\wedge 除去]$$

$$\frac{\varphi}{\varphi \vee \psi} \ [\vee 導入] \qquad \frac{\varphi}{\psi \vee \varphi} \ [\vee 導入]$$

$$\frac{\varphi \vee \psi \quad \overset{\vdots \ (\mathcal{A})}{\rho} \quad \overset{\vdots \ (\mathcal{B})}{\rho}}{\rho} \ [\vee 除去] \quad \mathcal{A} \text{ 中に仮定 } \varphi \text{ や } \mathcal{B} \text{ 中に仮定 } \psi \text{ があればここで解消.}$$

$$\frac{\overset{\vdots \ (\mathcal{A})}{\psi}}{\varphi \rightarrow \psi} \ [\rightarrow 導入] \quad \mathcal{A} \text{ 中に仮定 } \varphi \text{ があればここで解消.} \qquad \frac{\varphi \rightarrow \psi \quad \varphi}{\psi} \ [\rightarrow 除去]$$

$$\frac{\overset{\vdots \ (\mathcal{A})}{\bot}}{\neg \varphi} \ [\neg 導入] \quad \mathcal{A} \text{ 中にある仮定 } \varphi \text{ をここで解消.} \qquad \frac{\neg \varphi \quad \varphi}{\bot} \ [\neg 除去]$$

$$\frac{\bot}{\varphi} \ [矛盾]$$

$$\frac{\overset{\vdots \ (\mathcal{A})}{\varphi[y/x]}}{\forall x \varphi} \ [\forall 導入](注1) \qquad \frac{\forall x \varphi}{\varphi[t/x]} \ [\forall 除去](注2)$$

$$\frac{\varphi[t/x]}{\exists x \varphi} \ [\exists 導入](注2)$$

$$\frac{\exists x \varphi \quad \overset{\vdots \ (\mathcal{A})}{\psi}}{\psi} \ [\exists 除去] \quad \mathcal{A} \text{ 中に仮定 } \varphi[y/x] \text{ があればここで解消. (注3)}$$

(注1) x は変数記号. y は $\mathcal{A}$ 中の解消されていない仮定の中にも $\forall x \varphi$ の中にも自由出現しない変数記号で, φ 中の x に代入可能なもの.

(注2) x は変数記号. t は φ 中の x に代入可能な項.

(注3) x は変数記号. y は $\mathcal{A}$ 中の $\varphi[y/x]$ 以外の解消されていない仮定の中にも $\exists x \varphi$ や ψ の中にも自由出現しない変数記号で, φ 中の x に代入可能なもの.

図 **10.1** 直観主義論理の自然演繹の推論規則一覧

図として認められる．例 6 は排中律の証明であり直観主義論理で認められないものの代表である．

直観主義論理のシークエント計算の体系は **LJ** とよばれる[*1)]．**LJ** は古典論理のシークエント計算 **LK**(8.3 節参照) に次の制限を加えることによって得られる．
 シークエントの右辺に 2 個以上の論理式の出現を許さない，つまり
 シークエントの右辺は空であるか 1 個の論理式があるだけである．
この制限によって [contraction 右] と [exchange 右] は使用できなくなり，[weakening 右] は前提の右辺が空の場合にのみ使用可能になる．**LJ** の公理と推論規則は図 10.2 の通りである．

定理 8.3.2 と同様に次が成り立つ．

定理 10.2.1 論理式は表 10.1 の記号からなるとする．任意の論理式 φ に対して次の二条件は同値である．
 (1) **LJ** でシークエント $(\Rightarrow \varphi)$ が証明できる．
 (2) 直観主義論理の自然演繹で φ が証明できる．

この定理の証明は 8.3.2 と同様なので省略する．この条件 (1),(2) が成り立つことを「φ は直観主義論理で証明できる」といい

$$\vdash_{\text{Int}} \varphi$$

と表記する[*2)]．

第 9 章で示したカット除去定理は **LJ** でも成り立つ．この証明も **LK** の場合とほぼ同様なので省略する．

[*1)] **LK** と同様に (121 頁の脚注参照) **LJ** はゲンツェンが導入した体系であり logistischer intuitionistischer Kalkül のことを LJ と省略表記 (?) していたらしいが，現在の数理論理学では LJ という単語は「直観主義論理のシークエント計算」を意味する固有名詞として定着している．
[*2)] Int は Intuitionistic の頭 3 文字．

公理：$\varphi \Rightarrow \varphi$ という形のシークエントすべて (つまり両辺に同一の論理式がひとつずつだけ存在するシークエント)，および $\bot \Rightarrow$ (つまり左辺が $\bot$ ひとつで右辺が空のシークエント).

推論規則：(以下では Δ は空または 1 個の論理式である)

$$\frac{\Gamma \Rightarrow \Delta}{\varphi, \Gamma \Rightarrow \Delta} \text{ [weakening 左]} \qquad \frac{\Gamma \Rightarrow}{\Gamma \Rightarrow \varphi} \text{ [weakening 右]}$$

$$\frac{\varphi, \varphi, \Gamma \Rightarrow \Delta}{\varphi, \Gamma \Rightarrow \Delta} \text{ [contraction 左]}$$

$$\frac{\Gamma, \varphi, \psi, \Pi \Rightarrow \Delta}{\Gamma, \psi, \varphi, \Pi \Rightarrow \Delta} \text{ [exchange 左]}$$

$$\frac{\varphi, \Gamma \Rightarrow \Delta}{\varphi \wedge \psi, \Gamma \Rightarrow \Delta} [\wedge 左] \quad \frac{\varphi, \Gamma \Rightarrow \Delta}{\psi \wedge \varphi, \Gamma \Rightarrow \Delta} [\wedge 左] \quad \frac{\Gamma \Rightarrow \varphi \quad \Gamma \Rightarrow \psi}{\Gamma \Rightarrow \varphi \wedge \psi} [\wedge 右]$$

$$\frac{\varphi, \Gamma \Rightarrow \Delta \quad \psi, \Gamma \Rightarrow \Delta}{\varphi \vee \psi, \Gamma \Rightarrow \Delta} [\vee 左] \quad \frac{\Gamma \Rightarrow \varphi}{\Gamma \Rightarrow \varphi \vee \psi} [\vee 右] \quad \frac{\Gamma \Rightarrow \varphi}{\Gamma \Rightarrow \psi \vee \varphi} [\vee 右]$$

$$\frac{\Gamma \Rightarrow \varphi \quad \psi, \Pi \Rightarrow \Delta}{\varphi \to \psi, \Gamma, \Pi \Rightarrow \Delta} [\to 左] \quad \frac{\varphi, \Gamma \Rightarrow \psi}{\Gamma \Rightarrow \varphi \to \psi} [\to 右]$$

$$\frac{\Gamma \Rightarrow \varphi}{\neg \varphi, \Gamma \Rightarrow} [\neg 左] \quad \frac{\varphi, \Gamma \Rightarrow}{\Gamma \Rightarrow \neg \varphi} [\neg 右]$$

$$\frac{\varphi[t/x], \Gamma \Rightarrow \Delta}{\forall x \varphi, \Gamma \Rightarrow \Delta} [\forall 左](注 1) \quad \frac{\Gamma \Rightarrow \varphi[y/x]}{\Gamma \Rightarrow \forall x \varphi} [\forall 右](注 2)$$

$$\frac{\varphi[y/x], \Gamma \Rightarrow \Delta}{\exists x \varphi, \Gamma \Rightarrow \Delta} [\exists 左](注 2) \quad \frac{\Gamma \Rightarrow \varphi[t/x]}{\Gamma \Rightarrow \exists x \varphi} [\exists 右](注 1)$$

$$\frac{\Gamma \Rightarrow \varphi \quad \varphi, \Pi \Rightarrow \Delta}{\Gamma, \Pi \Rightarrow \Delta} [カット]$$

(注 1) x は変数記号. t は φ 中の x に代入可能な項.
(注 2) y は Γ, Δ 中にも $\forall x \varphi$ の中にも $\exists x \varphi$ の中にも自由出現しない変数記号で，φ 中の x に代入可能なもの (y のことを **eigenvariable** とよぶ).

図 10.2 LJ の公理と推論規則一覧

定理 10.2.2 (直観主義論理のカット除去定理)　**LJ** で証明できて変数分離条件を満たすどんなシークエントも，**LJ** でカット規則を使用しないで証明できる.

10.3　直観主義論理のいくつかの性質

この節では直観主義論理で証明できる論理式についての有名な性質を示す.

はじめに，10.1 節で説明した $\vee$ と $\exists$ の構成性を反映した性質をカット除去定理を用いて示す.

定理 10.3.1　(1) $\vdash_{\mathrm{Int}} \varphi \vee \psi$ ならば，$\vdash_{\mathrm{Int}} \varphi$ と $\vdash_{\mathrm{Int}} \psi$ のどちらかは成り立つ.

(2) $\vdash_{\mathrm{Int}} \exists x \varphi$ ならば，φ 中の x に代入可能な項 t が存在して $\vdash_{\mathrm{Int}} \varphi[t/x]$ となる．ただし $\exists x \varphi$ は変数分離条件を満たす，すなわち $\mathrm{FVar}(\exists x \varphi) \cap \mathrm{BVar}(\exists x \varphi) = \emptyset$ が成り立つものとする.

((1) のことを **disjunction property**，(2) のことを **existence property** とよぶ.)

証明　【(1) の証明】$\varphi \vee \psi$ は変数分離条件を満たしていると仮定する (満たしていない場合の扱いは演習問題とする). シークエント $\Rightarrow \varphi \vee \psi$ が **LJ** で証明できるならばカット除去定理 10.2.2 によってカットの無い証明があるはずである. するとその証明は

$$\frac{\vdots}{\Rightarrow \varphi} \quad [\vee 右] \qquad \frac{\vdots}{\Rightarrow \psi} \quad [\vee 右]$$
$$\Rightarrow \varphi \vee \psi \qquad \qquad \Rightarrow \varphi \vee \psi$$

のどちらかの形しかありえない. したがって $\Rightarrow \varphi$ か $\Rightarrow \psi$ のどちらかは証明できている.

【(2) の証明】シークエント $\Rightarrow \exists x \varphi$ が **LJ** で証明できるならばカット除去定理 10.2.2 によってカットのない証明があるはずである. するとその証明は

$$\frac{\vdots}{\Rightarrow \varphi[t/x]} \quad [\exists 右]$$
$$\Rightarrow \exists x \varphi$$

の形しかありえない．したがって $\Rightarrow \varphi[t/x]$ が証明できるような t が存在している． □

なお古典論理では disjunction property も existence property も成り立たない (演習問題)．

次に直観主義論理と古典論理との有名な関係を示す．論理式 φ が古典論理で証明できること (つまり系 8.3.3 の条件 (1)～(3) が成り立つこと) を

$$\vdash_{\mathrm{Cl}} \varphi$$

と表記する[*1]．

定理 10.3.2 (グリベンコの定理)[*2] φ は命題論理の任意の論理式 (つまり命題記号と $\bot, \neg, \wedge, \vee, \to$ から構成される) とする．このとき次の二条件は同値である．
 (1) $\vdash_{\mathrm{Cl}} \varphi$.
 (2) $\vdash_{\mathrm{Int}} \neg\neg\varphi$.

証明 (2 ⇒ 1) は簡単である．(1 ⇒ 2) は次の補題 10.3.3 の特別な場合 (Γ が空で Δ が φ だけからなる場合) から，**LJ** における [¬右] 規則を使えばよい． □

補題 10.3.3 Γ, Δ は命題論理の論理式の任意の列とする．シークエント $(\Gamma \Rightarrow \Delta)$ が **LK** で証明できるならば，$(\Gamma, \neg\Delta \Rightarrow)$ が **LJ** で証明できる．ただし $\neg\Delta$ は Δ の各要素に ¬ を付けた列である．

証明 $\Gamma \Rightarrow \Delta$ が **LK** で証明できるならば，定理 9.1.2 によって $\forall, \exists$ に関する規則もカット規則も用いない証明図 $\mathcal{A}$ がある．そこで $\mathcal{A}$ の大きさに関する帰納法で補題を示す．以下では 132 頁の設定②のようにシークエントの左辺と右辺の中での論理式の並び順を問題にしない．証明は $\mathcal{A}$ の形によって場合分けされるが，ここでは $\mathcal{A}$ が次の形をしている場合を示す．

[*1] Cl は Classical の頭 2 文字．
[*2] グリベンコ (Glivenko, V.I) は人名．

$$
\begin{array}{cc}
\vdots\mathcal{A}_1 & \vdots\mathcal{A}_2 \\
\Gamma \Rightarrow \Sigma, \varphi \quad & \Gamma \Rightarrow \Sigma, \psi \\
\hline
\Gamma \Rightarrow \Sigma, \varphi \wedge \psi
\end{array} [\wedge 右]
$$

このとき **LJ** において次のように証明できる.

$$
\cfrac{\cfrac{\cfrac{\cfrac{\cfrac{\vdots}{\varphi, \psi \Rightarrow \varphi \wedge \psi}}{\varphi, \psi, \neg(\varphi \wedge \psi) \Rightarrow}[\neg 左]}{\psi, \neg(\varphi \wedge \psi) \Rightarrow \neg \varphi}[\neg 右] \quad \cfrac{\vdots \mathcal{A}_1 の帰納法の仮定}{\Gamma, \neg\Sigma \Rightarrow \neg \varphi}}{\cfrac{\cfrac{\psi, \neg(\varphi \wedge \psi), \Gamma, \neg \Sigma \Rightarrow}{\neg(\varphi \wedge \psi), \Gamma, \neg \Sigma \Rightarrow \neg \psi}[\neg 右] \quad \cfrac{\vdots \mathcal{A}_2 の帰納法の仮定}{\Gamma, \neg\Sigma, \neg\psi \Rightarrow}}{\cfrac{\neg(\varphi \wedge \psi), \Gamma, \neg \Sigma, \Gamma, \neg \Sigma \Rightarrow}{\cfrac{\vdots [\text{contraction を何回か}]}{\Gamma, \neg \Sigma, \neg(\varphi \wedge \psi) \Rightarrow}}}[カット]}[カット]
$$

$\square$

【注意】グリベンコの定理は述語論理では成り立たない. たとえば 1 変数述語記号 P に対して次の二つが成り立つ.

$$\vdash_{\text{Cl}} \forall x (P(x) \vee \neg P(x)) \tag{10.7}$$

$$\nvdash_{\text{Int}} \neg\neg \forall x (P(x) \vee \neg P(x)) \tag{10.8}$$

(10.8) は次章の議論を用いて示すことができる (11 章の演習問題 11.1).

論理式に二重否定を付けるという変換を $\star$ で表すことにすると (つまり $\varphi^{\star} = \neg\neg\varphi$ である), グリベンコの定理の主張 ($\vdash_{\text{Cl}} \varphi \iff \vdash_{\text{Int}} \varphi^{\star}$) を次のように言い表すこともできる.

- 命題論理式の古典論理での証明可能性問題が, 変換 $\star$ によって直観主義論理での証明可能性問題に帰着される.
- φ と $\varphi^{\star}$ は古典論理上では同値である (つまり $\vdash_{\text{Cl}} (\varphi \rightarrow \varphi^{\star}) \wedge (\varphi^{\star} \rightarrow \varphi)$). そこで命題論理式全体を「古典論理上で同値」という関係で同値類に割った場合, $\star$ の変換結果になっている論理式 (つまり $\varphi^{\star}$ という形の論理式) を各同値類の代表元としてとることができる. そしてそのような代表元だけに着目すると, 古典論理での証明可能性と直観主義論理での証明可能性は

10.3 直観主義論理のいくつかの性質

一致する.

- 直観主義論理で証明できる命題論理式全体の中で * の変換結果になっている論理式だけに着目すると，古典論理で証明できる論理式がすべてそこに埋め込まれている.

このような「直観主義論理への古典論理の埋め込み」を述語論理式まで拡張する方法，すなわち $\forall$ や $\exists$ があっても上記が成り立つような * の適切な定義はいくつもある. 以下ではそのようなものを二つ紹介する.

* が単に「冒頭に $\neg\neg$ を付ける」ではさきほどの反例 (10.7, 10.8) があったが,「論理式の冒頭に $\neg\neg$ を付けてさらに論理式中のすべての $\forall x$ の出現の直後にも $\neg\neg$ を挿入する (ただし x は任意の変数記号)」とすればこれが求めるものになる. つまりこの変換[*1)]を $\heartsuit$ と表せば次が成り立つ.

定理 10.3.4　(1) $\vdash_{\mathrm{Cl}} (\varphi \to \varphi^\heartsuit) \land (\varphi^\heartsuit \to \varphi)$.
(2) $\vdash_{\mathrm{Cl}} \varphi \iff \vdash_{\mathrm{Int}} \varphi^\heartsuit$.

証明　$(2 \Rightarrow)$ の他は簡単である. $(2 \Rightarrow)$ はグリベンコの定理と同様に, 補題 10.3.3 と類似した次の主張を **LK** の証明図の大きさに関する帰納法で示せばよい.

> 論理式中のすべての $\forall x$ (ただし x は任意の変数記号) の出現の直後に $\neg\neg$ を挿入するという操作を $\diamond$ とする. $(\Gamma \Rightarrow \Delta)$ が **LK** で証明できるならば, $(\Gamma^\diamond, \neg\Delta^\diamond \Rightarrow)$ が **LJ** で証明できる.

補題 10.3.3 と異なるのは $\forall, \exists$ が追加されたことである. 特に **LK** の証明図が

$$\frac{\vdots \\ \Gamma \Rightarrow \Sigma, \psi[y/x]}{\Gamma \Rightarrow \Sigma, \forall x \psi} \,\, [\forall 右] \tag{10.9}$$

となっている場合, **LJ** の次の証明図を与える.

[*1)] 文献 [Troelstra - van Dalen '88] ではこの変換が **Kuroda's negative translation** とよばれている. Kuroda(黒田成勝) は人名.

$$\begin{array}{c} \vdots \quad \text{帰納法の仮定}\\ \dfrac{\Gamma^\diamond, \neg\Sigma^\diamond, \neg\psi[y/x]^\diamond \Rightarrow}{\dfrac{\Gamma^\diamond, \neg\Sigma^\diamond \Rightarrow \neg\neg\psi[y/x]^\diamond}{\dfrac{\Gamma^\diamond, \neg\Sigma^\diamond \Rightarrow \forall x\neg\neg(\psi^\diamond)}{\Gamma^\diamond, \neg\Sigma^\diamond, \neg\forall x\neg\neg(\psi^\diamond) \Rightarrow}\text{[∀右]}}\text{[¬右]}}\text{[¬左]} \end{array}$$

□

もうひとつの変換は,論理式中のすべての原子論理式の出現に $\neg\neg$ を付けてさらに $(\psi\vee\rho)$ という部分は $\neg((\neg\psi)\wedge\neg\rho)$ に, $\exists x\psi$ という部分は $\neg\forall x\neg\psi$ に変えるというものである.この変換[*1)]を ♣ と書く.

【例】 さきほどの (10.7) の論理式を ♣ で変換した結果は
$$\forall x\neg(\neg\neg\neg P(x) \wedge \neg\neg\neg\neg\neg P(x))$$
である.

定理 10.3.5 変換 ♡ を変換 ♣ に置き換えても定理 10.3.4 が成り立つ.

証明 (2 ⇒) の証明の方針だけを示す.はじめに任意の φ について次が成り立つことを φ の複雑さに関する帰納法で示しておく.

$$\text{シークエント } (\neg\neg\varphi^{\clubsuit} \Rightarrow \varphi^{\clubsuit}) \text{ は } \mathbf{LJ} \text{ で証明できる.} \tag{10.10}$$

次に **LK** の証明図の大きさに関する帰納法で以下を示す.

$$\begin{array}{l}(\Gamma \Rightarrow \Delta) \text{ が } \mathbf{LK} \text{ で証明できるならば,} (\Gamma^{\clubsuit}, \neg\Delta^{\clubsuit} \Rightarrow)\\ \text{が } \mathbf{LJ} \text{ で証明できる.}\end{array} \tag{10.11}$$

これはたとえば **LK** の証明図が (10.9) の場合は **LJ** の次の証明図を与える.

[*1)] 文献 [Troelstra - van Dalen '88] ではこの変換が **Gödel-Gentzen negative translation** とよばれている.

$$
\cfrac{\cfrac{\Gamma^{\clubsuit},\neg\Sigma^{\clubsuit},\neg\psi[y/x]^{\clubsuit} \Rightarrow}{\Gamma^{\clubsuit},\neg\Sigma^{\clubsuit} \Rightarrow \neg\neg\psi[y/x]^{\clubsuit}}[\neg 右] \quad \cfrac{\vdots \ (10.10)}{\neg\neg\psi[y/x]^{\clubsuit} \Rightarrow \psi[y/x]^{\clubsuit}}}{\cfrac{\cfrac{\Gamma^{\clubsuit},\neg\Sigma^{\clubsuit} \Rightarrow \psi[y/x]^{\clubsuit}}{\cfrac{\Gamma^{\clubsuit},\neg\Sigma^{\clubsuit} \Rightarrow \forall x\psi^{\clubsuit}}{\Gamma^{\clubsuit},\neg\Sigma^{\clubsuit},\neg\forall x\psi^{\clubsuit} \Rightarrow}[\neg 左]}[\forall 右]}}[カット]
$$

最後に (10.11) と (10.10) を合わせれば,

$$\vdash_{\text{Cl}} \varphi \implies \vdash_{\text{Int}} \neg\neg\varphi^{\clubsuit} \implies \vdash_{\text{Int}} \varphi^{\clubsuit}$$

が得られる. □

演 習 問 題

10.1 論理式 (10.1)〜(10.6) が古典論理で証明できることを示せ. そしてその証明には自然演繹の場合は背理法規則が使用され, **LK** の場合は右辺に複数の論理式があるシークエントが使われていることを確認せよ. 一方, 論理式 (10.2)〜(10.6) の「逆」は直観主義論理で証明できることを示せ.

10.2 $\vdash_{\text{Int}} (\varphi\rightarrow\psi)\wedge(\psi\rightarrow\varphi)$ のとき, φ と ψ は**直観主義論理上で同値である**という.

(1) 複数の論理式を $\wedge$ で結んで得られる論理式同士は, 結ぶ順番や括弧のかかり方が違っても直観主義論理上で同値であることを示せ (たとえば $(\varphi_1\wedge\varphi_2)\wedge\varphi_3$ と $\varphi_2\wedge(\varphi_1\wedge\varphi_3)$ とは同値である).

(2) (1) と同様なことが $\vee$ に関しても成り立つことを示せ.

(3) 論理式の冒頭に $\forall x_1, \forall x_2, \ldots, \forall x_n$ を付ける場合, 順番が違っても直観主義論理上で同値であることを示せ (たとえば $\forall x_1\forall x_2\forall x_3\varphi$ と $\forall x_3\forall x_2\forall x_1\varphi$ とは同値である).

(4) 論理式 φ 中の部分論理式 ψ のひとつの出現を ψ' に置き換えた論理式を φ' とする. つまり φ と φ' はそれぞれ $\boxed{\cdots\psi\cdots}$ と $\boxed{\cdots\psi'\cdots}$ という形をしていて「$\cdots$」の部分は両者で同じである. このとき, もしも ψ と ψ' が直観主義論理上で同値であるならば φ と φ' も直観主義論理上で同値になることを示せ.

10.3 $\varphi\vee\psi$ が変数分離条件を満たしていない場合の定理 10.3.1(1) の証明を与えよ. また $\exists x\varphi$ が変数分離条件を満たしていない場合に定理 10.3.1(2) が成り立たない例を示せ.

10.4 古典論理では disjunction property も existence property も成り立たないことを示せ.すなわち次の条件を満たす論理式 $\varphi\vee\psi$ および $\exists x\rho$ を見つけよ.

- $\vdash_{Cl} \varphi\vee\psi$ であるが,$\not\vdash_{Cl} \varphi$ かつ $\not\vdash_{Cl} \psi$.
- $\vdash_{Cl} \exists x\rho$ で変数分離条件を満たすが,どんな項 t に対しても $\not\vdash_{Cl} \rho[t/x]$.

第11章
クリプキモデルと中間論理

CHAPTER 11

古典論理では論理式の真偽を定めるものはストラクチャーであったが，直観主義論理でそれに相当するもののひとつが「クリプキモデル」である．本章では直観主義論理がクリプキモデルに対して健全かつ完全であることを示す．さらに古典論理と直観主義論理の中間に位置する論理を紹介する．

11.1　クリプキモデルとは

前章と同様に論理式は 146 頁の表 10.1 の記号だけで構成されるとする．
クリプキモデル[*1]とは大ざっぱにいってストラクチャー (44 頁の定義 3.2.2 を参照) が複数まとまったものである．クリプキモデル中の各ストラクチャーのことを世界とよぶ[*2]．そこでまず世界の正確な定義を与える．

定義 11.1.1 (世界)　世界とは次の (1)〜(3) を合わせたものである．
 (1) 命題記号への真理値割り当て．世界 $\mathcal{W}$ における命題記号 X の真理値 (真または偽) を $X^{\mathcal{W}}$ と表記する．
 (2) 対象領域．これは空でない集合である．世界 $\mathcal{W}$ の対象領域のことを $\mathrm{Dom}(\mathcal{W})$ と表記する．
 (3) 述語記号の解釈．世界 $\mathcal{W}$ における n 引数述語記号 P の解釈を $P^{\mathcal{W}}$ と表記する．これは $\mathrm{Dom}(\mathcal{W})$ 上の n 変数述語である．すなわち $\mathrm{Dom}(\mathcal{W})$ の要素 $a_1, a_2, \ldots, a_n$ に対して $P^{\mathcal{W}}(a_1, a_2, \ldots, a_n)$ が真または偽である．

[*1] クリプキ (S. Kripke) によって今から半世紀ほど前に考案されたらしい．なお本書では扱わないが「様相論理のクリプキモデル」というものもあるので，それと区別するためには「直観主義論理のクリプキモデル」とよぶべきである．
[*2] 「可能世界」とよばれることも多い．

このような世界が複数集まって，そこに「この世界からあの世界へは到達できる／到達できない」といった関係が定まっており，それらがいくつかの条件を満たしているときにクリプキモデルになる．正確には次のように定義される．

定義 11.1.2 (クリプキモデル) 次の条件 (1)〜(3) を満たす組

$$\langle \{\mathcal{W}_i \mid i \in I\},\ \rightsquigarrow \rangle$$

のことをクリプキモデルとよぶ．

(1) $\{\mathcal{W}_i \mid i \in I\}$ は世界の空でない集合である．これは，たとえば I が自然数全体の集合 $\{0, 1, 2, \ldots\}$ であるならば $\{\mathcal{W}_0, \mathcal{W}_1, \mathcal{W}_2, \ldots\}$ と名付けられた世界を考える，ということである．なお $\mathcal{W}_i$ と $\mathcal{W}_j$ の構成要素 (命題記号への真理値割り当て，対象領域，述語記号の解釈) がすべて一致していても，添字の i と j が異なる場合は $\mathcal{W}_i$ と $\mathcal{W}_j$ とは異なる世界であるとみなす．

(2) $\rightsquigarrow$ は集合 $\{\mathcal{W}_i \mid i \in I\}$ 上の 2 項関係であって次の二条件[*1)] が成り立つ．
[反射性] 任意の $i \in I$ について $\mathcal{W}_i \rightsquigarrow \mathcal{W}_i$．
[推移性] $\mathcal{W}_i \rightsquigarrow \mathcal{W}_j$ かつ $\mathcal{W}_j \rightsquigarrow \mathcal{W}_k$ ならば，$\mathcal{W}_i \rightsquigarrow \mathcal{W}_k$．

(3) $\mathcal{W}_i \rightsquigarrow \mathcal{W}_j$ ならば次の三条件が成り立つ．
  (3-1) $\mathrm{Dom}(\mathcal{W}_i) \subseteq \mathrm{Dom}(\mathcal{W}_j)$．
  (3-2) $X^{\mathcal{W}_i} = 真$ ならば $X^{\mathcal{W}_j} = 真$ (ただし X は任意の命題記号)．
  (3-3) $P^{\mathcal{W}_i}(\mathsf{a}_1, \mathsf{a}_2, \ldots, \mathsf{a}_n) = 真$ ならば $P^{\mathcal{W}_j}(\mathsf{a}_1, \mathsf{a}_2, \ldots, \mathsf{a}_n) = 真$ (ただし P は任意の n 引数述語記号で $\mathsf{a}_1, \ldots, \mathsf{a}_n$ は $\mathrm{Dom}(\mathcal{W}_i)$ の任意の要素)．

関係 $\rightsquigarrow$ は到達可能関係ともよばれる．また上記の条件 (3-1) のことを対象領域の遺伝性といい，条件 (3-2),(3-3) のことを原子論理式の遺伝性という．なお (3-2) や (3-3) の「真」を「偽」に変えた条件 (「$X^{\mathcal{W}_i} = 偽$ ならば $X^{\mathcal{W}_j} = 偽$」など) は要請しない．

さて古典論理の場合と同様に，$\forall x(\cdots), \exists x(\cdots)$ という形の論理式を扱うた

[*1)] この二条件を満たす関係は一般に擬順序関係とよばれる．さらに反対称性を追加した順序関係でクリプキモデルを定義する流儀もあるが，どちらの流儀でも全体の議論はあまり変わらない．

めに対象領域の各要素の名前を定数記号として導入する．世界 $\mathcal{W}_i$ の対象領域の各要素の名前を定数記号として許した閉論理式のことを「$\mathrm{Dom}(\mathcal{W}_i)$ 拡大閉論理式」とよぶ．

クリプキモデルでは世界ごとに論理式が成り立ったり成り立たなかったりする．クリプキモデル $\mathcal{K} = \langle \{\mathcal{W}_i \mid i \in I\}, \rightsquigarrow \rangle$ の中の世界 $\mathcal{W}_i$ において，$\mathrm{Dom}(\mathcal{W}_i)$ 拡大閉論理式 φ が成り立つことと成り立たないことをそれぞれ

$$(\mathcal{K}, \mathcal{W}_i) \Vdash \varphi, \qquad (\mathcal{K}, \mathcal{W}_i) \not\Vdash \varphi$$

と表記する．これは次のように φ に関して再帰的に定義される．

定義 11.1.3

(記号 $\Vdash$ の使い方 (クリプキモデルの各世界での論理式の成立／不成立))

(1) X が命題記号のとき，
$(\mathcal{K}, \mathcal{W}_i) \Vdash X \iff X^{\mathcal{W}_i} = 真.$

(2) P が n 引数述語記号で $\mathsf{a}_1, \mathsf{a}_2, \ldots, \mathsf{a}_n$ が $\mathrm{Dom}(\mathcal{W}_i)$ の要素 (の名前) のとき，
$(\mathcal{K}, \mathcal{W}_i) \Vdash P(\mathsf{a}_1, \mathsf{a}_2, \ldots, \mathsf{a}_n) \iff P^{\mathcal{W}_i}(\mathsf{a}_1, \mathsf{a}_2, \ldots, \mathsf{a}_n) = 真.$

(3) $(\mathcal{K}, \mathcal{W}_i) \not\Vdash \bot$.

(4) $(\mathcal{K}, \mathcal{W}_i) \Vdash \varphi \wedge \psi \iff \bigl((\mathcal{K}, \mathcal{W}_i) \Vdash \varphi$ かつ $(\mathcal{K}, \mathcal{W}_i) \Vdash \psi\bigr)$.

(5) $(\mathcal{K}, \mathcal{W}_i) \Vdash \varphi \vee \psi \iff \bigl((\mathcal{K}, \mathcal{W}_i) \Vdash \varphi$ または $(\mathcal{K}, \mathcal{W}_i) \Vdash \psi\bigr)$.

(6) $(\mathcal{K}, \mathcal{W}_i) \Vdash \varphi \rightarrow \psi \iff \mathcal{W}_i \rightsquigarrow \mathcal{W}_j$ となる任意の世界 $\mathcal{W}_j$ について
$\bigl((\mathcal{K}, \mathcal{W}_j) \Vdash \varphi$ ならば $(\mathcal{K}, \mathcal{W}_j) \Vdash \psi\bigr)$.

(7) $(\mathcal{K}, \mathcal{W}_i) \Vdash \neg \varphi \iff \mathcal{W}_i \rightsquigarrow \mathcal{W}_j$ となる任意の世界 $\mathcal{W}_j$ について $(\mathcal{K}, \mathcal{W}_j) \not\Vdash \varphi$.

(8) $(\mathcal{K}, \mathcal{W}_i) \Vdash \forall x \varphi \iff \mathcal{W}_i \rightsquigarrow \mathcal{W}_j$ となる任意の世界 $\mathcal{W}_j$ とその対象領域 $\mathrm{Dom}(\mathcal{W}_j)$ の任意の要素の任意の名前 a について $(\mathcal{K}, \mathcal{W}_j) \Vdash \varphi[\mathsf{a}/x]$.

(9) $(\mathcal{K}, \mathcal{W}_i) \Vdash \exists x \varphi \iff \mathrm{Dom}(\mathcal{W}_i)$ のある要素のある名前 a について $(\mathcal{K}, \mathcal{W}_i) \Vdash \varphi[\mathsf{a}/x]$.

以下にクリプキモデルの例を三つあげる．

【$X \vee \neg X$(式 10.1) が成り立たない世界があるクリプキモデル】

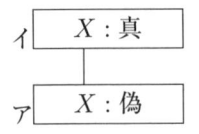

```
イ  X:真
    |
ア  X:偽
```

これは世界が二つ (アとイ) のクリプキモデルであり，到達可能関係は「下から上へ」すなわち

$$\text{ア} \rightsquigarrow \text{ア}, \quad \text{ア} \rightsquigarrow \text{イ}, \quad \text{イ} \rightsquigarrow \text{イ}$$

に付いており，命題記号 X は世界アにおいて偽，イにおいて真である．すると世界アにおいて論理式 $X \vee \neg X$ が成り立たない (この論理式だけに着目したので対象領域や他の命題・述語記号の真偽はどうでもよい).

【$(X \rightarrow Y) \vee (Y \rightarrow X)$ が成り立たない世界があるクリプキモデル】

```
イ X:真, Y:偽    ウ X:偽, Y:真
         \      /
       ア  X:偽, Y:偽
```

これは世界が三つ (ア, イ, ウ) のクリプキモデルであり，到達可能関係は「下から上へ」すなわち

$$\text{ア} \rightsquigarrow \text{ア}, \quad \text{ア} \rightsquigarrow \text{イ}, \quad \text{ア} \rightsquigarrow \text{ウ}, \quad \text{イ} \rightsquigarrow \text{イ}, \quad \text{ウ} \rightsquigarrow \text{ウ}$$

に付いており，命題記号 X は世界イのみで真，命題記号 Y は世界ウのみで真である．すると世界アにおいて論理式 $(X \rightarrow Y) \vee (Y \rightarrow X)$ が成り立たない．

【$(\forall x(P(x) \vee Y)) \rightarrow ((\forall x P(x)) \vee Y)$ (式 10.6) が成り立たない世界があるクリプキモデル】

```
イ  Y:真, P(a):真, P(b):偽   対象領域 {a,b}
    |
ア  Y:偽, P(a):真            対象領域 {a}
```

これは世界が二つ (アとイ) のクリプキモデルであり，到達可能関係は下から上へ付いている．世界のアの対象領域は {a}，イの対象領域は要素が増えて {a,b} で

あり，命題記号 Y の真偽と述語記号 P の解釈はここに表示した通りである．すると世界アにおいて論理式 $(\forall x(P(x)\vee Y))\to((\forall x P(x))\vee Y)$ が成り立たない．

クリプキモデルには原子論理式の遺伝性が条件として課されているが，原子論理式以外の長い論理式についても遺伝性が成り立つ．

定理 11.1.4 (遺伝性) $\mathcal{K}=\langle\{\mathcal{W}_i\mid i\in I\},\rightsquigarrow\rangle$ を任意のクリプキモデル，$\mathcal{W}_i$, $\mathcal{W}_j$ をその中の任意の世界，φ を任意の $\mathrm{Dom}(\mathcal{W}_i)$ 拡大閉論理式とする．このとき次が成り立つ．

$$\Big((\mathcal{K},\mathcal{W}_i)\Vdash\varphi\text{ かつ }\mathcal{W}_i\rightsquigarrow\mathcal{W}_j\Big)\text{ ならば }(\mathcal{K},\mathcal{W}_j)\Vdash\varphi$$

証明 φ の複雑さに関する帰納法による (詳細は演習問題). □

この節の最後にクリプキモデルに対するひとつの見方を説明しておく．

クリプキモデル $\mathcal{K}$ において，世界の違いを「持っている情報の差」あるいは「獲得した知識の差」とみなす．そして世界 $\mathcal{W}_i$ から世界 $\mathcal{W}_j$ へ到達可能である (つまり $\mathcal{W}_i\rightsquigarrow\mathcal{W}_j$) ことを「$\mathcal{W}_j$ における情報・知識は $\mathcal{W}_i$ における情報・知識と同じ，または増えている」とみなす．すると関係 $\rightsquigarrow$ が反射性と推移性を満たすことは当然である．そして $(\mathcal{K},\mathcal{W}_i)\Vdash\varphi$ を「世界 $\mathcal{W}_i$ における情報・知識によって事実 φ が判明する」とみなす．この見方では定理 11.1.4 の遺伝性は「情報・知識が増えるにしたがって判明する事実も増えていく」ということを表している．そして，$\neg\varphi$ が成り立つということは「どんなに情報・知識が追加されても φ であることがわからない (単に現在の情報・知識からはわからないだけではない)」ということを表しており，$\varphi\to\psi$ が成り立つということは「φ を導くような情報・知識が追加された場合には必ず ψ も導かれる」という，いわば「(現時点では φ の真偽は不明かもしれないが) 仮定 φ から結論 ψ を導く証明を持っている」という状況を表していると考えてもよい．

ところで古典論理に対するストラクチャーは世界がひとつだけのクリプキモデルと同じである．そして世界がひとつだけということは，上記の見方によればそこにはそれ以上情報・知識が増える余地がないということである．つまり

古典論理は完全な情報・知識を持った神様のような立場での論理なのである．現在の人間にとって真偽不明な命題 φ についても神様はその真偽を知っているので，その立場では排中律 $\varphi \vee \neg \varphi$ は当然真なのである．

11.2 健　　全　　性

直観主義論理はクリプキモデルに対して健全である．すなわち次が成り立つ．

定理 11.2.1 (直観主義論理のクリプキモデルに対する健全性)　φ は任意の閉論理式とする．$\vdash_{\mathrm{Int}} \varphi$ ならば φ はどんなクリプキモデルのどんな世界においても成り立つ．

証明　**LJ** の任意の証明図 $\mathcal{A}$ について次が成り立つことを，$\mathcal{A}$ の大きさに関する帰納法で示す．

> $\mathcal{A}$ の結論を $(\psi_1, \psi_2, \ldots, \psi_n \Rightarrow \varphi)$ とし（ただし右辺が空の場合は以降の φ を $\bot$ に読み替える），$x_1, x_2, \ldots, x_k$ は互いに異なる変数記号でこれら以外の変数記号は $\mathcal{A}$ 中に出現しないとする．そして $\mathcal{K}$ を任意のクリプキモデル，$\mathcal{W}_i$ をその中の任意の世界とし，$\mathsf{a}_1, \mathsf{a}_2, \ldots, \mathsf{a}_k$ は $\mathrm{Dom}(\mathcal{W}_i)$ の任意の要素の名前であるとする．すると次の $(n+1)$ 個の条件の中の少なくとも一つは成り立つ．
> - $(\mathcal{K}, \mathcal{W}_i) \not\Vdash \psi_1^*$.
> - $(\mathcal{K}, \mathcal{W}_i) \not\Vdash \psi_2^*$.
> $\vdots$
> - $(\mathcal{K}, \mathcal{W}_i) \not\Vdash \psi_n^*$.
> - $(\mathcal{K}, \mathcal{W}_i) \Vdash \varphi^*$.
>
> ただし $*$ は代入 $[\mathsf{a}_1/x_1][\mathsf{a}_2/x_2]\cdots[\mathsf{a}_k/x_k]$ を表す．

この事実は $\mathcal{A}$ の最後に使われた推論規則によって場合分けをして帰納法の仮定を用いて示せばよい（詳細は演習問題）．この事実において特に $n = k = 0$ になったのが定理 11.2.1 の主張である．　　□

11.3 完全性

さきほど (160 頁) の三つのクリプキモデルと健全性定理 11.2.1 を用いれば，論理式 $X \vee \neg X$, $(X \to Y) \vee (Y \to X)$, $(\forall x(P(x) \vee Y)) \to ((\forall x P(x)) \vee Y)$ がどれも直観主義論理では証明できないことが示される (これらはすべて古典論理では証明できる)．このように，与えられた論理式が直観主義論理で証明できないことを示す常套手段は，その論理式が成り立たない世界があるようなクリプキモデルを構成することである．

11.3 完全性

この節では定理 11.2.1 の逆，すなわち次を示す．

定理 11.3.1 (直観主義論理のクリプキモデルに対する完全性)　φ は任意の閉論理式とする．もしも φ がどんなクリプキモデルのどんな世界においても成り立つのならば，$\vdash_{\text{Int}} \varphi$ である．

この完全性定理の証明方法はいくつか知られているが，ここでは次節で応用が可能な方法を紹介する．

はじめにいろいろな道具を導入する．

【ノード】
$\boxed{\varphi_1, \varphi_2, \ldots, \varphi_m \mid \psi_1, \psi_2, \ldots, \psi_n}$ のように，左右の箱の中にそれぞれ有限個の論理式が入っている図形のことをノードとよぶ．

【ダイアグラム】
有限個のノードが樹状につながった図形をダイアグラムとよぶ．具体的にはたとえば次図のようなものである (X, Y は命題記号，P, Q は 1 引数述語記号，R は 2 引数述語記号，x, y, z, u, v は互いに異なる変数記号)．

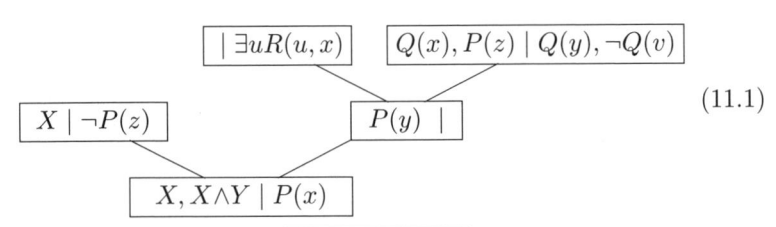

$$
\begin{array}{c}
\boxed{\ \mid \exists u R(u,x)\ } \quad \boxed{\ Q(x), P(z) \mid Q(y), \neg Q(v)\ } \\
\boxed{\ X \mid \neg P(z)\ } \quad \boxed{\ P(y) \mid\ } \\
\boxed{\ X, X \wedge Y \mid P(x)\ }
\end{array}
\qquad (11.1)
$$

一番下にあるノード (この場合は $\boxed{X, X\wedge Y \mid P(x)}$) のことを根とよぶ．そしてノード $\mathcal{N}$ がノード $\mathcal{N}'$ の直下にあるとき「$\mathcal{N}$ は $\mathcal{N}'$ の親」，「$\mathcal{N}'$ は $\mathcal{N}$ の子」という．たとえばこのダイアグラムにおいて，根の子は $\boxed{X \mid \neg P(z)}$ と $\boxed{P(y) \mid}$ の二つである．ノード $\mathcal{N}$ からその子，子，$\cdots$ と複数回辿ってノード $\mathcal{N}'$ に到達できることを

$$ \mathcal{N} \rightsquigarrow \mathcal{N}' $$

と書く．ただし「複数回」とは 0 回や 1 回も含む．すなわち $\mathcal{N}$ と $\mathcal{N}'$ が同じノードでもよいし $\mathcal{N}'$ が $\mathcal{N}$ の子でもよい．

【新規自由変数，累積自由変数】

$\mathcal{N}$ はあるダイアグラム内のノードとする．そのダイアグラムの根から $\mathcal{N}$ へ至るパス上のノードを根から順に見ていったとき $\mathcal{N}$ において初めて自由出現する変数記号のことを，$\mathcal{N}$ の新規自由変数とよぶ．たとえば上記のダイアグラム内の新規自由変数だけを表記すると次のようになる．

$$
\begin{array}{c}
\boxed{\ \ } \quad \boxed{\ z, v\ } \\
\boxed{\ z\ } \quad \boxed{\ y\ } \\
\boxed{\ x\ }
\end{array}
$$

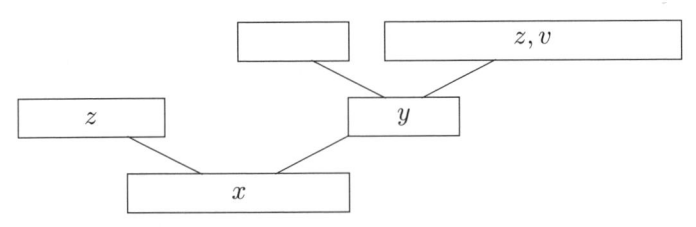

また，根から $\mathcal{N}$ へ至るパス上のどこか (どこでもよい) で新規自由変数になっている変数記号のことを，$\mathcal{N}$ の累積自由変数とよぶ．たとえばさきほどのダイアグラムの各ノードの累積自由変数を表記すると次のようになる．

11.3 完全性

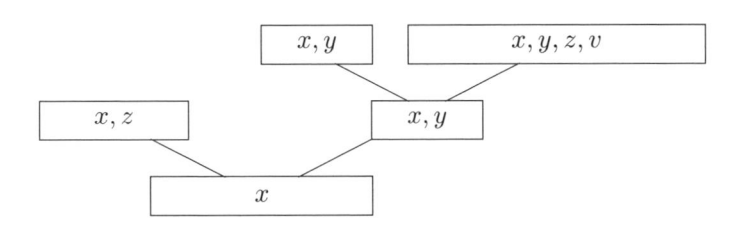

```
           ┌─────┐    ┌─────────┐
           │ x,y │    │ x,y,z,v │
           └──┬──┘    └────┬────┘
              │            │
  ┌─────┐    ┌┴────┐       │
  │ x,z │    │ x,y │───────┘
  └──┬──┘    └──┬──┘
     │          │
     └────┬─────┘
       ┌──┴──┐
       │  x  │
       └─────┘
```

【ダイアグラムの翻訳】
ダイアグラムを翻訳した論理式というものを再帰的に定義する．一般にダイアグラムの中のひとつのノード（$\mathcal{N}$ とする）に着目すると，そこから先は次の形をしている．

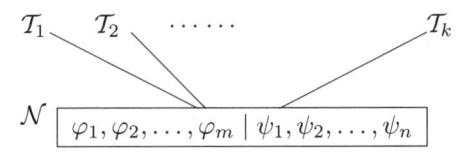

```
  𝒯₁  𝒯₂  ……         𝒯ₖ
   \   \              /
    \   \            /
     \   \          /
  𝒩  ┌─────────────────────────────┐
     │ φ₁,φ₂,…,φₘ │ ψ₁,ψ₂,…,ψₙ    │
     └─────────────────────────────┘
```

ただし $\mathcal{T}_1,\ldots,\mathcal{T}_k$ はそれぞれがまた樹構造である．このとき次の論理式が「$\mathcal{N}$ から先」を翻訳した論理式である．

$$\forall x_1 \forall x_2 \cdots \forall x_j \Big((\varphi_1 \wedge \varphi_2 \wedge \cdots \wedge \varphi_m) \to$$
$$(\psi_1 \vee \psi_2 \vee \cdots \vee \psi_n \vee [\![\mathcal{T}_1]\!] \vee [\![\mathcal{T}_2]\!] \vee \cdots \vee [\![\mathcal{T}_k]\!])\Big)$$

（前章の演習問題 10.2 により $x_1,\ldots,x_j$ や $\varphi_1,\ldots,\varphi_m$ や $\psi_1,\ldots,\psi_n$, $[\![\mathcal{T}_1]\!],\ldots,[\![\mathcal{T}_k]\!]$ の順番は任意．）ただし $x_1,\ldots,x_j$ はノード $\mathcal{N}$ のすべての新規自由変数であり，$[\![\mathcal{T}_1]\!],\ldots,[\![\mathcal{T}_k]\!]$ は $\mathcal{T}_1,\ldots,\mathcal{T}_k$ の部分をそれぞれ翻訳した論理式である．なお特別な場合として，$m=0$ のときは翻訳した論理式は

$$\forall x_1 \forall x_2 \cdots \forall x_j \Big(\psi_1 \vee \psi_2 \vee \cdots \vee \psi_n \vee [\![\mathcal{T}_1]\!] \vee [\![\mathcal{T}_2]\!] \vee \cdots \vee [\![\mathcal{T}_k]\!]\Big)$$

であり，$n = k = 0$ のときは

$$\forall x_1 \forall x_2 \cdots \forall x_j \Big((\varphi_1 \wedge \varphi_2 \wedge \cdots \wedge \varphi_m) \to \bot\Big)$$

である．そしてダイアグラムの根から先（つまり全体）を翻訳した論理式のことを「ダイヤグラムを翻訳した論理式」とよぶ．これは必ず閉論理式になる．たとえば (11.1) を翻訳した論理式は次のようになる．

$$\forall x \Big[(X \wedge (X \wedge Y)) \to \Big[P(x) \vee \Big(\forall z (X \to \neg P(z)) \Big) \vee$$
$$\forall y \Big(P(y) \to (\exists u R(u,x) \vee \forall z \forall v ((Q(x) \wedge P(z)) \to (Q(y) \vee \neg Q(v)))) \Big) \Big] \Big]$$

【無限ダイアグラム】

ノードが無限個あったりノード内に論理式が無限個入っているダイアグラムのことを無限ダイアグラムとよぶ．これと対比させて従来のダイアグラムのことを有限ダイアグラムとよぶこともある．

【飽和整合ダイアグラム】

一般にダイアグラム内のノード $\mathcal{N}$ の左側に論理式 φ が入っていることを $\varphi \in \mathcal{N}_左$ と書き，右側に入っていることを $\varphi \in \mathcal{N}_右$ と書くことにする．無限または有限ダイアグラム $\mathcal{T}$ が以下のすべての条件を満たすとき，$\mathcal{T}$ のことを「飽和整合ダイアグラム」と呼ぶ．ただし以下では φ, ψ は任意の論理式，x は任意の変数記号，$\mathcal{N}$ は $\mathcal{T}$ の任意のノードである．

(変数分離条件) どんな変数記号も $\mathcal{T}$ 中で自由と束縛の両方に出現することはない．

(整合性条件) φ が原子論理式で $\varphi \in \mathcal{N}_右$ ならば，$\varphi \notin \mathcal{N}_左$．また常に $\bot \notin \mathcal{N}_左$．

(遺伝性条件) φ が原子論理式で $\varphi \in \mathcal{N}_左$ ならば，$\mathcal{N} \rightsquigarrow \mathcal{N}'$ となる任意のノード $\mathcal{N}'$ に対して $\varphi \in \mathcal{N}'_左$．

(∧左条件) $(\varphi \wedge \psi) \in \mathcal{N}_左$ ならば，$\varphi \in \mathcal{N}_左$ かつ $\psi \in \mathcal{N}_左$．

(∧右条件) $(\varphi \wedge \psi) \in \mathcal{N}_右$ ならば，$\varphi \in \mathcal{N}_右$ または $\psi \in \mathcal{N}_右$．

(∨左条件) $(\varphi \vee \psi) \in \mathcal{N}_左$ ならば，$\varphi \in \mathcal{N}_左$ または $\psi \in \mathcal{N}_左$．

(∨右条件) $(\varphi \vee \psi) \in \mathcal{N}_右$ ならば，$\varphi \in \mathcal{N}_右$ かつ $\psi \in \mathcal{N}_右$．

(→左条件) $(\varphi \to \psi) \in \mathcal{N}_左$ ならば，$\mathcal{N} \rightsquigarrow \mathcal{N}'$ となる任意のノード $\mathcal{N}'$ に対して，$\varphi \in \mathcal{N}'_右$ または $\psi \in \mathcal{N}'_左$．

(→右条件) $(\varphi \to \psi) \in \mathcal{N}_右$ ならば，$\mathcal{N} \rightsquigarrow \mathcal{N}'$ となるノード $\mathcal{N}'$ が存在して，$\varphi \in \mathcal{N}'_左$ かつ $\psi \in \mathcal{N}'_右$．

(¬左条件) $(\neg \varphi) \in \mathcal{N}_左$ ならば，$\mathcal{N} \rightsquigarrow \mathcal{N}'$ となる任意のノード $\mathcal{N}'$ に対して $\varphi \in \mathcal{N}'_右$．

(¬右条件) $(\neg \varphi) \in \mathcal{N}_右$ ならば，$\mathcal{N} \rightsquigarrow \mathcal{N}'$ となるノード $\mathcal{N}'$ が存在して

11.3 完全性

$\varphi \in \mathcal{N}'_\text{左}$.

($\forall$ 左条件)　$(\forall x \varphi) \in \mathcal{N}_\text{左}$ ならば，$\mathcal{N} \leadsto \mathcal{N}'$ となる任意のノード $\mathcal{N}'$ と $\mathcal{N}'$ の任意の累積自由変数 y について $\varphi[y/x] \in \mathcal{N}'_\text{左}$．なお変数分離条件があるので φ 中の x に y は代入可能である．

($\forall$ 右条件)　$(\forall x \varphi) \in \mathcal{N}_\text{右}$ ならば，$\mathcal{N} \leadsto \mathcal{N}'$ となるノード $\mathcal{N}'$ と φ 中の x に代入可能な変数記号 y が存在して $\varphi[y/x] \in \mathcal{N}'_\text{右}$．

($\exists$ 左条件)　$(\exists x \varphi) \in \mathcal{N}_\text{左}$ ならば，φ 中の x に代入可能な変数記号 y が存在して $\varphi[y/x] \in \mathcal{N}_\text{左}$．

($\exists$ 右条件)　$(\exists x \varphi) \in \mathcal{N}_\text{右}$ ならば，$\mathcal{N}$ の任意の累積自由変数 y について $\varphi[y/x] \in \mathcal{N}_\text{右}$．なお変数分離条件があるので φ 中の x に y は代入可能である．

以上が道具の導入である．これらを使って完全性を示していく．

補題 11.3.2　$\mathcal{T}$ は変数分離条件を満たす有限ダイアグラムとする．$\mathcal{T}$ を翻訳した論理式が直観主義論理で証明できないならば，$\mathcal{T}$ を拡大した (すなわち $\mathcal{T}$ のノードに論理式を追加したり $\mathcal{T}$ にノードを追加して得られる) 有限または無限の飽和整合ダイアグラムが存在する．

証明　$\mathcal{T} = \mathcal{T}_0$ として，拡大していく有限ダイアグラム

$$\mathcal{T}_0, \mathcal{T}_1, \mathcal{T}_2, \ldots$$

を以下のように作っていく．その際どんな i についても $\mathcal{T}_i$ を翻訳した論理式が直観主義論理で証明できないようにする．この列の「極限」として求める飽和整合ダイアグラムが得られる．

まず $\mathcal{T}_i$ から $\mathcal{T}_{i+1}$ の作り方を定める．$\mathcal{T}_i$ がすでに飽和整合ダイアグラムになっているならば，$\mathcal{T}_{i+1}$ はそのままでよい．$\mathcal{T}_i$ が飽和整合ダイアグラムでないときには，飽和整合ダイアグラムの定義の条件のうち変数分離と整合性以外の各条件 (遺伝性～$\exists$ 右条件) について，それが成り立つことを阻害しているすべての要素 (論理式，およびノードや変数記号) に印を付けておく．その一部分はたとえば次のようになる．

(1) $(\varphi\wedge\psi)\in\mathcal{N}_左$ かつ $\varphi\notin\mathcal{N}_左$ (または $\psi\notin\mathcal{N}_左$) の場合．これは∧左条件を阻害しているので，このノード $\mathcal{N}$ の左に入っている $\varphi\wedge\psi$ に印を付ける．

(2) $(\varphi\wedge\psi)\in\mathcal{N}_右$, $\varphi\notin\mathcal{N}_右$, かつ $\psi\notin\mathcal{N}_右$ の場合．これは∧右条件を阻害しているので，このノード $\mathcal{N}$ の右に入っている $\varphi\wedge\psi$ に印を付ける．

(3) $(\varphi\to\psi)\in\mathcal{N}_左$, $\mathcal{N}\leadsto\mathcal{N}'$, $\varphi\notin\mathcal{N}'_右$, かつ $\psi\notin\mathcal{N}'_左$ である場合．これらは→左条件を阻害しているので，このノード $\mathcal{N}$ の左に入っている $\varphi\to\psi$ およびノード $\mathcal{N}'$ に印を付ける．

(4) $(\varphi\to\psi)\in\mathcal{N}_右$ かつ $\mathcal{N}\leadsto\mathcal{N}'$ となるどんなノード $\mathcal{N}'$ でも ($\varphi\notin\mathcal{N}'_左$ または $\psi\notin\mathcal{N}'_右$) が成り立つ場合．これは→右条件を阻害しているので，このノード $\mathcal{N}$ の右に入っている $\varphi\to\psi$ に印を付ける．

(5) $(\forall x\varphi)\in\mathcal{N}_左$, $\mathcal{N}\leadsto\mathcal{N}'$, かつ $\varphi[y/x]\notin\mathcal{N}'_左$ の場合 (y は $\mathcal{N}'$ の累積自由変数)．これらは∀左条件を阻害しているので，このノード $\mathcal{N}$ の左に入っている $\forall x\varphi$ およびノード $\mathcal{N}'$ と変数記号 y に印を付ける．

(6) $(\forall x\varphi)\in\mathcal{N}_右$ かつ $\mathcal{N}\leadsto\mathcal{N}'$ となるどんなノード $\mathcal{N}'$ とどんな変数記号 y (ただし φ 中の x に代入可能なもの) についても $\varphi[y/x]\notin\mathcal{N}'_右$ の場合．これは∀右条件を阻害しているので，このノード $\mathcal{N}$ の右に入っている $\forall x\varphi$ に印を付ける．

その後，印が付いたすべての要素に対して，それが阻害している条件を成り立たせるように適切に論理式やノードを追加する．ただしその際には**翻訳した論理式が直観主義論理で証明できない**という性質 (これを「証明不可能性」とよぶ) と変数分離条件を保つようにする．たとえばさきほどの (1)〜(6) で付けた印に対処する追加作業は次のようになる．

(1) $\mathcal{N}$ の左に入っている $\varphi\wedge\psi$ に印が付いている場合．$\mathcal{N}$ の左に φ (および ψ) を追加する．この追加によって証明不可能性が保たれることを簡単な例で示す．

```
    ┌─────────────┐         ┌──────────────────┐
    │ φ∧ψ │ Z    │         │ φ∧ψ, φ │ Z       │
    └──────┬──────┘         └────────┬─────────┘
    ┌──────┴──────┐         ┌────────┴─────────┐
    │  X │ Y      │         │   X │ Y          │
    └─────────────┘         └──────────────────┘
```

左が追加前のダイアグラムでこれを翻訳した論理式は

$$X \to \Bigl(Y \vee \bigl((\varphi \wedge \psi) \to Z\bigr)\Bigr) \qquad (11.2)$$

であり，右が追加後のダイアグラムでこれを翻訳した論理式は

$$X \to \Bigl(Y \vee \bigl(((\varphi \wedge \psi) \wedge \varphi) \to Z\bigr)\Bigr) \qquad (11.3)$$

である (φ, ψ は閉論理式とする)．論理式 (11.3) が直観主義論理で証明できるならば論理式 (11.2) も証明できることは簡単にわかる (演習問題)．

(2) $\mathcal{N}$ の右に入っている $\varphi \wedge \psi$ に印が付いている場合．$\mathcal{N}$ の右に φ と ψ のうちで追加しても証明不可能性が保たれる方を追加する．φ と ψ のどちらかの追加は証明不可能性を保つことを簡単な例で示す．

$Z \mid \varphi \wedge \psi$
$X \mid Y$

$Z \mid \varphi \wedge \psi, \varphi$
$X \mid Y$

$Z \mid \varphi \wedge \psi, \psi$
$X \mid Y$

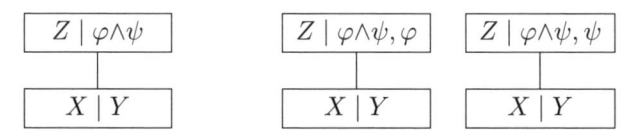

左が追加前のダイアグラムでこれを翻訳した論理式は

$$X \to \Bigl(Y \vee \bigl(Z \to (\varphi \wedge \psi)\bigr)\Bigr) \qquad (11.4)$$

であり，右のふたつが追加後のダイアグラムでこれらを翻訳した論理式は

$$X \to \Bigl(Y \vee \bigl(Z \to ((\varphi \wedge \psi) \vee \varphi)\bigr)\Bigr) \qquad (11.5)$$

$$X \to \Bigl(Y \vee \bigl(Z \to ((\varphi \wedge \psi) \vee \psi)\bigr)\Bigr) \qquad (11.6)$$

である (φ, ψ は閉論理式とする)．論理式 (11.5) と (11.6) が共に直観主義論理で証明できるならば論理式 (11.4) も証明できることは簡単にわかる (演習問題)．

(3) $\mathcal{N}$ の左に入っている $\varphi \to \psi$ とノード $\mathcal{N}'$ に印が付いている場合．$\mathcal{N}'$ の右に φ を追加するか，$\mathcal{N}'$ の左に ψ を追加するか，証明不可能性が保たれる方を選ぶ．このどちらかの追加は証明不可能性を保つことを簡単な例で示す．

$Y \mid Z$
$\varphi \to \psi \mid X$

$Y \mid Z, \varphi$
$\varphi \to \psi \mid X$

$Y, \psi \mid Z$
$\varphi \to \psi \mid X$

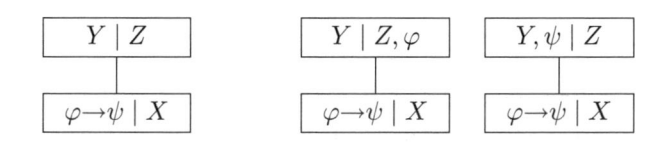

左が追加前のダイアグラムでこれを翻訳した論理式は

$$(\varphi \to \psi) \to \bigl(X \vee (Y \to Z)\bigr) \tag{11.7}$$

であり，右の二つが追加後のダイアグラムでこれらを翻訳した論理式は

$$(\varphi \to \psi) \to \bigl(X \vee (Y \to (Z \vee \varphi))\bigr) \tag{11.8}$$

$$(\varphi \to \psi) \to \bigl(X \vee ((Y \wedge \psi) \to Z)\bigr) \tag{11.9}$$

である (φ, ψ は閉論理式とする)．論理式 (11.8) と (11.9) が共に直観主義論理で証明できるならば論理式 (11.7) も証明できることは，少し計算をすれば確認できる (演習問題)．

(4) $\mathcal{N}$ の右に入っている $\varphi \to \psi$ に印が付いている場合．$\mathcal{N}$ に新たに子ノードを追加して，その左に φ，右に ψ を入れる．この追加が証明不可能性を保つことを簡単な例で示す．

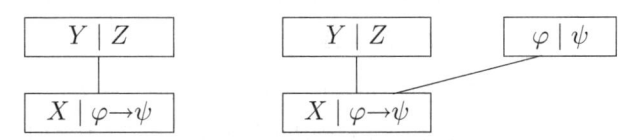

左が追加前のダイアグラムでこれを翻訳した論理式は

$$X \to \bigl((\varphi \to \psi) \vee (Y \to Z)\bigr) \tag{11.10}$$

であり，右が追加後のダイアグラムでこれを翻訳した論理式は

$$X \to \bigl((\varphi \to \psi) \vee (Y \to Z) \vee (\varphi \to \psi)\bigr) \tag{11.11}$$

である (φ, ψ は閉論理式とする)．論理式 (11.11) が直観主義論理で証明できるならば論理式 (11.10) も証明できることは簡単にわかる (演習問題)．

(5) $\mathcal{N}$ の左に入っている $\forall x \varphi$ とノード $\mathcal{N}'$ と変数記号 y に印が付いている場合．$\mathcal{N}'$ の左に $\varphi[y/x]$ を追加する．この追加によって証明不可能性が保たれることを簡単な例で示す．

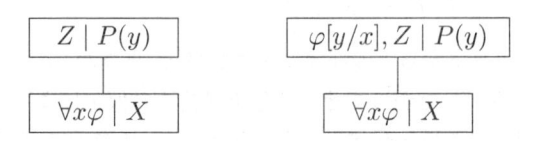

11.3 完全性

左が追加前のダイアグラムでこれを翻訳した論理式は

$$(\forall x \varphi) \to \bigl(X \lor \forall y(Z \to P(y))\bigr) \quad (11.12)$$

であり，右が追加後のダイアグラムでこれを翻訳した論理式は

$$(\forall x \varphi) \to \bigl(X \lor \forall y((\varphi[y/x] \land Z) \to P(y))\bigr) \quad (11.13)$$

である (φ に自由出現する変数記号は x だけとする)．論理式 (11.13) が直観主義論理で証明できるならば論理式 (11.12) も証明できることは，少し計算をすれば確認できる (演習問題)．

(6) $\mathcal{N}$ の右に入っている $\forall x \varphi$ に印が付いている場合．$\mathcal{N}$ に新たに子ノードを追加して，その右に $\varphi[y/x]$ を入れる．ただし y は追加前のダイヤグラムに出現しない新しい変数記号を持ってくる．この追加が証明不可能性を保つことを簡単な例で示す．

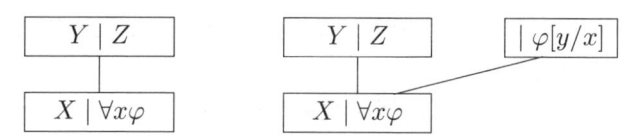

```
┌─────────┐          ┌─────────┐      ┌──────────┐
│  Y | Z  │          │  Y | Z  │      │ | φ[y/x]  │
├─────────┤          ├─────────┤      └──────────┘
│ X | ∀xφ │          │ X | ∀xφ │
└─────────┘          └─────────┘
```

左が追加前のダイアグラムでこれを翻訳した論理式は

$$X \to \bigl((\forall x \varphi) \lor (Y \to Z)\bigr) \quad (11.14)$$

であり，右が追加後のダイアグラムでこれを翻訳した論理式は

$$X \to \bigl((\forall x \varphi) \lor (Y \to Z) \lor \forall y(\varphi[y/x])\bigr) \quad (11.15)$$

である (φ に自由出現する変数記号は x だけとする)．論理式 (11.15) が直観主義論理で証明できるならば論理式 (11.14) も証明できることは簡単にわかる (演習問題)．

以上の追加作業を $\mathcal{T}_i$ 上のすべての印に対して施した結果が $\mathcal{T}_{i+1}$ であり，こうしてできる列 $\mathcal{T}_0, \mathcal{T}_1, \mathcal{T}_2, \ldots$ の累積 $\bigcup_{i=0}^{\infty} \mathcal{T}_i$ が求める飽和整合ダイアグラム (これを $\mathcal{T}_\infty$ とよぶ) になる．つまり，$\mathcal{T}_\infty$ のノードとはどこかの $\mathcal{T}_i$ に登場してその後適宜拡張し続けるノードのことであり (「$\mathcal{T}_i$ における $\mathcal{N}$」「$\mathcal{T}_{i+1}$ における $\mathcal{N}$」「$\mathcal{T}_{i+2}$ における $\mathcal{N}$」$\cdots$ を総体としてひとつのノードと見なす)，$\mathcal{T}_\infty$ のノード $\mathcal{N}$ に対してその左側部分に入っている論理式集合 $\mathcal{N}_\text{左}$ は

$$\mathcal{N}_\text{左} = \{\varphi \mid \text{ある } \mathcal{T}_i \text{ において } \varphi \in \mathcal{N}_\text{左}\}$$

であり ($\mathcal{N}_{右}$ も同様). $\mathcal{T}_\infty$ 上の親子関係は

$$\mathcal{N}' は \mathcal{N} の子である \iff ある \mathcal{T}_i において \mathcal{N}' は \mathcal{N} の子である$$

と定義される (演習問題:このような $\mathcal{T}_\infty$ が飽和整合ダイアグラムになっていることを示せ). これで補題 11.3.2 が証明された. □

以上の準備のもとで,直観主義論理のクリプキモデルに対する完全性を証明する.まずは閉論理式に対してではなく自由出現する変数記号をひとつ以上含む論理式に対しての主張,すなわち次を示す.

定理 11.3.3 (定理 11.3.1 の変種) $k \geq 1$ で $x_1, x_2, \ldots, x_k$ は互いに異なる変数記号で φ は $\mathrm{FVar}(\varphi) = \{x_1, x_2, \ldots, x_k\}, \mathrm{FVar}(\varphi) \cap \mathrm{BVar}(\varphi) = \emptyset$ となる論理式とする.もしもどんなクリプキモデルのどんな世界においても閉論理式 $\varphi[\mathsf{a}_1/x_1][\mathsf{a}_2/x_2] \cdots [\mathsf{a}_k/x_k]$ (ただし $\mathsf{a}_1, \ldots, \mathsf{a}_k$ はその世界の対象領域の任意の要素の名前) が成り立つのならば,$\vdash_\mathrm{Int} \varphi$ である.

証明 対偶を示す.すなわち $\nvdash_\mathrm{Int} \varphi$ のとき,あるクリプキモデル $\mathcal{K}$ のある世界 $\mathcal{W}$ とその対象領域のある要素の名前 $\mathsf{a}_1, \mathsf{a}_2, \ldots, \mathsf{a}_k \in \mathrm{Dom}(\mathcal{W})$ に対して

$$(\mathcal{K}, \mathcal{W}) \nVdash \varphi[\mathsf{a}_1/x_1][\mathsf{a}_2/x_2] \cdots [\mathsf{a}_k/x_k]$$

であることを示す.

右側には φ がひとつだけあり左側は空であるただひとつのノードだけからなるダイアグラム $\boxed{\ \mid \varphi\ }$ を $\mathcal{T}$ とよぶ.$\mathcal{T}$ は変数分離条件を満たしており,$\nvdash_\mathrm{Int} \varphi$ ならば $\mathcal{T}$ を翻訳した論理式 $\forall x_1 \forall x_2 \cdots \forall x_k \varphi$ も直観主義論理で証明できない.すると補題 11.3.2 によって $\mathcal{T}$ を拡大した飽和整合ダイアグラム $\mathcal{T}_\infty$ が得られる.この飽和整合ダイアグラム $\mathcal{T}_\infty$ を用いて求めるクリプキモデル $\mathcal{K}$ を次のように定義する.

- $\mathcal{T}_\infty$ の各ノードを $\mathcal{K}$ の世界とする.
- 各ノードにおいては,そこでの累積自由変数全体をその世界の対象領域とする.つまり対象領域の要素は変数記号である.クリプキモデルで論理式の成立/不成立を論じるためには対象領域の要素の名前を定数記号として

11.3 完全性

導入する必要がある．そこで対象領域の要素 x(これは変数記号である) の「名前」を表す定数記号を $\hat{x}$ と表記する．

- ノード間の関係 $\leadsto$ をそのまま $\mathcal{K}$ における到達可能関係とする．
- 世界 $\mathcal{N}$ (つまり $\mathcal{T}_\infty$ のノード) における命題記号 X の真理値は次で定める．

$$X^\mathcal{N} = 真 \iff X \in \mathcal{N}_左.$$

- 世界 $\mathcal{N}$ における n 引数述語記号 P の解釈は次で定める．

$$P^\mathcal{N}(x_1, x_2, \ldots, x_n) = 真 \iff P(x_1, x_2, \ldots, x_n) \in \mathcal{N}_左.$$

この $\mathcal{K}$ がクリプキモデルの条件 (定義 11.1.2) を満たすことを示すのは演習問題とする．なお φ に自由出現する変数記号があるので，根のノードの対象領域は空ではない (これが定理 11.3.3 に $k \geq 1$ という前提を課した理由である)．いま論理式 ψ 中の自由出現する変数記号をすべてその「名前」に置き換えた閉論理式を $\hat{\psi}$ と書くことにする．すると任意の論理式 ψ と上記のクリプキモデル $\mathcal{K}$ の任意の世界 (つまり $\mathcal{T}_\infty$ の任意のノード) $\mathcal{N}$ に対して次が成り立つ．

$$\psi \in \mathcal{N}_左 \text{ ならば } (\mathcal{K}, \mathcal{N}) \Vdash \hat{\psi} \tag{11.16}$$

$$\psi \in \mathcal{N}_右 \text{ ならば } (\mathcal{K}, \mathcal{N}) \not\Vdash \hat{\psi} \tag{11.17}$$

この (11.16) と (11.17) は同時に ψ の複雑さに関する帰納法で示すことができるが，詳細は演習問題とする (その際 $\mathcal{T}_\infty$ が飽和整合ダイアグラムであることを用いる)．$\mathcal{T}_\infty$ の根のノードの右には最初に与えられた論理式 φ が入っているので，(11.17) によって求めることが示されたことになる． □

この定理 11.3.3 を使えば元の**完全性定理 11.3.1** は次のように簡単に示される．

φ は任意の閉論理式，P は任意の 1 引数述語記号，x は φ に出現しない任意の変数記号とすると次の二つが成り立つ．

- φ がどんなクリプキモデルのどんな世界においても成り立つのならば，閉論理式

$$(\varphi \wedge (P(x) \rightarrow P(x)))[a/x]$$

もどんなクリプキモデルのどんな世界においても成り立つ．ただし a はそ

の世界の対象領域の任意の要素の名前である.
- $\vdash_{\text{Int}} \varphi \wedge (P(x) \to P(x))$ ならば $\vdash_{\text{Int}} \varphi$ である.

したがって $(\varphi \wedge (P(x) \to P(x)))$ に対して定理 11.3.3 を適用すれば題意が示される.

11.4 中間論理

直観主義論理の自然演繹に排中律を公理として加えてみる.つまり,どんな論理式 φ についても $\varphi \vee \neg \varphi$ を仮定無しに導いてよいとする.するとこの体系では背理法規則すなわち

$$\dfrac{\overset{\textcircled{\scriptsize 1}}{\neg \varphi} \atop \vdots \atop \bot}{\varphi} \quad \text{[背理法](仮定①を解消)}$$

が,次のように矛盾規則と $\vee$ 除去規則を組み合わせることで実現できる.

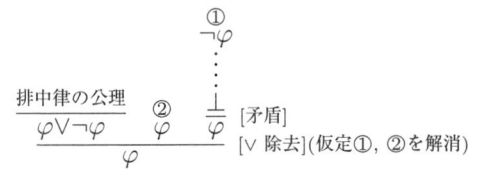

$$\dfrac{\text{排中律の公理} \atop \varphi \vee \neg \varphi \quad \overset{\textcircled{\scriptsize 2}}{\varphi} \quad \dfrac{\overset{\textcircled{\scriptsize 1}}{\neg \varphi} \atop \vdots \atop \bot}{\varphi} \text{[矛盾]}}{\varphi} \text{[}\vee \text{除去](仮定①,②を解消)}$$

したがってこれは古典論理の自然演繹と同等な (証明できる論理式が等しい) 体系になっている.この事実を次のようにいうことができる: **直観主義論理に排中律を公理として加えると古典論理になる**.

さて排中律 $\varphi \vee \neg \varphi$ は古典論理で証明できるが直観主義論理では一般に証明できない論理式の代表であった (10.1 節参照).「一般に証明できない」とは φ の取り方によって証明できたりできなかったりするという意味である.ここで,この性質を持つ (つまり古典論理で証明できて直観主義論理では一般に証明できない) 論理式として,たとえば次の二つを考えてみる.

$$(\varphi \to \psi) \vee (\psi \to \varphi) \tag{11.18}$$

$$(\forall x (\varphi \vee \psi)) \to ((\forall x \varphi) \vee \psi) \quad (\text{ただし } x \text{ は } \psi \text{ に自由出現しない}) \tag{11.19}$$

実はこれらの論理式を直観主義論理に公理として加えても古典論理にはなら

ず，(†)証明できる論理式が直観主義論理よりは多いけれども古典論理よりは少ない体系になる（論理式 (11.18) や (11.19) が直観主義論理では一般に証明できないことについては定理 11.2.1 の証明の後の説明 (163 頁) を参照）．この性質 (†) を持つ体系で表される論理は**中間論理** (intermediate logic) とよばれている．中間とは「直観主義論理と古典論理の中間」という意味である．中間論理は非常にたくさんありその研究は数理論理学の一分野として深く発展している．ここではそんな研究の中で最も基本的で代表的な成果として，次の三つの中間論理のクリプキモデルに対する健全性・完全性を紹介する．

(1) 直観主義論理に (11.18) の形のすべての論理式を公理として加えたもの．この中間論理を **Lin** とよぶ[*1)]．

(2) 直観主義論理に (11.19) の形のすべての論理式を公理として加えたもの．この中間論理を **CD** とよぶ[*2)]．

(3) **Lin** と **CD** の公理を合わせたもの．この中間論理を **LinCD** とよぶ．

定理 11.4.1 (**Lin** の線形クリプキモデルに対する健全性・完全性)

φ を任意の閉論理式とすると次の二条件は同値である．

(1) φ は **Lin** で証明できる．

(2) φ は任意の線形クリプキモデルの任意の世界で成り立つ．

ただしクリプキモデル $\langle \{W_i \mid i \in I\}, \rightsquigarrow \rangle$ が線形であるとは，任意の W_i, W_j に対して，$W_i \rightsquigarrow W_j$ または $W_j \rightsquigarrow W_i$ が成り立っているということである．

証明 定理 11.2.1 および定理 11.3.1(11.3.3) の証明と同様．ただしダイアグラムとしては線形なもの，すなわち

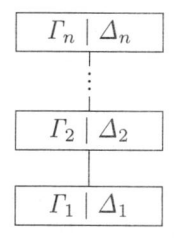

$$\boxed{\Gamma_n \mid \Delta_n}$$
$$\vdots$$
$$\boxed{\Gamma_2 \mid \Delta_2}$$
$$\boxed{\Gamma_1 \mid \Delta_1}$$

[*1)] Linear の冒頭 3 文字．
[*2)] Constant Domain の頭文字．

という形のものだけを扱う．そして補題 11.3.2 の証明中で → 右，¬ 右，∀ 右の各条件が阻害されている場合の処理だけが直観主義論理の場合と異なる．ここでは ∀ 右条件について具体例で説明する (→ 右，¬ 右も同様である)．

$\mathcal{N}$ の右に入っている $\forall x\varphi$ に印が付いている場合．たとえば次のようなダイアグラムだとする (U, V は命題記号，P, Q は 1 引数述語記号，u, v は変数記号)．

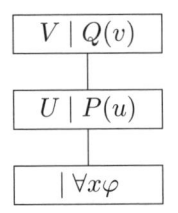

```
┌─────────┐
│ V │ Q(v)│
└────┬────┘
┌────┴────┐
│ U │ P(u)│
└────┬────┘
┌────┴────┐
│ │∀xφ    │
└─────────┘
```

この場合は新しい変数記号 y を用いた新しいノード $\boxed{\ |\ \varphi[y/x]\ }$ を追加するのだが，その追加場所は次の三つから証明不可能性が保たれるものを選ぶ．

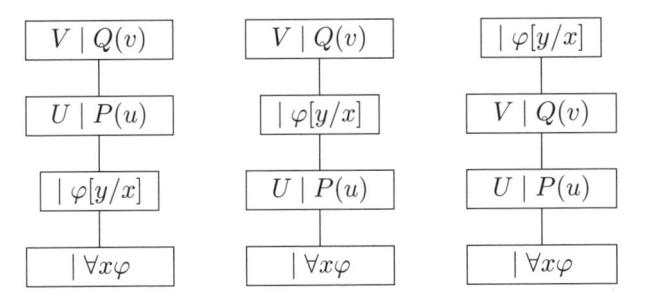

```
┌─────────┐   ┌─────────┐   ┌─────────┐
│ V │ Q(v)│   │ V │ Q(v)│   │ │φ[y/x] │
├─────────┤   ├─────────┤   ├─────────┤
│ U │ P(u)│   │ │φ[y/x] │   │ V │ Q(v)│
├─────────┤   ├─────────┤   ├─────────┤
│ │φ[y/x] │   │ U │ P(u)│   │ U │ P(u)│
├─────────┤   ├─────────┤   ├─────────┤
│ │∀xφ    │   │ │∀xφ    │   │ │∀xφ    │
└─────────┘   └─────────┘   └─────────┘
```

追加前のダイアグラムを翻訳した論理式は

$$(\forall x\varphi) \vee \forall u\bigl(U \to \bigl(P(u) \vee \forall v(V \to Q(v))\bigr)\bigr) \tag{11.20}$$

であり，追加後のダイアグラムを翻訳した論理式は

$$(\forall x\varphi) \vee \forall y\Bigl(\varphi[y/x] \vee \forall u\bigl(U \to \bigl(P(u) \vee \forall v(V \to Q(v))\bigr)\bigr)\Bigr) \tag{11.21}$$

$$(\forall x\varphi) \vee \forall u\Bigl(U \to \bigl(P(u) \vee \underline{\forall y\bigl(\varphi[y/x] \vee \forall v(V \to Q(v))\bigr)}\bigr)\Bigr) \tag{11.22}$$

$$(\forall x\varphi) \vee \forall u\Bigl(U \to \bigl(P(u) \vee \underline{\forall v(V \to (Q(v) \vee \forall y(\varphi[y/x])))}\bigr)\Bigr) \tag{11.23}$$

である (下線は後で使う)．そしてこの三つが **Lin** で証明できるならば追加前のダイアグラムを翻訳した論理式も **Lin** で証明できることは，次の方針で示すこ

とができる．Lin の公理

$$((\forall x\varphi)\to(\forall v(V\to Q(v)))) \vee ((\forall v(V\to Q(v)))\to(\forall x\varphi)) \qquad (11.24)$$

と論理式 (11.22), (11.23) から次の論理式

$$(\forall x\varphi) \vee \forall u\bigl(U \to \bigl(P(u) \vee (\forall v(V\to Q(v))) \vee (\forall x\varphi)\bigr)\bigr) \qquad (11.25)$$

が導かれる（なぜなら (11.24) の $\vee$ の左側と (11.23) の下線部分から $\forall v(V\to Q(v))$ が導かれ，(11.24) の $\vee$ の右側と (11.22) の下線部分から $\forall x\varphi$ が導かれる）．さらに論理式 (11.21), (11.25) と Lin の公理

$$((\forall x\varphi)\to\psi) \vee (\psi\to(\forall x\varphi))$$

から同様にして (11.20) が導かれる．ただし ψ は

$$\forall u\bigl(U \to \bigl(P(u) \vee \forall v(V\to Q(v))\bigr)\bigr)$$

である． $\square$

定理 11.4.2 (**CD** の定領域クリプキモデルに対する健全性・完全性)
φ を任意の閉論理式とすると次の二条件は同値である．
(1) φ は **CD** で証明できる．
(2) φ は任意の定領域クリプキモデルの任意の世界で成り立つ．
ただしクリプキモデル $\langle\{\mathcal{W}_i \mid i \in I\}, \leadsto\rangle$ が定領域であるとは，すべての世界の対象領域が同一である（到達可能関係に沿って進んでも対象領域が増えない）ことである．

証明 定理 11.2.1 および定理 11.3.1(11.3.3) の証明と同様．ただし直観主義論理の場合とはダイアグラムの翻訳の仕方を変えて，次の形のダイアグラム（の一部分）

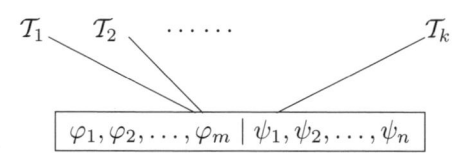

```
  T₁   T₂  ······         T_k
    \   |                  /
     \  |                 /
      ┌─────────────────────┐
      │ φ₁,φ₂,...,φₘ | ψ₁,ψ₂,...,ψₙ │
      └─────────────────────┘
```

の翻訳は

$$(\varphi_1\wedge\varphi_2\wedge\cdots\wedge\varphi_m)\to(\psi_1\vee\psi_2\vee\cdots\vee\psi_n\vee[\![\mathcal{T}_1]\!]\vee[\![\mathcal{T}_2]\!]\vee\cdots\vee[\![\mathcal{T}_k]\!])$$

とする (このノードの新規自由変数による $\forall x_1 \forall x_2 \cdots \forall x_j$ が消された). また飽和整合ダイアグラムの定義の中の $\forall$ と $\exists$ に関する条件が次のように変更される.

($\forall$ 左条件)　($\forall x\varphi) \in \mathcal{N}_\text{左}$ ならば, このダイアグラムに自由出現する任意の変数記号 y について $\varphi[y/x] \in \mathcal{N}_\text{左}$.

($\forall$ 右条件)　($\forall x\varphi) \in \mathcal{N}_\text{右}$ ならば, φ 中の x に代入可能な変数記号 y が存在して $\varphi[y/x] \in \mathcal{N}_\text{右}$.

($\exists$ 左条件)　($\exists x\varphi) \in \mathcal{N}_\text{左}$ ならば, φ 中の x に代入可能な変数記号 y が存在して $\varphi[y/x] \in \mathcal{N}_\text{左}$.

($\exists$ 右条件)　($\exists x\varphi) \in \mathcal{N}_\text{右}$ ならば, このダイアグラムに自由出現する任意の変数記号 y について $\varphi[y/x] \in \mathcal{N}_\text{右}$.

そして補題 11.3.2 の証明中で, たとえば $\forall$ 右条件が阻害されている場合の処理は次のようになる.

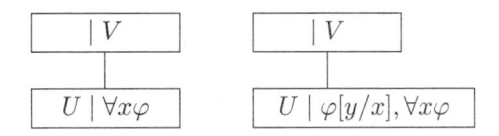

$$\boxed{V} \qquad \boxed{V}$$
$$\boxed{U \mid \forall x\varphi} \qquad \boxed{U \mid \varphi[y/x], \forall x\varphi}$$

この左のダイアグラムの $\forall x\varphi$ に印が付いている場合は, 新しい変数記号 y を用いて論理式 $\varphi[y/x]$ を同じ箱に追加して右のダイアグラムにする. この追加が証明不可能性を保つことを示す. 追加前のダイアグラムを翻訳した論理式は

$$U \to ((\forall x\varphi) \lor V) \tag{11.26}$$

であり, 追加後のダイアグラムを翻訳した論理式は

$$U \to (\varphi[y/x] \lor (\forall x\varphi) \lor V) \tag{11.27}$$

である. もしも (11.27) が **CD** で証明できるならば, 全体に $\forall y$ を付けた

$$\forall y (U \to (\varphi[y/x] \lor (\forall x\varphi) \lor V))$$

も証明でき, これと **CD** の公理

$$\Big(\forall y\big(\varphi[y/x] \lor ((\forall x\varphi) \lor V)\big)\Big) \to \Big((\forall y\varphi[y/x]) \lor ((\forall x\varphi) \lor V)\Big)$$

から (11.26) が導かれる. 最後にモデルを作る際には, 飽和整合ダイアグラムに自由出現するすべての変数記号の集合を対象領域とする. □

定理 11.4.3 (LinCD の線形定領域クリプキモデルに対する健全性・完全性)
φ を任意の閉論理式とすると次の二条件は同値である.
(1) φ は LinCD で証明できる.
(2) φ は任意の線形定領域クリプキモデルの任意の世界で成り立つ.

証明 定理 11.4.1 と 11.4.2 の証明を合わせた議論をすればよい. □

演 習 問 題

11.1 次のクリプキモデルでは論理式 $\neg\neg\forall x(P(x)\vee\neg P(x))$ がどの世界でも成り立たないことを示せ.

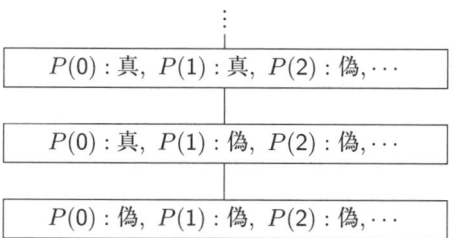

$\vdots$

| $P(0):$真, $P(1):$真, $P(2):$偽, $\cdots$ |

| $P(0):$真, $P(1):$偽, $P(2):$偽, $\cdots$ |

| $P(0):$偽, $P(1):$偽, $P(2):$偽, $\cdots$ |

対象領域はすべての世界で $\{0,1,2,\ldots\}$. 根の世界ではすべての i について $P(i)$ が偽で, 世界が進むごとに真になる $P(i)$ がひとつずつ増えていく.

11.2 定理 11.1.4 の証明の詳細を完成させよ.
11.3 健全性定理 11.2.1 の証明の詳細を完成させよ.
11.4 補題 11.3.2 の証明中の「$\vdash_{\text{Int}}$ (11.3) ならば $\vdash_{\text{Int}}$ (11.2)」,「$\vdash_{\text{Int}}$ (11.5) かつ $\vdash_{\text{Int}}$ (11.6) ならば $\vdash_{\text{Int}}$ (11.4)」, ..., 「$\vdash_{\text{Int}}$ (11.15) ならば $\vdash_{\text{Int}}$ (11.14)」を示せ.
11.5 補題 11.3.2 の証明中の $\mathcal{T}_\infty$ が飽和整合ダイアグラムの条件を満たすことを示せ.
11.6 定理 11.3.3 の証明中の $\mathcal{K}$ がクリプキモデルの条件 (定義 11.1.2) を満たすことを示せ.
11.7 定理 11.3.3 の証明中の (11.16) と (11.17) を示せ.
11.8 直観主義論理に $(\neg\neg\varphi)\to\varphi$ という形の論理式すべてを公理として加えると古典論理になることを示せ.

第12章
本文中で使われている数学的道具の説明

12.1 帰納法

　本文中にしばしば登場する「論理式の複雑さに関する帰納法」,「証明図の大きさに関する帰納法」,「証明図の複雑さと重さに関する二重帰納法」などについて，その論法と正当性を説明する.

　本文で初めて登場した帰納法は定理 3.2.5(48 頁) の証明である．そこでは以下のような論法が用いられていた.
　$\mathcal{M}$ は対象領域が $\mathcal{D}$ のストラクチャー，s,t は $\mathcal{D}$ 拡大閉項で $\mathcal{M}(s) = \mathcal{M}(t)$ であるとする．このとき自然数 n に関する次の主張を $\mathcal{P}(n)$ とよぶ.

　　　φ がどんな $\mathcal{D}$ 拡大論理式であっても，その複雑さ (論理記号の
　　　出現数) が n でありそこに x 以外の変数記号が自由出現しない
　　　ならば $\mathcal{M}(\varphi[s/x]) = \mathcal{M}(\varphi[t/x])$ である.

そして 48 頁から 50 頁にかけての証明では，(†)任意の φ の複雑さを n と考え,「n 未満の任意の n' に関して $\mathcal{P}(n')$ が成り立つ (つまり φ より複雑さが小さい論理式については題意が成り立つ)」という主張 (これを「帰納法の仮定」とよぶ) は正しいものとして自由に用いて，$\mathcal{P}(n)$ が成り立つことを示した．これによって，(‡)任意の自然数 n に対して $\mathcal{P}(n)$ が成り立つことが示されたことになり，したがって定理 3.2.5 が証明された.
　ところで,「n 未満の任意の n' に関して $\mathcal{P}(n')$ が成り立つ」という主張は正しいものとして自由に用いて $\mathcal{P}(n)$ が成り立つことを示す，とは

　　　n 未満の任意の n' に関して $\mathcal{P}(n')$ が成り立つのならば，$\mathcal{P}(n)$
　　　も成り立つ

を示したことに他ならない．これを論理式風に書けば

$$\Big(\forall n'((n' < n) \to \mathcal{P}(n'))\Big) \to \mathcal{P}(n)$$

となるので*1)，したがってこの定理 3.2.5 の証明の論法全体を推論規則風に書けば次のようになる．

$$\frac{\forall n\Big(\Big(\forall n'((n' < n) \to \mathcal{P}(n'))\Big) \to \mathcal{P}(n)\Big)}{\forall n'\mathcal{P}(n)} \quad (12.1)$$

この規則の前提 (水平に引かれた直線の上に書かれた命題) が先述の (†) であり，結論 (直線の下に書かれた命題) が (‡) である．

一般に $\mathcal{P}(n)$ が自然数 n に対するどんな主張であっても，(12.1) の前提から (12.1) の結論を導くことができる．この論法が「自然数に関する**帰納法**」である．

なお次の論法のことを**数学的帰納法**とよぶことが多い*2)．

$$\frac{\mathcal{P}(0) \wedge \forall n\Big(\mathcal{P}(n) \to \mathcal{P}(n+1)\Big)}{\forall n \mathcal{P}(n)} \quad (12.2)$$

これとの対比で先述の (12.1) は**累積帰納法**とよばれることもある．これら二種類の帰納法の差異についてはこの節の最後に説明する．

次に補題 9.3.3(135 頁) の証明の論法である**二重帰納法**を提示する．そのために，まず自然数の二つ組全体の集合 $\mathbb{N}^2 = \{(x,y) \mid x, y \text{ は自然数}\}$ の要素間に次のように大小関係「<」を定義する．

$$(x,y) < (x',y') \iff (x < x') \vee \Big((x = x') \wedge (y < y')\Big)$$

つまり座標平面上の 2 点間の「大小」を，「まず x 座標の値の大小で比べて，それで決着が付かなければ y 座標の値で比べる」とするようなものである．すると補題 9.3.3 の証明の論法は次のように書ける．

$$\frac{\forall x \forall y\Big(\Big(\forall x' \forall y'(((x',y') < (x,y)) \to \mathcal{Q}(x',y'))\Big) \to \mathcal{Q}(x,y)\Big)}{\forall x \forall y \mathcal{Q}(x,y)} \quad (12.3)$$

$\mathcal{Q}(c,w)$ を「複雑さ c，重さ w の任意の終カット証明図に対して，それと同じ

---

*1) ここに書かれたものは論理式の定義 2.1.2(22 頁) で規定された記号列ではなく，数学の命題を →, ∀ などの記号を使って表したものである．これが「論理式風」と称した意図である．
*2) 本書では自然数は 1 からではなく 0 から始まるので，前提が「$\mathcal{P}(0) \wedge \cdots$」となる．

結論を持つカット無しの証明図が存在する」と読むのである.

ところで α, α' が $\mathbb{N}^2$ の要素を表す変数ならば,(12.3) は次のようにも書ける.

$$\frac{\forall \alpha \Big(\big(\forall \alpha'((\alpha' < \alpha) \to \mathcal{Q}(\alpha')) \big) \to \mathcal{Q}(\alpha) \Big)}{\forall \alpha \mathcal{Q}(\alpha)} \tag{12.4}$$

これが (12.1) と同じ形になっていることから次の事実が示唆される. 大小関係が適切に定義された集合上では **(12.1),(12.4)** の形の帰納法の論法が正当になる. 以下ではこの「適切に定義された」というところを正確に述べてから,「正当性」の証明を与える.

これ以降 X を集合, $\prec$ を X 上の二項関係とし[*1)], x, y, a, b などは X の要素を表す変数とする.

X の部分集合 Y と Y 中の要素 y が次の条件を満たすとき, y は Y の極小元であるという.

$$\forall x((x \prec y) \to (x \notin Y))$$

「$x \prec y$」を「x は y より小さい」と読むのならば, 上の条件は「y より小さい要素は Y 中にない」つまり「Y 中のどの要素も y より小さくない」と読める.

条件「X の空でないどんな部分集合 Y についても Y の極小元が Y 中に存在する」が成り立つことを,「$\prec$ は**整礎である**」という.

定理 12.1.1 $\prec$ が整礎ならば帰納法の論法が正当になる. すなわち $\mathcal{A}(x)$ が X の要素 x に対するどんな主張であっても, $\prec$ が整礎であるならば次の (12.5) の前提から結論を導くことができる.

$$\frac{\forall x \Big(\big(\forall x'((x' \prec x) \to \mathcal{A}(x')) \big) \to \mathcal{A}(x) \Big)}{\forall x \mathcal{A}(x)} \tag{12.5}$$

証明 X の要素のうち $\mathcal{A}$ が成り立たないもの全体の集合を B とおく. すなわち $B = \{x \mid x \in X \text{ かつ } \neg \mathcal{A}(x)\}$ であり, 任意の $x \in X$ について

$$x \notin B \iff \mathcal{A}(x) \tag{12.6}$$

[*1)] この辺りの議論をする際には, 推移性 ($a \prec b \wedge b \prec c \to a \prec c$) や線形性 ($a \neq b \to a \prec b \vee b \prec a$) などの条件を仮定することが多いが, ここでは特に要請しなくてもよい.

が成り立つ．以下では (12.5) の前提を仮定して B が空集合になる (したがって $\forall x \mathcal{A}(x)$ が成り立つ) ことを示す．

集合 B が空でないと仮定する．すると $\prec$ が整礎であることの定義から B の極小元が B 中に存在する．つまりある b が存在して

$$\forall x((x \prec b) \to (x \notin B)) \tag{12.7}$$

$$b \in B \tag{12.8}$$

が成り立つ．ここで (12.5) の前提の x に b を代入すると

$$\left(\forall x'((x' \prec b) \to \mathcal{A}(x'))\right) \to \mathcal{A}(b) \tag{12.9}$$

となるが，(12.6), (12.7), (12.9) から得られる $b \notin B$ が (12.8) と矛盾してしまう． □

定理 12.1.1 を用いれば，自然数に関する帰納法 (12.1) や二重帰納法 (12.3), (12.4) の正当性を示すにはそれぞれ次を示せばよいことになる．
(ア) 自然数上の二項関係 $<$ は整礎である．
(イ) $\mathbb{N}^2$ 上の二項関係 $<$ は整礎である．
この (ア), (イ) は簡単に示される．たとえば (イ) は，任意の空でない $S \subseteq \mathbb{N}^2$ について，S 中で x 座標の値が最小な要素を集めて，その中で y 座標の値が最小な要素が S の極小元になっている．

この節の残りでは自然数に関する「累積帰納法」(12.1) と「数学的帰納法」(12.2) との差異について述べておく．これら二つは共に結論 $\forall n \mathcal{P}(n)$ を導いているが，前提は異なっている．

【累積帰納法の前提】
　任意の自然数 n について $\mathcal{P}(n)$ を示す．その際，n 未満のすべての自然数 n' について $\mathcal{P}(n')$ が成り立つことを帰納法の仮定として使用してよい．

これは $n = 0$ と $n > 0$ に分けて次の二つにしても同じである．

【累積帰納法の前提】
(1) $\mathcal{P}(0)$ を示す (0 未満の自然数は存在しないのでここでは帰納法の仮定は使用できない).
(2) $n > 0$ なる任意の n について $\mathcal{P}(n)$ を示す.その際,n 未満のすべての自然数 n' について $\mathcal{P}(n')$ が成り立つことを帰納法の仮定として使用してよい.

一方,数学的帰納法の前提は次のように書いてもよい.

【数学的帰納法の前提】
(1) $\mathcal{P}(0)$ を示す.
(2) $n > 0$ なる任意の n について $\mathcal{P}(n)$ を示す.その際,$\mathcal{P}(n-1)$ が成り立つことを帰納法の仮定として使用してよい.

このように書くと二種類の帰納法の違いが「前提を示す際に使用できる帰納法の仮定の差」であることがはっきりとする.累積帰納法の方が使用できる仮定が多いので前提を示すのが楽であり,つまり論法としては強力であるといえる.

ところが,弱い論法である数学的帰納法しか許されないという状況であっても,強い論法である累積帰納法が実は使えるのである.以下ではそのことを示す.

累積帰納法の前提 ($n = 0$ と $n > 0$ に分けた形) が得られているとする.つまり次が示されているとする.

(1) $\mathcal{P}(0)$ は成り立つ.
(2) もしも n 未満のすべての自然数 n' について $\mathcal{P}(n')$ が成り立つのならば $\mathcal{P}(n)$ も成り立つ (ただし n は 1 以上の任意の自然数).

このとき自然数 n に関する新しい主張 $\mathcal{P}^+(n)$ を次のように定義する.

$$\mathcal{P}^+(n) \iff \Big(\mathcal{P}(0) \wedge \mathcal{P}(1) \wedge \cdots \wedge \mathcal{P}(n)\Big)$$

するとこの定義と上記の (1),(2) から次の二つが簡単に示される.

(1^+) $\mathcal{P}^+(0)$ は成り立つ.
(2^+) もしも $\mathcal{P}^+(n-1)$ が成り立つのならば $\mathcal{P}^+(n)$ も成り立つ (ただし n は 1 以上の任意の自然数).

この (1^+) と (2^+) から数学的帰納法によって,任意の自然数 n に対して $\mathcal{P}^+(n)$ が成り立つことが導かれる.したがって $\mathcal{P}^+(n)$ の定義から,任意の自然数 n について $\mathcal{P}(n)$ が成り立つことが示される.

ところで第二不完全性定理を紹介する 6.7 節に登場した公理集合 **PA** には，数学的帰納法の公理

$$\bigl(\varphi(\mathtt{zero}) \wedge \forall x\bigl(\varphi(x) \to \varphi(\mathtt{suc}(x)))\bigr)\bigr) \to \forall x \varphi(x) \tag{12.10}$$

は入っているが累積帰納法の公理

$$\bigl(\forall x\bigl((\forall y((y \oslash x) \to \varphi(y))) \to \varphi(x))\bigr)\bigr) \to \forall x \varphi(x) \tag{12.11}$$

は入っていない（ここで $\varphi(x)$ は x 以外の変数記号の自由出現を持たないとする）．しかし数学的帰納法を用いて累積帰納法を示す先述の議論を応用して，$\varphi(0) \wedge \varphi(1) \wedge \cdots \wedge \varphi(x)$ を意図する論理式

$$\forall y((y \oslash \mathtt{suc}(x)) \to \varphi(y))$$

を (12.10) の $\varphi(x)$ に当てはめた論理式（これも **PA** の要素である）を使えば，(12.11) が **PA** から導出される．さらに (12.11) の $\varphi(x)$ に $\neg \psi(x)$ を当てはめて同値変形すると次の論理式になる．

$$(\exists x \psi(x)) \to \exists x\bigl((\forall y((y \oslash x) \to \neg \psi(y))) \wedge \psi(x)\bigr) \tag{12.12}$$

これは「$\psi(x)$ が成り立つ x が存在するならば，そのような最小の x が存在する」ということを表現した論理式である．具体的ないろいろな論理式が **PA** から導出できることを実際に示す際には (12.11) や (12.12) が役に立つことが多い．

12.2　同値関係，同値類，商集合

完全性定理の証明中の 5.4 節で用いられている「同値関係，同値類，商集合」といった概念を一般的に説明する．

X を空でない集合，R を X 上の 2 項関係とする．すなわち X の要素 x, y のすべての取り方に対してそれぞれ関係 R が成り立つか（xRy と表記する）それとも成り立たないか（$x\cancel{R}y$ と表記する）が定まっているとする．このとき次の三条件すべてが満たされることを，R は X 上の同値関係であるという．

反射律　xRx.
推移律　（xRy かつ yRz）ならば xRz.
対称律　xRy ならば yRx.

ただし x, y, z は X の任意の要素である.

以下では自然数全体の集合を $\mathbb{N}$, 自然数の二つ組全体の集合を $\mathbb{N}^2$ と表記する. つまり $\mathbb{N} = \{0, 1, 2, \ldots\}$, $\mathbb{N}^2 = \{(x, y) \mid x, y \in \mathbb{N}\}$ である[*1]. そしてこれらの集合上の同値関係の例を見ていく.

【同値関係の例 1】$\mathbb{N}$ 上の 2 項関係 R_3 を

$$xR_3y \iff x \equiv y \pmod{3} \text{(すなわち 3 で割った余りが等しい)}$$

とするとこれは $\mathbb{N}$ 上の同値関係である.

【同値関係の例 2】$\mathbb{N}$ 上の 2 項関係 $R_=$ を

$$xR_=y \iff x = y$$

とするとこれは $\mathbb{N}$ 上の同値関係である.

【同値関係でない例】$\mathbb{N}$ 上の 2 項関係 $R_\leq$ を

$$xR_\leq y \iff x \leq y$$

とすると, これは $\mathbb{N}$ 上の同値関係でない. なぜなら反射律と推移律は成り立つが対称律が成り立たない.

【同値関係の例 3】$\mathbb{N}^2$ 上の 2 項関係 $\sim$ を

$$(a, b) \sim (c, d) \iff a + b = c + d$$

とするとこれは $\mathbb{N}^2$ 上の同値関係である. $(a, b) \sim (c, d)$ が成り立つということは, 座標平面の点 (a, b) と (c, d) が傾き -1 の同一直線上に乗っているということである (図 12.1).

集合 X 上の同値関係 R があるとする. 要素 x との間で関係 R が成り立つような要素をすべて集めた集合のことを「x の属する, R による**同値類**」とよび, これを $[\![x]\!]_R$ と表記する. すなわち次のようになる.

$$[\![x]\!]_R = \{y \mid y \in X \text{ かつ } xRy\}.$$

また x のことを同値類 $[\![x]\!]_R$ の**代表元**とよぶ. $\alpha = [\![x]\!]_R = [\![y]\!]_R$ の場合, x と

[*1] 本書では 0 も自然数に含める.

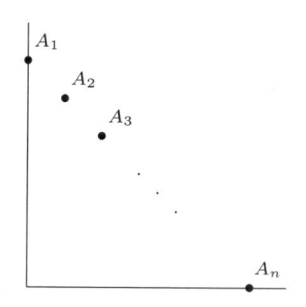

図 12.1 $A_1, A_2, \ldots, A_n$ の間ですべて $\sim$ が成り立つ

y は共に α の代表元である．つまりひとつの同値類に対してその代表元は一般に複数ある (α の中に入っている要素がすべて α の代表元である)．

R による同値類全体を集めた集合を「X の R による**商集合**」とよび X/R と表記する．すなわち次のようになる．

$$X/R = \{[\![x]\!]_R \mid x \in X\}$$
$$= \{\alpha \mid \text{ある } x \in X \text{ が存在して} \alpha = [\![x]\!]_R\}.$$

商集合 X/R の各要素は X の空でない部分集合である (反射律から $x \in [\![x]\!]_R$ が成り立つので $[\![x]\!]_R$ は空でない)．さらに，X/R が X 全体を隙間も重なりもなく覆っていることがいえる．正確には次が成り立つ．

定理 12.2.1 R を X 上の同値関係とすると以下が成り立つ．
 (1) $x \in X$ ならばある $\alpha \in (X/R)$ が存在して $x \in \alpha$ である．つまり X/R は X 全体を隙間なく覆う．
 (2) X/R の要素 α, β が $\alpha \neq \beta$ ならば，$\alpha \cap \beta = \emptyset$ である．つまり X/R の異なる要素は互いに重ならない．

証明 (1) α として $[\![x]\!]_R$ をとればよい．
 (2) $\alpha \neq \beta$ と $\alpha \cap \beta \neq \emptyset$ を仮定して矛盾を導く．X/R の定義から α, β に対して $\alpha = [\![a]\!]_R, \beta = [\![b]\!]_R$ となる $a, b \in X$ が存在する．仮定 $\alpha \neq \beta$ から，ある $x \in X$ について $x \in \alpha$ かつ $x \notin \beta$，またはある $x' \in X$ について $x' \notin \alpha$ か

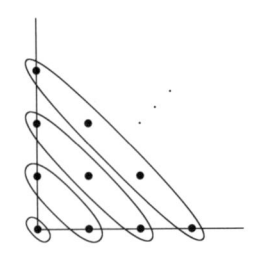

図 12.2　長丸が $\mathbb{N}^2/\sim$ の要素

つ $x' \in \beta$ となるが，ここでは前者が成り立っているとする (後者でも議論は同様)．すると $[\![a]\!]_R$ と $[\![b]\!]_R$ の定義から

$$aRx \text{ かつ } b\not{R}x \tag{12.13}$$

が成り立つ．さらに仮定 $\alpha \cap \beta \neq \emptyset$ からある $y \in X$ に対して $y \in \alpha$ かつ $y \in \beta$ となり，$[\![a]\!]_R$ と $[\![b]\!]_R$ の定義から

$$aRy \text{ かつ } bRy \tag{12.14}$$

が成り立つ．しかし (12.13) と (12.14) は矛盾する．なぜなら対称律と推移律を使うと，(12.14) からは aRb が導かれるが (12.13) からは $a\not{R}b$ が導かれる．

$\square$

X/R が X 全体を隙間も重なりもなく覆っているということは，別の言い方をすると X が X/R に分割されるということである．この分割は「R が成り立つもの同士を同じグループに入れる」というグループ分けである．たとえば 186 頁例 3 の $\mathbb{N}^2$ 上の同値関係 $\sim$ による商集合 $\mathbb{N}^2/\sim$ は，座標平面の第 1 象限 (軸上も含む) の格子点全体を傾き -1 の直線でスライスしたものになる (図 12.2)．

次の性質も定義から簡単にいえる (証明は省略する)．

定理 12.2.2　R を X 上の同値関係とする．X の任意の要素 x, y に対して次が成り立つ．

$$xRy \iff [\![x]\!]_R = [\![y]\!]_R.$$

12.2 同値関係, 同値類, 商集合

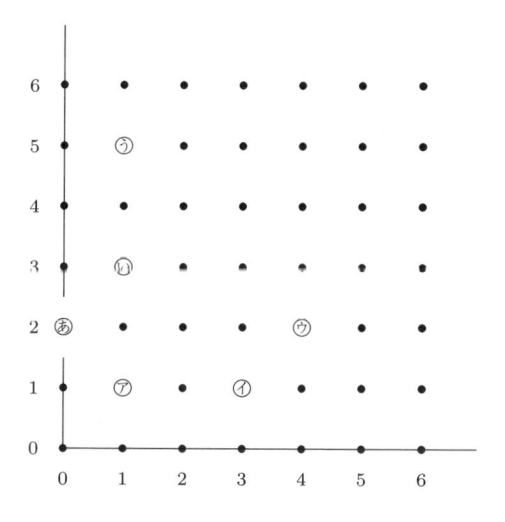

図 12.3 plus(あ, い)=う, plus(ア, イ)=ウ.

最後に，商集合上で関数や述語を考える際の重要な事項を説明する．

たとえば $\mathbb{N}^2$ の要素 あ, い, う, ア, イ, ウ をそれぞれ

$$\text{あ} = (0,2), \quad \text{い} = (1,3), \quad \text{う} = (1,5), \quad \text{ア} = (1,1), \quad \text{イ} = (3,1), \quad \text{ウ} = (4,2)$$

とし，$\mathbb{N}^2$ 上の2変数関数 plus を次のように定義する．

$$\text{plus}((a,b),(c,d)) = (a+c,\ b+d). \tag{12.15}$$

すると次が成り立つ (図 12.3)．

$$\text{plus}(\text{あ}, \text{い}) = \text{う}. \quad \text{plus}(\text{ア}, \text{イ}) = \text{ウ}.$$

ここで商集合 $\mathbb{N}^2/\sim$ 上に同名の関数 plus を次のように定義してみる．

$$\text{plus}([\![A]\!]_\sim, [\![B]\!]_\sim) = [\![\text{plus}(A,B)]\!]_\sim. \tag{12.16}$$

ただし A, B は $\mathbb{N}^2$ の任意の要素であり，左辺の plus がいま定義している $\mathbb{N}^2/\sim$ 上の関数，右辺の plus は (12.15) で定義された $\mathbb{N}^2$ 上の関数である．このとき $\mathbb{N}^2/\sim$ の要素 α, β, γ を $\alpha = [\![\text{あ}]\!]_\sim$, $\beta = [\![\text{い}]\!]_\sim$, $\gamma = [\![\text{う}]\!]_\sim$ とすれば，定義から次のようになる (図 12.4, 図中の え は後で使用する)．

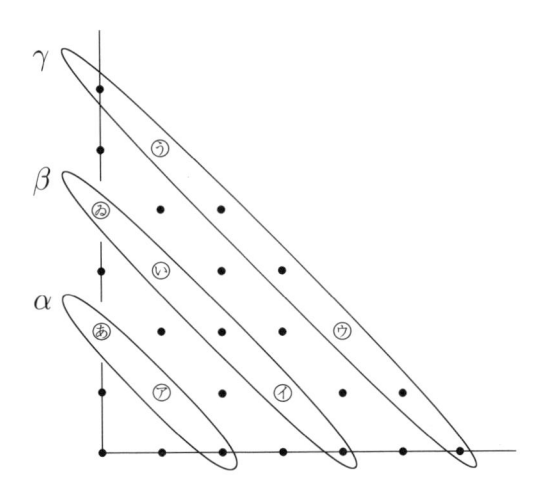

図 12.4　plus(α, β) = γ.

$$\begin{aligned}
\mathrm{plus}(\alpha, \beta) &= \mathrm{plus}([\![あ]\!]_\sim, [\![い]\!]_\sim) \\
&= [\![\mathrm{plus}(あ, い)]\!]_\sim \quad ((12.16) \text{ に } A = あ, B = い \text{ を代入}) \\
&= [\![う]\!]_\sim \\
&= \gamma.
\end{aligned}$$

ところで あ だけでなく ア も α の代表元であり，い だけでなく イ も β の代表元である．したがって以下の計算もできる (図 12.4)．

$$\begin{aligned}
\mathrm{plus}(\alpha, \beta) &= \mathrm{plus}([\![ア]\!]_\sim, [\![イ]\!]_\sim) \\
&= [\![\mathrm{plus}(ア, イ)]\!]_\sim \quad ((12.16) \text{ に } A = ア, B = イ \text{ を代入}) \\
&= [\![ウ]\!]_\sim \\
&= \gamma.
\end{aligned}$$

以上の二つの計算からわかるように，α と β の代表元の取り方が変化しても (12.16) による plus(α, β) の値 (γ) は変化しない．なぜなら $\mathbb{N}^2$ の任意の要素 A, A', B, B' に対して次が成り立つからである．

$$[\![A]\!]_\sim = [\![A']\!]_\sim \text{ かつ } [\![B]\!]_\sim = [\![B']\!]_\sim \text{ ならば,}$$
$$[\![\mathrm{plus}(A, B)]\!]_\sim = [\![\mathrm{plus}(A', B')]\!]_\sim. \tag{12.17}$$

これだからこそ (12.16) が $\mathbb{N}^2/\sim$ 上の関数 plus の定義として認められるのである．なお定理 12.2.2 によれば (12.17) は次のように書いても同じである．

$$A \sim A' \text{ かつ } B \sim B' \text{ ならば, } \mathrm{plus}(A, B) \sim \mathrm{plus}(A', B').$$

以上の議論を一般化して，さらに関数だけでなく述語に関しても同様に考察すると次のようになる．

定理 12.2.3 R を集合 X 上の同値関係とすると以下が成り立つ．

(1) X 上の n 変数関数 f が与えられ，X の任意の要素 $x_1, \ldots, x_n, x_1', \ldots, x_n'$ に対して

$$\left(x_1 R x_1', \cdots, x_n R x_n'\right) \text{ ならば } f(x_1, \ldots, x_n) R f(x_1', \ldots, x_n')$$

が成り立つならば，次の式は商集合 X/R 上での同名の関数 f の矛盾のない定義になっている (つまり代表元の取り方によらず関数値が一意に定まる)．

$$f([\![x_1]\!]_R, \ldots, [\![x_n]\!]_R) = [\![f(x_1, \ldots, x_n)]\!]_R.$$

ただし左辺の f がいま定義している X/R 上の関数であり，右辺の f は前提で与えられた X 上の関数である．

(2) X 上の n 変数述語 P が与えられ，X の任意の要素 $x_1, \ldots, x_n, x_1', \ldots, x_n'$ に対して

$$\left(x_1 R x_1', \cdots, x_n R x_n'\right) \text{ ならば } \left(P(x_1, \ldots, x_n) \Leftrightarrow P(x_1', \ldots, x_n')\right)$$

が成り立つならば，次の式は商集合 X/R 上での同名の述語 P の矛盾のない定義になっている (つまり代表元の取り方によらず述語の成立／不成立が一意に定まる)．

$$P([\![x_1]\!]_R, \ldots, [\![x_n]\!]_R) \iff P(x_1, \ldots, x_n).$$

ただし左辺の P がいま定義している X/R 上の述語であり，右辺の P は前提で与えられた X 上の述語である．

なお参考までに「矛盾のある定義」の例をひとつ挙げておく．$\mathbb{N}^2$ 上の 1 変数関数 square が以下のように与えられているとする．

$$\mathrm{square}((a,b)) = (a^2, b^2).$$

このとき次の式は商集合 $\mathbb{N}^2/\sim$ 上の関数 square の定義としては認められない．

$$\mathrm{square}(\![A]\!]_\sim) = [\![\mathrm{square}(A)]\!]_\sim.$$

なぜならこの A に図 12.4 の あ と ⑦ を代入して計算するとそれぞれ

$$\mathrm{square}([\![\text{あ}]\!]_\sim) = [\![\text{あ}]\!]_\sim, \qquad \mathrm{square}([\![⑦]\!]_\sim) = [\![⑦]\!]_\sim$$

となり，$[\![\text{あ}]\!]_\sim$ と $[\![⑦]\!]_\sim$ は同じ同値類なのに関数値である $[\![\text{あ}]\!]_\sim$ と $[\![⑦]\!]_\sim$ が異なってしまうからである．

演習問題略解

【8 頁の演習問題】正解（の一つ）は
$$\forall c, \forall n, \exists x \Big(x > n \text{ かつ } f(x) > c \times g(x) \Big)$$
である．これは (1.3) の全体に否定を付けた記述から出発して以下のような同値変形をしていくことで得られる（否定が付く範囲を波括弧 {} で表す）．

$$
\begin{aligned}
(1.3) \text{ でない} &\iff \Big\{ \exists c, \exists n, \forall x \big(x > n \text{ ならば } f(x) \leq c \times g(x) \big) \Big\} \text{ でない} \\
&\iff \forall c \Big(\big\{ \exists n, \forall x \big(x > n \text{ ならば } f(x) \leq c \times g(x) \big) \big\} \text{ でない} \Big) \\
&\iff \forall c, \forall n \Big(\big\{ \forall x \big(x > n \text{ ならば } f(x) \leq c \times g(x) \big) \big\} \text{ でない} \Big) \\
&\iff \forall c, \forall n, \exists x \Big(\big\{ x > n \text{ ならば } f(x) \leq c \times g(x) \big\} \text{ でない} \Big) \\
&\iff \forall c, \forall n, \exists x \Big(x > n \text{ かつ } \big(\{ f(x) \leq c \times g(x) \} \text{ でない} \big) \Big) \\
&\iff \forall c, \forall n, \exists x \Big(x > n \text{ かつ } f(x) > c \times g(x) \Big)
\end{aligned}
$$

一般に次のような「記述の数学的意味を変えないまま否定を内側に入れていく同値変形」が可能であり，上ではこれを使っているのである．

$$
\begin{aligned}
(A \text{ かつ } B) \text{ でない} &\iff (A \text{ でない}) \text{ または } (B \text{ でない}) \\
(A \text{ または } B) \text{ でない} &\iff (A \text{ でない}) \text{ かつ } (B \text{ でない}) \\
(A \text{ ならば } B) \text{ でない} &\iff A \text{ かつ } (B \text{ でない}) \\
(\forall x\, A) \text{ でない} &\iff \exists x\, (A \text{ でない}) \\
(\exists x\, A) \text{ でない} &\iff \forall x\, (A \text{ でない}) \\
(A \text{ でない}) \text{ でない} &\iff A
\end{aligned}
$$

【第 2 章】

2.1 (ア) 論理式でない．なぜなら論理式中の $=$ の引数として両辺に書いてよいのは項だけであるから（P(zero) と $\bot$ は論理式であって項ではない）．
(イ) 論理式でない．なぜなら論理式中の $\forall$ で束縛してよいのは変数記号だけであるか

ら（zero は定数記号であって変数記号ではない）．
(ウ) この字面通りでは論理式ではない．ただし (ウ) は次の記号列

$$(x = y) \land (y = z)$$

の省略表記であるという約束をするのならば，これは論理式である．
(エ) 記号「$1, 2, +$」は表 2.1 中にないので，この字面通りでは論理式ではない．ただしこれらの記号を表 2.1 に追加する，または (エ) はたとえば

$$\mathrm{suc}(\mathrm{zero}) \oplus \mathrm{suc}(\mathrm{zero}) = \mathrm{two}$$

の省略表記であるという約束をするのならば，これは論理式である．
(オ) 論理式である．

2.2, 2.3 （同じ仮定・結論の導出図は無数にあるので，以下は正解の一例である）

(ア)
$$\dfrac{\overset{①}{\varphi}}{\varphi \to \varphi}\ [\to 導入](①を解消)$$

(イ)
$$\dfrac{\dfrac{\overset{①}{\varphi}}{\psi \to \varphi}\ [\to 導入](解消する仮定無し)}{\varphi \to (\psi \to \varphi)}\ [\to 導入](①を解消)$$

(ウ)
$$\dfrac{\psi \to \rho \quad \dfrac{\varphi \to \psi \quad \overset{①}{\varphi}}{\psi}\ [\to 除去]}{\dfrac{\rho}{\varphi \to \rho}\ [\to 導入](①を解消)}\ [\to 除去]$$

(エ)
$$\dfrac{\dfrac{\varphi \land \psi}{\psi}\ [\land 除去] \quad \dfrac{\varphi \land \psi}{\varphi}\ [\land 除去]}{\psi \land \varphi}\ [\land 導入]$$

(オ)
$$\dfrac{\varphi \lor \psi \quad \dfrac{\overset{①}{\varphi}}{\psi \lor \varphi}\ [\lor 導入] \quad \dfrac{\overset{②}{\psi}}{\psi \lor \varphi}\ [\lor 導入]}{\psi \lor \varphi}\ [\lor 除去](①,②を解消)$$

(カ)
$$\dfrac{\dfrac{\overset{②}{\neg \psi} \quad \dfrac{\varphi \to \psi \quad \overset{①}{\varphi}}{\psi}\ [\to 除去]}{\dfrac{\bot}{\neg \varphi}\ [\neg 導入](①を解消)}\ [\neg 除去]}{(\neg \psi) \to \neg \varphi}\ [\to 導入](②を解消)$$

(キ)
$$\dfrac{\dfrac{\overset{①}{\neg \varphi} \quad \varphi}{\bot}\ [\neg 除去]}{\neg \neg \varphi}\ [\neg 導入](①を解消)$$

(ク)
$$\dfrac{\dfrac{\neg \neg \varphi \quad \overset{①}{\neg \varphi}}{\bot}\ [\neg 除去]}{\varphi}\ [背理法](①を解消)$$

(ケ)
$$\dfrac{\dfrac{\forall x P(x)}{P(y)}\ [\forall 除去]}{\forall y P(y)}\ [\forall 導入]$$

(コ)

$$\cfrac{(\forall xP(x))\lor\forall xQ(x)\overset{①}{} \quad \cfrac{\cfrac{\cfrac{\overset{②}{\forall xP(x)}}{P(x)}\,[\forall\text{除去}]}{P(x)\lor Q(x)}\,[\lor\text{導入}]}{\forall x(P(x)\lor Q(x))}\,[\forall\text{導入}] \quad \cfrac{\cfrac{\cfrac{\overset{③}{\forall xQ(x)}}{Q(x)}\,[\forall\text{除去}]}{P(x)\lor Q(x)}\,[\lor\text{導入}]}{\forall x(P(x)\lor Q(x))}\,[\forall\text{導入}]}{\cfrac{\forall x(P(x)\lor Q(x))}{((\forall xP(x))\lor\forall xQ(x))\to\forall x(P(x)\lor Q(x))}\,[\to\text{導入}](①\text{を解消})}\,[\lor\text{除去}](②,③\text{を解消})$$

(サ)

$$\cfrac{\cfrac{\cfrac{\cfrac{\cfrac{\overline{\text{suc}(a)=\text{suc}(a)}\,[\text{等号公理}] \quad \overset{①}{a=b}}{\text{suc}(a)=\text{suc}(b)}\,[\text{等号規則}]}{(a=b)\to(\text{suc}(a)=\text{suc}(b))}\,[\to\text{導入}](①\text{を解消})}{\forall y((a=y)\to(\text{suc}(a)=\text{suc}(y)))}\,[\forall\text{導入}]}{\forall x\forall y((x=y)\to(\text{suc}(x)=\text{suc}(y)))}\,[\forall\text{導入}]$$

(シ)

$$\cfrac{\cfrac{\cfrac{\cfrac{\cfrac{\forall x\forall yR(x,y)}{\forall yR(x,y)}\,[\forall\text{除去}]}{R(x,z)}\,[\forall\text{除去}]}{\forall zR(x,z)}\,[\forall\text{導入}]}{\forall x\forall zR(x,z)}\,[\forall\text{導入}]}{\forall zR(y,z)}\,[\forall\text{除去}]$$

(シ×)

$$\cfrac{\cfrac{\cfrac{\cfrac{\forall x\forall yR(x,y)}{\forall yR(y,y)}\,[\forall\text{除去}]}{R(y,z)}\,[\forall\text{除去}]}{\forall zR(y,z)}\,[\forall\text{導入}]}{}$$

(シ?)

$$\cfrac{\cfrac{\forall x\forall yR(x,y)}{\forall zR(y,z)}\,[\forall\text{除去}]}{}$$

なお (シ×) は正しい導出図ではない．(シ?) は，もしも [∀除去] の適用の際に「代入不可能な場合は束縛変数の名前を適切に替える」という操作 (28 頁の脚注参照) を許すならば，正しい導出図である．

(ス)

$$\cfrac{\cfrac{\cfrac{\overset{②}{\neg A} \quad \cfrac{\overset{③}{(A\to B)\to A} \quad \cfrac{\cfrac{\cfrac{\overset{②}{\neg A} \quad \overset{①}{A}}{\bot}\,[\neg\text{除去}]}{B}\,[\text{矛盾}]}{A\to B}\,[\to\text{導入}](①\text{を解消})}{A}\,[\to\text{除去}]}{\bot}\,[\neg\text{除去}]}{A}\,[\text{背理法}](②\text{を解消})}{((A\to B)\to A)\to A}\,[\to\text{導入}](③\text{を解消})$$

(セ)

$$\cfrac{\cfrac{\overset{⑤}{\forall x(P(x)\vee A)}}{P(a)\vee A}\ [\forall 除去]\quad \cfrac{\overset{①}{P(a)}}{\cfrac{P(a)}{\forall xP(x)}\ [\forall 導入]}\ [\vee 導入]\quad \cfrac{\overset{④}{\neg A}\ \overset{②}{A}}{\cfrac{\bot}{P(a)}\ [矛盾]}\ [\neg 除去]}{\cdots}$$

$$\vdots\ 32頁, 例6$$
$$\cfrac{A\vee\neg A\quad \cfrac{\overset{③}{A}}{(\forall xP(x))\vee A}\ [\vee 導入]\quad \cfrac{\cfrac{P(a)}{\forall xP(x)}\ [\forall 導入]}{(\forall xP(x))\vee A}\ [\vee 導入]}{\cfrac{(\forall xP(x))\vee A}{(\forall x(P(x)\vee A))\to((\forall xP(x))\vee A)}\ [\to 導入](⑤を解消)}\ [\vee 除去](③,④を解消)$$

なお次の (セ×) は [∀導入] の変数条件が満たされていないので, 正しい導出図ではない.

(セ×)

$$\cfrac{\cfrac{\overset{③}{\forall x(P(x)\vee A)}}{P(a)\vee A}\ [\forall 除去]\quad \cfrac{\cfrac{\overset{①}{P(a)}}{\forall xP(x)}\ [\forall 導入]}{(\forall xP(x))\vee A}\ [\vee 導入]\quad \cfrac{\overset{②}{A}}{(\forall xP(x))\vee A}\ [\vee 導入]}{\cfrac{(\forall xP(x))\vee A}{(\forall x(P(x)\vee A))\to((\forall xP(x))\vee A)}\ [\to 導入](③を解消)}\ [\vee 除去](①,②を解消)$$

(ス) と (セ) の結論の論理式は, 導出図の途中で背理法規則を使わなければ絶対に導けないことが知られている (第 10, 11 章参照). そしてそのような論理式を結論とする導出図を作るには慣れが必要である.

2.4 (♠) と (♡) は次のようになる. (♣) は省略.

$$\cfrac{\cfrac{\overline{s_1\odot t=s_1\odot t}\ [等号公理]\quad s_1=s_2}{s_1\odot t=s_2\odot t}\ [等号規則]}{}$$

$$\cfrac{\varphi[t/x]\quad \cfrac{\overline{s=s}\ [等号公理]\quad s=t}{t=s}\ [等号規則]}{\varphi[s/x]}\ [等号規則]$$

2.6 [∀導入] の適用の際に変数条件が満たされていない (その時点ではまだ解消されていない仮定 P(y) の中に y が自由出現している).

2.7 (a) の代表的な二つの正解例:

$$\forall n\bigl(\mathrm{Even}(n) \to \mathrm{Odd}(\mathrm{suc}(n))\bigr)$$
$$\forall m\Bigl(\bigl(\exists n\bigl(\mathrm{Even}(n)\wedge(m=\mathrm{suc}(n))\bigr)\bigr) \to \mathrm{Odd}(m)\Bigr)$$

(b) は省略.

2.8 (ア) を表す導出図 $\mathcal{A}$ があったら,その下に $\to$ 導入規則を n 回適用させることで次のように (イ) を表す導出図が得られる.

$$\begin{array}{c}
\vdots \mathcal{A} \\
\psi \\ \hline
\varphi_n \to \psi \\ \hline
\varphi_{n-1} \to (\varphi_n \to \psi) \\
\vdots \\
\varphi_2 \to (\cdots \to (\varphi_n \to \psi)\cdots) \\ \hline
\varphi_1 \to (\varphi_2 \to (\cdots \to (\varphi_n \to \psi)\cdots))
\end{array}$$

 [→導入](仮定 φ_n があれば解消)
 [→導入](仮定 φ_{n-1} があれば解消)
 [→導入](仮定 φ_1 があれば解消)

逆に (イ) を表す導出図 $\mathcal{B}$ があったら,その下に $\to$ 除去規則を n 回適用させることで次のように (ア) を表す導出図が得られる.

$$\cfrac{\cfrac{\cfrac{\varphi_1\to(\varphi_2\to(\cdots\to(\varphi_n\to\psi)\cdots))\quad \varphi_1}{\varphi_2\to(\cdots\to(\varphi_n\to\psi)\cdots)}\,[\to\text{除去}]\quad \varphi_2}{\vdots}\,[\to\text{除去}]}{\cfrac{\varphi_n\to\psi \qquad\qquad\qquad\qquad \varphi_n}{\psi}\,[\to\text{除去}]}$$

【第3章】

3.1 たとえば「対象領域の要素の個数が 3 以下である」を表す論理式としては次がある (括弧は適当に補う).

$$\forall x_1 \forall x_2 \forall x_3 \forall x_4 ((x_1=x_2)\vee(x_1=x_3)\vee(x_1=x_4)\vee(x_2=x_3)\vee(x_2=x_4)\vee(x_3=x_4))$$

3.2 (ウ) は恒真でない. A : 偽, B : 真 となるストラクチャーで偽になる. (エ), (キ), (サ) も恒真でない. 46 頁のストラクチャー $\mathcal{N}$ で R の解釈を

$$\mathrm{R}^{\mathcal{N}}(x,y) \iff x<y$$

とすれば (エ),(キ),(サ) はすべて偽になる. 他はすべて恒真.

【第 4 章】

4.2

(c) たとえば $\forall n\bigl(\mathrm{Odd}(n) \to \mathrm{Even}(\mathrm{suc}(n))\bigr)$.

(d) この論理式は次のストラクチャー $\mathcal{M}$ で偽になる．対象領域は $\{0, 1, 2, \ldots\}$(自然数全体の集合)．$\mathtt{two}, \mathtt{suc}, \otimes$ の解釈は次の通り．

$$\mathtt{two}^{\mathcal{M}} = 0, \quad \mathtt{suc}^{\mathcal{M}}(x) = x+1, \quad x \otimes^{\mathcal{M}} y = x \times y.$$

したがって健全性定理によってこの論理式は仮定無しには導出できない．

【第 5 章】

5.2 対偶を示す．

$$\Gamma \text{ が矛盾する} \implies \Gamma \vdash \bot$$
$$\overset{\text{健全性定理}}{\implies} \Gamma \models \bot$$
$$\implies \forall \mathcal{M}\bigl(\mathcal{M} \text{ が } \Gamma \text{ のモデルならば } \mathcal{M}(\bot) = \text{真}\bigr)$$
$$\implies \forall \mathcal{M}(\mathcal{M} \text{ は } \Gamma \text{ のモデルでない}).$$

5.3
列 (5.1) によって変数記号には番号が付いている．ここで十分大きな k をとって $\clubsuit$ と $\heartsuit$ をそれぞれ次の代入とする．$\clubsuit = [x_{2k+1}/x_1][x_{2k+2}/x_2] \cdots [x_{2k+k}/x_k]$．$\heartsuit = [x_{2k+1}/x_2][x_{2k+2}/x_4] \cdots [x_{2k+k}/x_{2k}]$．たとえば $k = 100$ の場合，$\clubsuit$ は x_3 の自由出現を x_{203} に変え $\heartsuit$ は x_6 の自由出現を同じく x_{203} に変える，という代入操作になる ($\heartsuit$ は偶数番号の変数記号の自由出現に対してだけ作用する)．そして任意の論理式 ψ について次の主張を ψ の複雑さに関する帰納法で示せばよい：ψ に現れる変数記号の番号がすべて k 以下ならば，$\psi^{\clubsuit} \vdash (\psi^{\sharp})^{\heartsuit}$ かつ $(\psi^{\sharp})^{\heartsuit} \vdash \psi^{\clubsuit}$ (ψ が閉論理式の場合が求める (5.3) になる)．たとえば $k = 100$ で ψ が $\forall x_3 \rho$ の場合の $\psi^{\clubsuit} \vdash (\psi^{\sharp})^{\heartsuit}$ の証明の流れは次のようになる．

$$(\forall x_3 \rho)^{\clubsuit} = \forall x_3 (\rho^{\clubsuit'}) \overset{\forall \text{除去}}{\implies} (\rho^{\clubsuit'})[x_{203}/x_3] = \rho^{\clubsuit} \overset{\text{帰納法の仮定}}{\implies} (\rho^{\sharp})^{\heartsuit} =$$
$$((\rho^{\sharp})^{\heartsuit'})[x_{203}/x_6] \overset{\forall \text{導入}}{\implies} \forall x_6((\rho^{\sharp})^{\heartsuit'}) = (\forall x_6(\rho^{\sharp}))^{\heartsuit} = ((\forall x_3 \rho)^{\sharp})^{\heartsuit}.$$

ただし $\clubsuit', \heartsuit'$ はそれぞれ x_3 と x_6 に対する代入を $\clubsuit, \heartsuit$ から取り去ったものである．

5.5
もしも $\varphi \notin \Gamma$ ならば Γ の極大性から $(\neg \varphi) \in \Gamma$ となるが，すると $\Gamma \vdash \neg\varphi$ であり $\Gamma \vdash \varphi$ と合わせて Γ が矛盾してしまう．

5.6 ∼ が同値関係であることを示すには，定義に照らせば次を示せばよいことになる．$\mathrm{Term}_{\mathbb{F}}$ の任意の要素 s, t, u に対して，

$(s = s) \in \Gamma^+$.

$\left((s = t) \in \Gamma^+ \text{ かつ } (t = u) \in \Gamma^+ \right)$ ならば $(s = u) \in \Gamma^+$.

$(s = t) \in \Gamma^+$ ならば $(t = s) \in \Gamma^+$.

これは次の三つの論理式がすべて自然演繹で導出できることと前問 5.5 の Γ を Γ^+ にしたものと補題 5.3.3 を組み合わせれば示される．

$s = s$.

$((s = t) \land (t = u)) \to (s = u)$.

$(s = t) \to (t = s)$.

同様に (5.10), (5.11), (5.13), (5.14) は次の論理式が自然演繹で導出できることを用いればよい．

$(t_1 = t_2) \to (\mathrm{suc}(t_1) = \mathrm{suc}(t_2))$.

$((s_1 = s_2) \land (t_1 = t_2)) \to (s_1 \otimes t_1 = s_2 \otimes t_2)$.

$(t_1 = t_2) \to (\mathtt{Q}(t_1) \to \mathtt{Q}(t_2))$.

$(t_1 = t_2) \to (\mathtt{Q}(t_2) \to \mathtt{Q}(t_1))$.

$((s_1 = s_2) \land (t_1 = t_2)) \to ((s_1 \oslash t_1) \to (s_2 \oslash t_2))$.

$((s_1 = s_2) \land (t_1 = t_2)) \to ((s_2 \oslash t_2) \to (s_1 \oslash t_1))$.

【第 7 章】

7.1 論理式 $\bot$ には，これと同値で $\to$ 以外の論理記号が出現しないような論理式は存在しない．なぜなら命題記号と $\to$ だけからなるどんな論理式もそこに出現するすべての命題記号に真を割り当てれば全体が真になるので $\bot$ と同値にならない．

7.2 $\neg\varphi \approx (\varphi|\varphi)$, $(\varphi \land \psi) \approx ((\varphi|\psi)|(\varphi|\psi))$ なので，定理 7.2.2(1) の結果と合わせて示される．

【第 8 章】

8.2 以下は正解の一例である．

(ア)
$$\dfrac{\dfrac{\varphi \Rightarrow \varphi}{\Rightarrow \varphi \to \varphi}\ [\to 右]}{}$$

(イ)
$$\dfrac{\dfrac{\dfrac{\dfrac{\varphi \Rightarrow \varphi}{\psi, \varphi \Rightarrow \varphi}\ [w\,左]}{\varphi \Rightarrow \psi \to \varphi}\ [\to 右]}{\Rightarrow \varphi \to (\psi \to \varphi)}\ [\to 右]}{}$$

(ウ)
$$\dfrac{\dfrac{\dfrac{\varphi \Rightarrow \varphi \quad \psi \Rightarrow \psi}{\varphi \to \psi, \varphi \Rightarrow \psi}\ [\to 左] \quad \rho \Rightarrow \rho}{\psi \to \rho, \varphi \to \psi, \varphi \Rightarrow \rho}\ [\to 左]}{\vdots\ [e\,左]\,や\,[\to 右]}$$
$$\varphi \to \psi, \psi \to \rho \Rightarrow \varphi \to \rho$$

(エ)
$$\dfrac{\dfrac{\psi \Rightarrow \psi}{\varphi \wedge \psi \Rightarrow \psi}\ [\wedge 左] \quad \dfrac{\varphi \Rightarrow \varphi}{\varphi \wedge \psi \Rightarrow \varphi}\ [\wedge 左]}{\varphi \wedge \psi \Rightarrow \psi \wedge \varphi}\ [\wedge 右]$$

(オ)
$$\dfrac{\dfrac{\varphi \Rightarrow \varphi}{\varphi \Rightarrow \psi \vee \varphi}\ [\vee 右] \quad \dfrac{\psi \Rightarrow \psi}{\psi \Rightarrow \psi \vee \varphi}\ [\vee 右]}{\varphi \vee \psi \Rightarrow \psi \vee \varphi}\ [\vee 左]$$

(カ)
$$\dfrac{\dfrac{\dfrac{\varphi \Rightarrow \varphi \quad \psi \Rightarrow \psi}{\varphi \to \psi, \varphi \Rightarrow \psi}\ [\to 左]}{\neg \psi, \varphi \to \psi, \varphi \Rightarrow}\ [\neg 左]}{\vdots\ [e\,左]\,や\,[\neg 右]}$$
$$\dfrac{\neg \psi, \varphi \to \psi \Rightarrow \neg \varphi}{\varphi \to \psi \Rightarrow (\neg \psi) \to \neg \varphi}\ [\to 右]$$

(キ)
$$\dfrac{\dfrac{\dfrac{\varphi \Rightarrow \varphi}{\neg \varphi, \varphi \Rightarrow}\ [\neg 左]}{\varphi \Rightarrow \neg \neg \varphi}\ [\neg 右]}{}$$

(ク)
$$\dfrac{\dfrac{\dfrac{\varphi \Rightarrow \varphi}{\Rightarrow \varphi, \neg \varphi}\ [\neg 右]}{\neg \neg \varphi \Rightarrow \varphi}\ [\neg 左]}{}$$

(ケ)
$$\dfrac{\dfrac{P(y) \Rightarrow P(y)}{\forall x P(x) \Rightarrow P(y)}\ [\forall 左]}{\forall x P(x) \Rightarrow \forall y P(y)}\ [\forall 右]$$

(コ)
$$\dfrac{\dfrac{\dfrac{\dfrac{P(x) \Rightarrow P(x)}{\forall x P(x) \Rightarrow P(x)}\ [\forall 左]}{\forall x P(x) \Rightarrow P(x) \vee Q(x)}\ [\vee 右] \quad \dfrac{\dfrac{Q(x) \Rightarrow Q(x)}{\forall x Q(x) \Rightarrow Q(x)}\ [\forall 左]}{\forall x Q(x) \Rightarrow P(x) \vee Q(x)}\ [\vee 右]}{\dfrac{(\forall x P(x)) \vee \forall x Q(x) \Rightarrow P(x) \vee Q(x)}{(\forall x P(x)) \vee \forall x Q(x) \Rightarrow \forall x (P(x) \vee Q(x))}\ [\forall 右]}\ [\vee 左]}{\Rightarrow ((\forall x P(x)) \vee \forall x Q(x)) \to \forall x (P(x) \vee Q(x))}\ [\to 右]$$

(シ) は 131 頁の証明図.

(ス)
$$\dfrac{\dfrac{\dfrac{\dfrac{\dfrac{A \Rightarrow A}{A \Rightarrow A, B}\ [w\,右]}{\Rightarrow A, A \to B}\ [\to 右] \quad A \Rightarrow A}{(A \to B) \to A \Rightarrow A, A}\ [\to 左]}{\dfrac{(A \to B) \to A \Rightarrow A}{\Rightarrow ((A \to B) \to A) \to A}\ [\to 右]}\ [c\,右]}{}$$

(七)
$$
\begin{array}{c}
P(x) \Rightarrow P(x) \\
\vdots \; [\text{w 右}],[\text{e 右}] \\
\cfrac{P(x) \Rightarrow A, P(x) \qquad \cfrac{A \Rightarrow A}{A \Rightarrow A, P(x)} \;[\text{w 右}]}{\cfrac{P(x) \lor A \Rightarrow A, P(x)}{\cfrac{\forall x(P(x) \lor A) \Rightarrow A, P(x)}{\cfrac{\forall x(P(x) \lor A) \Rightarrow A, \forall x P(x)}{\begin{array}{c}\vdots \;[\lor \text{右}] \text{や}[\text{e 右}] \\ \cfrac{\forall x(P(x) \lor A) \Rightarrow (\forall x P(x)) \lor A, (\forall x P(x)) \lor A}{\cfrac{\forall x(P(x) \lor A) \Rightarrow (\forall x P(x)) \lor A}{\Rightarrow (\forall x(P(x) \lor A)) \to ((\forall x P(x)) \lor A)} \;[\text{c 右}]} \;[\to \text{右}]\end{array}} \;[\forall \text{右}]} \;[\forall \text{左}]} \;[\forall \text{左}]} \;[\lor \text{左}]
\end{array}
$$

【第 9 章】

9.2 第 8 章の定理 8.3.2 や系 8.3.3 の結果や証明を用いればよい.

9.4 $\forall x \forall y R(x, y) \Rightarrow \forall z R(y, z)$ を結論とするカット無しの証明図があったとしたらその形は,ある項 s, t を使った公理 $R(s, t) \Rightarrow R(s, t)$ に [∀左・右], [weakening 左・右], [contraction 左・右], [exchange 左・右] だけを適切に施して結論に至るというもの以外にはありえない.さらに結論に残っている y の自由出現を考えると,公理中の項 s は y のはずである.そこで公理の左辺の $R(y, t)$ が証明図の中でどう変化していくかを追跡すると次のようになっているはずである.

$$
\begin{array}{c}
R(y, t) \Rightarrow R(y, t) \\
\vdots \\
\cfrac{R(y, t), \Gamma \Rightarrow \Delta}{\forall y R(y, y), \Gamma \Rightarrow \Delta} \;[\forall \text{左}]① \\
\vdots \\
\cfrac{\forall y R(y, y), \Pi \Rightarrow \Sigma}{\forall x \forall y R(x, y), \Pi \Rightarrow \Sigma} \;[\forall \text{左}]② \\
\vdots \\
\forall x \forall y R(x, y) \Rightarrow \forall z R(y, z)
\end{array}
$$

しかし t が y と異なる項であるならば ① が [∀左] の適用の形式を満たさないし,t が y であっても ② が [∀左] の適用の形式を満たさない.

9.5 まず一般に次のような変数記号の書き換えを考える.証明図 $\mathcal{A}$ と変数記号 $x_1, \ldots, x_m, u_1, \ldots, u_m, y_1, \ldots, y_n, v_1, \ldots, v_n$ が次の条件を満たしているとする. ● $x_1, \ldots, x_m$ は互いに異なる. ● $y_1, \ldots, y_n$ は互いに異なる. ● $u_1, \ldots, u_m, v_1, \ldots, v_n$

はすべて互いに異なりこれらのどれも $\mathcal{A}$ 中に出現しない．このとき「自由出現する x_i をすべて u_i に書き換え $(i=1,\ldots,m)$，束縛出現する y_j をすべて v_j に書き換える $(j=1,\ldots,n)$」という変数記号の書き換えを考える．$\mathcal{A}$ が **LK** の証明図ならば $\mathcal{A}$ 全体にこの書き換えを施した結果もまた **LK** の文法に従った証明図になっている．このことは $\mathcal{A}$ の大きさに関する帰納法で示される．一般的な議論は記述が面倒なので，以下ではひとつの具体例だけを示しておく．たとえば $\mathcal{A}$ が

$$\cfrac{\vdots \mathcal{A}'}{\cfrac{\forall x_1 \mathsf{R}(x_1, x_2 \oplus y_1) \Rightarrow \quad \mathsf{P}(x_1) \to \forall y_1 \mathsf{Q}(y_1)}{\forall x_1 \mathsf{R}(x_1, x_2 \oplus y_1) \Rightarrow \forall x_1 (\mathsf{P}(x_1) \to \forall y_1 \mathsf{Q}(y_1))}} \; [\forall \text{右}]$$

の場合，書き換え後は

$$\cfrac{\vdots \mathcal{A}' \text{の書き換え}}{\cfrac{\forall x_1 \mathsf{R}(x_1, u_2 \oplus y_1) \Rightarrow \quad \mathsf{P}(u_1) \to \forall v_1 \mathsf{Q}(v_1)}{\forall x_1 \mathsf{R}(x_1, u_2 \oplus y_1) \Rightarrow \forall x_1 (\mathsf{P}(u_1) \to \forall v_1 \mathsf{Q}(v_1))}} \; [\forall \text{右}]$$

でこれは [∀右] 規則の正しい適用になっている．そして本題の書き換えは「証明図中で自由と束縛の両方で出現する変数記号」をすべて書き換えたいので，それらのうち結論に束縛出現するものを $x_1,\ldots,x_m$，それ以外 (結論に自由出現するまたは結論に出現しないもの) を $y_1,\ldots,y_n$ として上記の書き換えを実行すればよい．こうすれば，書き換え前の結論が変数分離条件を満たしている場合には結論に対しては書き換え作業を施さないことになる．

9.7 s を「代入項」，y を「代入先」とよぶことにして，$\mathcal{A}$ の大きさに関する帰納法で求める証明図を作る．以下では二つの場合だけを示す．

【$\mathcal{A}$ が次の形で $\varphi[z/x]$ 中に z が自由出現するとき】

$$\cfrac{\vdots \mathcal{A}'}{\cfrac{\Gamma \Rightarrow \Sigma, \varphi[z/x]}{\Gamma \Rightarrow \Sigma, \forall x \varphi}} \; [\forall \text{右}]$$

まず $\mathcal{A}, y, s$ 中に出現しない新しい自由出現用の変数記号 z' を持ってきて，代入項 z'，代入先 z で $\mathcal{A}'$ に帰納法の仮定を適用して得られる証明図を $\mathcal{A}''$ とする．$\mathcal{A}''$ の結論は $(\Gamma \Rightarrow \Sigma, \varphi[z/x])[z'/z]$ であるが，[∀右] の適用に関する変数条件などからこれは $\Gamma \Rightarrow \Sigma, \varphi[z'/x]$ に等しい．さらに $\mathcal{A}''$ に代入項 s，代入先 y で帰納法の仮定を適用して ($\mathcal{A}''$ は $\mathcal{A}'$ と同じ大きさなので帰納法の仮定を適用できる) 得られる証明図を $\mathcal{A}'''$ とすればその結論は $(\Gamma \Rightarrow \Sigma, \varphi[z'/x])[s/y]$ であるが，これは $\Gamma[s/y] \Rightarrow \Sigma[s/y], \varphi[s/y][z'/x]$ に等しい (なぜなら $x \neq y, y \notin \mathrm{Var}(z'), x \notin \mathrm{Var}(s)$

なので). そこでこれに [∀右] を適用すると $\Gamma[s/y] \Rightarrow \Sigma[s/y], \forall x(\varphi[s/y])$ を結論とする証明図になるが (z' は結論のシークエントに出現しないので [∀右] の正しい適用になっている), この結論は $(\Gamma \Rightarrow \Sigma, \forall x\varphi)[s/y]$ に等しい (なぜなら $x \neq y, x \notin \mathrm{Var}(s)$ なので). なお最初から $\mathcal{A}'$ に代入項 s, 代入先 y で帰納法の仮定を適用してしまうと, s 中に z が出現している場合に [∀右] を適用できなくなってしまう可能性がある. ここではそれを避けるために z を z' に換えたのである.

【$\mathcal{A}$ が次の形のとき】

$$\frac{\begin{array}{c}\vdots\ \mathcal{A}'\\ \varphi[t/x], \Pi \Rightarrow \Delta\end{array}}{\forall x\varphi, \Pi \Rightarrow \Delta}\ [\forall 左]$$

$\mathcal{A}'$ に代入項 s, 代入先 y で帰納法の仮定を適用して得られる証明図を $\mathcal{A}''$ とすればその結論は $(\varphi[t/x], \Pi \Rightarrow \Delta)[s/y]$ であるが, これは $\varphi[s/y][t[s/y]/x], \Pi[s/y] \Rightarrow \Delta[s/y]$ に等しい (なぜなら $x \neq y, x \notin \mathrm{Var}(s)$ なので). そこでこれに [∀左] を適用すると $\forall x(\varphi[s/y]), \Pi[s/y] \Rightarrow \Delta[s/y]$ を結論とする証明図になるが, この結論は $(\forall x\varphi, \Pi \Rightarrow \Delta)[s/y]$ に等しい ($x \neq y, x \notin \mathrm{Var}(s)$ なので).

【第 10 章】

10.3 $\varphi \vee \psi$ 中の束縛出現する変数記号だけを適切に書き換えて変数分離条件を満たすようにした論理式を $\varphi^\star \vee \psi^\star$ とすると, φ と $\varphi^\star$, および ψ と $\psi^\star$ はそれぞれ直観主義論理上で同値であり, disjunction property は次のように示される. $\left(\vdash_{\mathrm{Int}} \varphi \vee \psi\right) \Longrightarrow \left(\vdash_{\mathrm{Int}} \varphi^\star \vee \psi^\star\right) \Longrightarrow \left(\vdash_{\mathrm{Int}} \varphi^\star\ \text{または}\ \vdash_{\mathrm{Int}} \psi^\star\right) \Longrightarrow \left(\vdash_{\mathrm{Int}} \varphi\ \text{または}\ \vdash_{\mathrm{Int}} \psi\right)$. 変数分離条件が成り立っていなくて existence property が成り立たない例は次のものである. $\exists x(\mathrm{R}(\mathrm{y},\mathrm{z}) \rightarrow \exists \mathrm{y}\mathrm{R}(\mathrm{x},\mathrm{y}))$.

10.4 disjunction property が成り立たない例：$X \vee \neg X$. existence property が成り立たない例：$\exists x(P(x) \rightarrow \forall y P(y))$.

【第 11 章】

11.3 たとえば $\mathcal{A}$ が

$$\frac{\begin{array}{c}\vdots\ \mathcal{A}'\\ \psi_1, \ldots, \psi_n, \rho \Rightarrow \pi\end{array}}{\psi_1, \ldots, \psi_n \Rightarrow \rho \rightarrow \pi}\ [\rightarrow 右]$$

で

$$(\mathcal{K}, \mathcal{W}_i) \Vdash \psi_1^*, \ldots, \psi_n^* \tag{\#}$$

のときは，必ず $(\mathcal{K}, \mathcal{W}_i) \Vdash (\rho \to \pi)^*$ であること，つまり $\mathcal{W}_i \leadsto \mathcal{W}_j$ なる任意の $\mathcal{W}_j$ を持ってきたとき，

$$(\mathcal{K}, \mathcal{W}_j) \Vdash \rho^* \text{ ならば } (\mathcal{K}, \mathcal{W}_j) \Vdash \pi^*$$

であることを示す．これは (#) と定理 11.1.4(遺伝性) と $\mathcal{A}'$ に対する帰納法の仮定 ($\mathcal{W}_i$ の代わりに $\mathcal{W}_j$ を用いる) から導かれる．

11.4 たとえば「$\vdash_{\text{Int}}$ (11.8) かつ $\vdash_{\text{Int}}$ (11.9) ならば $\vdash_{\text{Int}}$ (11.7)」を示すためには，左辺が (11.8) と (11.9)，右辺が (11.7) のシークエントが **LJ** で証明できることを示せば十分である (なぜならこれとカット規則で題意が示される)．このシークエントの証明図の方針は次のようになる．

$$
\begin{array}{c}
\vdots \\
\psi, Y \Rightarrow Y \wedge \psi \\
\vdots\ Z \Rightarrow Z \text{ と } [\to \text{左}] \\
(Y \wedge \psi) \to Z, \psi, Y \Rightarrow Z \\
\vdots\ \varphi \Rightarrow \varphi \text{ と } [\to \text{左}] \\
\varphi \to \psi, \varphi, (Y \wedge \psi) \to Z, Y \Rightarrow Z \\
\vdots\ Z \Rightarrow Z \text{ と } [\vee \text{左}] \\
Z \vee \varphi, \varphi \to \psi, (Y \wedge \psi) \to Z, Y \Rightarrow Z \\
\vdots\ Y \Rightarrow Y \text{ と } [\to \text{左}] \\
Y \to (Z \vee \varphi), Y, \varphi \to \psi, (Y \wedge \psi) \to Z \Rightarrow Z \\
\vdots\ [\to \text{右}], [\vee \text{右}] \\
Y \to (Z \vee \varphi), \varphi \to \psi, (Y \wedge \psi) \to Z \Rightarrow X \vee (Y \to Z) \\
\vdots\ X \Rightarrow X \vee (Y \to Z) \text{ と } [\vee \text{左}] 2 \text{ 回} \\
X \vee (Y \to (Z \vee \varphi)), X \vee ((Y \wedge \psi) \to Z), \varphi \to \psi \Rightarrow X \vee (Y \to Z) \\
\vdots\ \varphi \to \psi \Rightarrow \varphi \to \psi \text{ と } [\to \text{左}] 2 \text{ 回} \\
(\varphi \to \psi) \to (X \vee (Y \to (Z \vee \varphi))), (\varphi \to \psi) \to (X \vee ((Y \wedge \psi) \to Z)), \varphi \to \psi \Rightarrow X \vee (Y \to Z) \\
\vdots\ [\to \text{右}] \\
(\varphi \to \psi) \to (X \vee (Y \to (Z \vee \varphi))), (\varphi \to \psi) \to (X \vee ((Y \wedge \psi) \to Z)) \Rightarrow (\varphi \to \psi) \to (X \vee (Y \to Z))
\end{array}
$$

11.5 変数分離と整合性以外の各条件については，作り方から成り立つことがいえる．変数分離条件は $\mathcal{T}_0$ では満たされていて，途中での変数記号の追加は条件を保つ仕方だけなので，$\mathcal{T}_\infty$ でも満たされている．整合性条件は各 $\mathcal{T}_i$ の証明不可能性からいえる．

参考文献

主な参考文献を出版年の順に列挙する．

[前原 '67]　前原昭二：記号論理入門，日本評論社 (1967)．(新装版, 2005)．

[**Shoenfield '67**]　J.R. Shoenfield: Mathematical Logic, Addison-Wesley (1967). リプリント版：A K Peters (2001).

[松本 '70]　松本和夫：数理論理学，共立出版 (1970)．(復刊, 2001)．

[竹内・八杉 '88]　竹内外史・八杉満利子：証明論入門，共立出版 (1988)．

[**Troelstra - van Dalen '88**]　A.S. Troelstra & D. van Dalen: Constructivism in Mathematics, Elsevier (1988).

[**Odifreddi '89**]　P. Odifreddi: Classical Recursion Theory, Elsevier (1989).

[小野 '94]　小野寛晰：情報科学における論理，日本評論社 (1994)．

[角田 '96]　角田譲：数理論理学入門，朝倉書店 (1996)．

[**van Dalen '04**]　D. van Dalen: Logic and Structure (Fourth Edition), Springer (2004).

[田中他 '06]　田中一之 (編・著)，坪井明人，野本和幸 (著)：ゲーデルと20世紀の論理学・第2巻・完全性定理とモデル理論，東京大学出版会 (2006)．

[**Boolos** 他 '07]　G.S. Boolos, J.P. Burgess, & R.C. Jeffrey: Computability and Logic (Fifth Edition), Cambridge University Press (2007).

[田中他 '07a]　田中一之 (編・著)，鹿島亮，山崎武，白旗優 (著)：ゲーデルと20世紀の論理学・第3巻・不完全性定理と算術の体系，東京大学出版会 (2007)．

[田中他 '07b]　田中一之 (編・著)，渕野昌，松原洋，戸田山和久 (著)：ゲー

デルと 20 世紀の論理学・第 4 巻・集合論とプラトニズム，東京大学出版会 (2007).

[鹿島 '08]　鹿島亮：C 言語による計算の理論，サイエンス社 (2008).

[坪井 '12]　坪井明人：数理論理学の基礎・基本，牧野書店 (2012).

本書と併行して，または本書の後に読む教科書としては [Shoenfield '67] を挙げておく．これは記述に古めかしさはあるが，現在でも数理論理学の最高級の教科書としての定評を保っている．

数理論理学の主要分野であって本書ではほとんど扱っていないのが，モデル論，集合論，計算論である．これらに関する和書としては，比較的新しいため入手しやすい [田中他 '06], [田中他 '07b] , [鹿島 '08] をそれぞれ挙げておく．

索　引

記号・欧文

∧ 除去　29, 147
∧ 導入　29, 147
∧ 左　122, 149
∧ 左条件　166
∧ 右　122, 149
∧ 右条件　166

∨ 除去　29, 147
∨ 導入　29, 147
∨ 左　122, 149
∨ 左条件　166
∨ 右　122, 149
∨ 右条件　166

→ 除去　29, 147
→ 導入　29, 147
→ 左　122, 149
→ 左条件　166
→ 右　122, 149
→ 右条件　166

¬ 除去　29, 147
¬ 導入　29, 147
¬ 左　122, 149
¬ 左条件　166
¬ 右　122, 149
¬ 右条件　166

∃ 除去　29, 147
∃ 導入　29, 147
∃ 左　122, 149

∃ 左条件　167
∃ 右　122, 149
∃ 右条件　167
∃ 論理式　71

∀ 除去　29, 147
∀ 導入　29, 147
∀ 左　122, 149
∀ 左条件　167
∀ 右　122, 149
∀ 右条件　167

⊢　36
$\vdash_{Cl} \varphi$　151
$\vdash_{Int}$　148

⊨　61

⊩　159

Basic　88
$BVar(\varphi)$　26

C_H　118
Con_Γ　101
contraction 左　122, 149
contraction 右　122

disjunction property　150
$\mathcal{D}$ 拡大項　43
$\mathcal{D}$ 拡大閉項　43
$\mathcal{D}$ 拡大閉論理式　43
$\mathcal{D}$ 拡大論理式　43

eigenvariable　122, 149
exchange 左　122, 149
exchange 右　122
existence property　150

FVar(φ)　26

Gödel-Gentzen negative translation　154

KeySet$_{\mathbb{F},\mathbb{B}}$　71
Kuroda's negative translation　153

LJ　148
LK　120

PA　101

Var(t)　26

weakening 左　122, 149
weakening 右　122, 149

ア 行

ある　5

一階　25
遺伝性　158, 161
遺伝性条件　166
意味論的帰結　62

右部　135

重さ　135
親　164

カ 行

解消　30
拡大項　43
拡大論理式　43
拡張カット　134
かつ　4
カット　122, 149

カット除去　126
カット除去定理　126
カット論理式　134
仮定　28
可能世界　157
関数記号　20
完全　97
完全性　65, 163, 175
完全性定理　65, 173

偽　40
帰納法　48, 181
　——の仮定　48
　——の公理　101
基本定理　128
強完全性定理　65
極小元　182
極大　70
極大無矛盾　71

クリプキモデル　157, 158
グリベンコ　151

計算可能　85
計算可能性　85
結論　28
ゲーデル　65, 95
ゲーデル数　91
原子論理式　22
健全性　56, 162, 175
健全性定理　57, 63
ゲンツェン　12, 121, 130, 148

子　164
項　20, 21
恒真　50
構造　42
公理　11, 37
古典論理　118, 143
コンパクト性定理　81

索 引 209

サ 行

左部 135

シェファーの縦棒 110
シークエント 121
シークエント計算 120, 148
自然演繹 12, 28, 146
終カット証明図 135
自由出現 26
充足可能 50
充足する 50
自由変数 9
述語記号 20
述語論理 40
商集合 187
証明言語 18
証明図 118, 121
真 40
新規自由変数 164
真理値 40

推移律 185
推論規則 28
数学的帰納法 181
数値項 89
ストラクチャー 42, 44
すべての 5

整合性条件 166
整礎 182
世界 157
線形 175
選言標準形 110

双対 128
束縛出現 26
束縛変数 9
存在証拠 70
存在する 5

タ 行

ダイアグラム 163
第一不完全性定理 96
対角化定理 93
対称律 185
対象領域 42
第二不完全性定理 101
代入 27
代入可能 27
代入可能性 27
代入不可能 27
代表元 186
タルスキ 98

中間論理 175
超準モデル 100, 103
直観主義論理 143

定数記号 20
定領域 177
適当な 5
でない 3

同型 103
等号規則 29
等号公理 29
導出図 12, 28
到達可能関係 158
同値 54, 109
同値関係 185
同値変形 54
同値類 186
トートロジー 107

ナ 行

ならば 6

二階 25
二重帰納法 181
任意の 5

根　164

ノード　163

ハ 行

排中律　143
背理法　29
反射律　185

引数　22
非古典論理　143
表現可能　90
表現する　90
表現定理　91
標準ストラクチャー　88
標準モデル　88, 103
ヒルベルト　118
ヒルベルト流　118

不完全性定理　85, 95
複合論理式　22
複雑さ　48, 135
不動点定理　95
文　26

ペアノ算術　101
閉項　27
閉包　101
閉論理式　26
変数記号　20
変数分離条件　126, 166

飽和整合ダイアグラム　166
補助記号　20
翻訳　165

マ 行

または　4

無限ダイアグラム　166
矛盾　29, 66, 147
無矛盾　66

命題記号　20
命題変数　107
命題論理　40, 107

モーダスポネンス　118, 119
モデル　50
モデル存在定理　67, 69, 74

ラ 行

リテラル　110

累積帰納法　181
累積自由変数　164

連言標準形　113

ロッサー　95
ロビンソン算術　88
論理記号　20
論理式　12, 20, 22

著者略歴

鹿島 亮（かしま りょう）

1965年　東京都に生まれる
1991年　東京工業大学大学院理工学研究科
　　　　博士課程中退
現　在　東京工業大学大学院情報理工学研究科
　　　　数理・計算科学専攻　准教授
　　　　博士（理学）

現代基礎数学15
数理論理学

定価はカバーに表示

2009年10月25日　初版第1刷
2025年 1月25日　　　第13刷

著　者　鹿　島　　　亮
発行者　朝　倉　誠　造
発行所　株式会社　朝　倉　書　店

東京都新宿区新小川町 6-29
郵便番号　162-8707
電話　03(3260)0141
FAX　03(3260)0180
https://www.asakura.co.jp

〈検印省略〉

© 2009〈無断複写・転載を禁ず〉　　Printed in Korea

ISBN 978-4-254-11765-3　C 3341

JCOPY ＜出版者著作権管理機構 委託出版物＞

本書の無断複写は著作権法上での例外を除き禁じられています．複写される場合は，そのつど事前に，出版者著作権管理機構（電話 03-5244-5088, FAX 03-5244-5089, e-mail: info@jcopy.or.jp）の許諾を得てください．

現代基礎数学

新井仁之・小島定吉・清水勇二・渡辺　治　［編集］

1	数学の言葉と論理	渡辺　治・北野晃朗・木村泰紀・谷口雅治	本体 3300 円
2	コンピュータと数学	高橋正子	
3	線形代数の基礎	和田昌昭	本体 2800 円
4	線形代数と正多面体	小林正典	本体 3300 円
5	多項式と計算代数	横山和弘	
6	初等整数論と暗号	内山成憲・藤岡　淳・藤崎英一郎	
7	微積分の基礎	浦川　肇	本体 3300 円
8	微積分の発展	細野　忍	本体 2800 円
9	複素関数論	柴　雅和	本体 3600 円
10	応用微分方程式	小川卓克	
11	フーリエ解析とウェーブレット	新井仁之	
12	位相空間とその応用	北田韶彦	本体 2800 円
13	確率と統計	藤澤洋徳	本体 3300 円
14	離散構造	小島定吉	本体 2800 円
15	数理論理学	鹿島　亮	
16	圏と加群	清水勇二	
17	有限体と代数曲線	諏訪紀幸	
18	曲面と可積分系	井ノ口順一	
19	群論と幾何学	藤原耕二	
20	ディリクレ形式入門	竹田雅好・桑江一洋	
21	非線形偏微分方程式	柴田良弘・久保隆徹	本体 3300 円

上記価格（税別）は 2024 年12月現在